Dr. Herbert Aly und Reinhard Kuhlmann
(Herausgeber)

Blohm + Voss
Werftenverbund und Neuausrichtung
2002–2012

Koehlers Verlagsgesellschaft mbH · Hamburg

Dr. Herbert Aly und Reinhard Kuhlmann (Herausgeber)

Blohm + Voss
Werftenverbund und Neuausrichtung
2002–2012

Impressum | Kurzvitae | Inhalt

"Als ehemaliger Mitarbeiter des Verteidigungsressorts habe ich Blohm + Voss in verschiedenen Funktionen, auch als Vertreter des öffentlichen Auftraggebers kennen und schätzen gelernt.

Blohm + Voss hat wehrtechnisches Wissen über den Kriegsschiffbau, das in Deutschland an Universitäten und Hochschulen nicht vermittelt wird, bewahrt und gemeinsam mit dem Bundesamt für Wehrtechnik und Beschaffung weiterentwickelt. Damit hat Blohm + Voss einen wichtigen Beitrag zur Sicherheit unseres Staatswesens geleistet."

Detlev Petry, Präsident des Bundesamt für Wehrtechnik und Beschaffung a. D., Rechtsanwalt

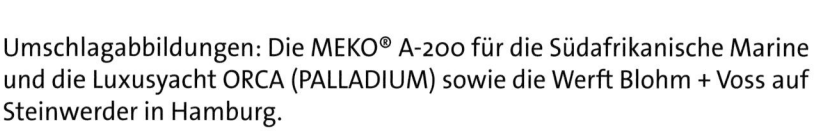

Ein Gesamtverzeichnis der lieferbaren Titel schicken wir Ihnen gerne zu.
Bitte senden Sie eine E-Mail mit Ihrer Adresse an:
vertrieb@koehler-books.de

Sie finden uns auch im Internet unter: www.koehler-books.de

Bibliografische Informationen der Deutschen Nationalbibliothek
Die Deutsche Nationalbibliothek verzeichnet diese Publikation in der Deutschen National-
biografie; detaillierte bibliografische Daten sind im Internet über http://dnb.d-nb.de abrufbar.

ISBN 978-3-7822-1070-6

©2012 by Koehlers Verlagsgesellschaft mbH, Hamburg
Ein Unternehmen der Tamm Media

Layout: Karl-Heinz Westerholt, Sarah Winkelmann
Produktionsmanagement: impress media GmbH, Mönchengladbach

Printed in Germany

Kurzvitae

Herausgeber

Dr.-Ing. Herbert Aly
Herbert Aly studierte an der Hochschule der Bundeswehr (Hamburg) und an der Universität Hannover Maschinenbau und promovierte an der Technischen Universität Hamburg-Harburg. Er war bis zum 01.02.2012 Mitglied des Vorstandes der ThyssenKrupp Marine Systems AG und ist heute Vorsitzender der Geschäftsführung von Blohm + Voss Shipyards GmbH, Blohm + Voss Repair GmbH und Blohm + Voss Industries GmbH.

Dipl. Volkswirt Reinhard Kuhlmann
Reinhard Kuhlmann studierte Volkswirtschaft an der Universität Tübingen. Bis 2005 war er Generalsekretär des Europäischen Metallgewerkschaftbundes. 2005 bis 2011 war er Mitglied des Vorstandes der ThyssenKrupp Marine Systems AG und zuletzt auch Vorsitzender der Geschäftsführung der Blohm + Voss Naval GmbH.

Autoren

Paul Brzesina, M. Litt.
Paul Brzesina studierte International Security Studies (Master of Letters) an der Universität von St. Andrews in Schottland, Großbritannien, und Geschichte und Politikwissenschaft (Bacherlor of Arts) an der Heinrich-Heine-Universität Düsseldorf und der Universität von Kopenhagen in Dänemark. Er trat der Blohm + Voss Naval GmbH 2011 bei und ist seit Januar 2012 verantwortlich für Unternehmensentwicklung und Kommunikation.

Dipl.-Wirt.-Ing. Moritz-Christian Garbe
Moritz-Christian Garbe studierte an der SRH Hochschule Heidelberg Wirtschaftsingenieurwesen. 2005 trat er über ein Traineeprogramm der ThyssenKrupp Technologies AG bei Blohm + Voss bei. Nach mehreren Stationen bei Blohm + Voss, wechselte er im Dezember 2011 als Abteilungsdirektor zu ThyssenKrupp Marine Systems AG und leitet seitdem dort die Stabsabteilung Risk Assessment und Special Projects.

Dipl.-Ing. Martin Johannsmann
Martin Johannsmann studierte an der Wirtschaftsakademie Hamburg Betriebswirtschaft und der Technischen Universität Hamburg-Harburg Maschinenbau. 2004 trat er bei der Blohm + Voss Industries GmbH (damals noch firmierend unter B + V Industrietechnik GmbH) als Bereichsleiter Schiffstechnik ein. Seit April 2006 verantwortet er als Geschäftsführer Vertrieb, Technik und die Führung der Auslandsgesellschaften.

Kapitän zur See a.D. Friedrich-Wilhelm von Krosigk
Er trat 1964 als Berufsoffizieranwärter in die Marine ein. Er verließ im September 1993 die Marine im Rahmen des Personalstärkegesetzes mit dem Dienstgrad Kapitän zur See. 1993 trat er bei der Blohm + Voss AG ein. Von Juni 1998 bis Dezember 2009 war er Projektleiter der Arbeitsgemeinschaft Korvette Klasse 130 (ARGE K130). Seit dem Sommer 2010 ist von Krosigk als selbständiger Berater/Freier Mitarbeiter tätig.

Hans Jürgen Witthöft
Hans Jürgen Witthöft gehörte von 1959 bis 1965 der Bundesmarine an. Reserveoffizier. Seit 1979 ist er Chefredakteur der Fachzeitschrift „Schiff & Hafen". Neben Beiträgen in Zeitungen und Zeitschriften hat er zahlreiche Bücher zu maritimen Themen veröffentlicht. Er ist auch Herausgeber von „Köhlers Flottenkalender".

Wird danken allen nachfolgend genannten Mitwirkenden, insbesondere Andrea Wessel, für ihr Engagement:

Dr. Tim Becker, Malte Blombach, Michael Brasse, Jürgen Engelskirchen, Jörg Herwig, Martin Hilbig, Britta Heitmann, Joachim Kell, Kirsten Meincke, Michael Schmiedel, Ioannis Sfetsas, Dr. Wolfgang Sichermann, Michael Specht, Dr. Jürgen Wessel.

Auch danken wir den Freunden und Bekannten des Unternehmens. Ihre Erinnerungen und Erfahrungen, welche sie mit Blohm + Voss verbinden, haben wir auf den blauen Vorsatzseiten in Form von Zitaten festgehalten.

Inhalt

Der Name des Unternehmens wurde 1966 im Zuge einer Modernisierung des Außenauftritts von „Blohm & Voss" in „Blohm + Voss" und der Name der Elbinsel Steinwärder wurde nach dem Krieg amtlich in Steinwerder korrigiert.

Geleitworte

„

Von 1973 bis 1997 war ich im technischen Schiffbaubereich bei Blohm + Voss beschäftigt. Nach einer kurzen Verschnaufpause ging es dann ehrenamtlich mit der Betreuung des historischen Archivs weiter.

Die Vergangenheit wieder lebendig zu machen, ist einfach aufregend. Besonders „gut behütet" sind im Archiv noch viele Zeugnisse der Vergangenheit aufbewahrt.

Es erreichen uns täglich zahlreiche Anfragen von Historikern, Autoren und ganz besonders von Modellbauern.

Bei den vielen Anfragen lernt man nebenbei oftmals selbst noch neue Dinge hinzu. Dies ist auch Grund genug, immer noch weiter zu machen, weiter „neugierig" zu sein. Es gibt noch viel zu tun, „packen wir's an"!

Gerhard „Kuddl" Grotz, Pensionär Blohm + Voss

Seit 1974 gibt es eine einmalige Verbindung von Blohm + Voss und Hamburgs Kulturdampfer DAS SCHIFF. Die technische Unterstützung dankten wir mit dem 10maligen (zehnmaligen) Spiel vorm Dock, den „Steinwerder Festspielen" und gipfelte in der legendären Jubiläumsveranstaltung 2002. Diese wunderbare Freundschaft mit Herz werden wir nie vergessen!

Eberhard Möbius, Schauspieler, Kabarettist und Autor

Der Mythos „Blohm + Voss" ist lebendig – nunmehr schon über 135 Jahre hinaus. Die Marke „Blohm+ Voss" hat einen besonderen Klang, in Hamburg, in Deutschland, aber auch weit darüber hinaus in Europa, ja weltweit.

Marke und Mythos haben so manche, teilweise die Existenz bedrohende Krisen und so manchen stürmischen Aufschwung erfolgreich bewältigt. Was ist das Besondere an dieser Marke, diesem Standort, diesem Weltruf?

Es könnte ganz besonders die Fähigkeit der Menschen sein, die Kraft und die Ausstrahlung von Marke und Mythos immer wieder als Auftrag und Ansporn zu begreifen, d.h. die Fähigkeit, mit Kraft und Zuversicht Marktverwerfungen und Markteinbrüche, Konjunkturen und Krisen, auch scheinbar aussichtslose Situationen zu meistern. Dies eben ist Teil des Besonderen: das Schicksal immer wieder in die eigenen Hände zu nehmen. Es gilt für die Mannschaft, die Führung und die Anteilseigner in gleicher Weise; in den schwierigsten Situationen machten sie das Undenkbare denkbar, das Unmögliche möglich.

Die Idee des Internationalen Maritimen Museums Hamburg, die nunmehr anstehenden 135 Jahre Unternehmensgeschichte von Blohm + Voss durch eine Ausstellung zu würdigen, hat uns dazu ermutigt, die letzten zehn Jahre einer turbulenten Unternehmensentwicklung im Lichte des Gesamtablaufs noch einmal gesondert zu würdigen.

Zur Feier seines 125-jährigen Bestehens im Jahr 2002 hat das Unternehmen Blohm + Voss eine Unternehmensgeschichte vorgelegt, die in beeindruckender Weise die Entwicklung des Unternehmens seit seiner Gründung im Jahr 1877, die Erfolge, aber auch die Rückschläge und hierbei vor allem die Leistung der vielen Männer und Frauen nachzeichnet, die im Spannungsfeld von „Tradition und Fortschritt" den Erfolg des Unternehmens über die Jahrzehnte hinweg gesichert hatten.

Demgegenüber ist ein 135-jähriges Firmenjubiläum im Regelfall kein Anlass für einen großen Rückblick. Die letzten zehn Jahre haben jedoch derart tiefgreifende Einschnitte für das Unternehmen mit sich gebracht haben, dass wir diese in dem vorliegenden, ebenfalls von Herrn Hans Jürgen Witthöft mitgestalteten Ergänzungsband gewürdigt sehen wollten. Den besonderen Anstoß zur Betrachtung des 135-Jahres-Zeitraumes gab als besonderer Freund des Hauses Blohm + Voss Herr Professor Peter Tamm mit seinem freundlichen Angebot, zu diesem Anlass in Zusammenarbeit mit dem von ihm geleiteten Internationalen Maritimen Museum in Hamburg eine Sonderausstellung durchzuführen, zu deren Begleitung der vorliegende Band ebenfalls dienen soll.

Die wesentlichen Ereignisse, die das Schicksal der Unternehmensgruppe Blohm + Voss in den zurückliegenden 10 Jahren geprägt haben, waren zum einen die schon in früherer Zeit immer wieder erwogene Fusion mit der Howaldtswerke-Deutsche Werft in Kiel, die im Januar 2005 schließlich realisiert werden konnte, und zum anderen der sich verschärfende Kampf um überlebensfähige Strukturen vor allem im Neubaubereich, die schließlich in den Verkauf der zivilen Schiffbau-Aktivitäten von Blohm + Voss an den in London ansässigen Finanzinvestor Star Capital Partners einmündeten.

Das Zusammengehen der ThyssenKrupp-Werften (Blohm + Voss und Nordseewerke) mit der Howaldtswerke-Deutsche Werft im Januar 2005 war im Wesentlichen getrieben durch den Willen zur Erhaltung der U-Boot-Kompetenz in Deutschland, hatte aber naturgemäß auch für die von Blohm + Voss betriebenen Überwasser-Aktivitäten weitreichende strukturelle Konsequenzen. So kam es seit 2005 innerhalb der durch die Fusion gebildeten ThyssenKrupp Marine Systems-Gruppe zu mehreren tiefgreifenden Umstrukturierungen, die auch Blohm + Voss zentral mit einbezogen, wie z.B. die Trennung von militärischen und zivilen Aktivitäten im Bereich des Überwasser-Schiffsneubaus, die u.a. zur Bildung einer Blohm + Voss Nordseewerke und später zur Neugründung der Blohm + Voss Naval führten, mit der erstmals ein nur auf das Engineering und Management von militärischen Schiffsneubauten ausgerichtetes Unternehmen geformt wurde.

Neben diesem Schritt, der vor allem auch die Zusammenarbeit mit ausländischen Bauwerften beim Export von Fregatten und Korvetten unterstützen soll, galt es, für den auf Neubau ausgerichteten Fertigungsbetrieb der Blohm + Voss Shipyards eine langfristig tragfähige Perspektive zu schaffen. Insbesondere nach der tiefgreifenden Finanzkrise der Jahre 2008/2009, die in Deutschland erneut zum Abbau von

Reinhard Kuhlmann
Ehemaliges Mitglied des
Vorstandes der ThyssenKrupp
Marine Systems AG und ehemaliger
Vorsitzender der Geschäftsführung
der Blohm + Voss Naval GmbH

Werftkapazität geführt hatte, stellte sich einmal mehr die Frage, welche Produkte des Schiffsneubaus wohl nachhaltig noch in Deutschland mit Aussicht auf Erfolg gefertigt werden könnten. Der reguläre Handelsschiffbau schied im Fall von Blohm + Voss hierfür ebenso aus wie Offshoreprodukte oder Kreuzfahrtschiffe. Aufgrund der Marktstellung von Blohm + Voss erschien der Bau hochkomplexer Megayachten als exzellenter Nischenmarkt mit guten Zukunftsperspektiven, wenn auch zunächst mit einer starken Belastung durch die erheblich negativ beeinflussten Neubauten der Yacht-Auftragsserie aus den Jahren 2004 und 2005.

Der für den Mutter-Konzern ThyssenKrupp extrem belastende Abschluss dieser Aufträge führte denn auch zu der klaren und nachvollziehbaren Ansage des Konzerns, trotz aller vor Ort vorgenommenen Veränderungen auf diesem Feld unter eigener Regie nicht weiter fortfahren zu wollen. Dies führte für das Schicksal der Blohm + Voss Shipyards zu einer einschneidenden Weichenstellung, die entweder zu der Einstellung des Neubau-Anspruches bei Blohm + Voss geführt hätte, oder aber als einzige Alternative die Fortführung des Neubaus unter der Regie eines neuen Eigentümers zur Konsequenz haben musste.

Der Vorstand der ThyssenKrupp Marine Systems hat im Sinne der langen, wenn auch immer wieder wechselvollen Tradition von Blohm + Voss im Schiffsneubau, aber auch im Interesse der unmittelbar betroffenen Mitarbeiterinnen und Mitarbeiter alles versucht, um im Interesse von Standort und Region die Alternative einer Fortführung unter neuer Eigentümerschaft möglich zu machen. Wir sind froh, dass dieses Projekt nach mehr als zweijährigen Bemühungen und Verhandlungen schließlich mit der Übertragung der zivilen Aktivitäten von Blohm + Voss auf Star Capital, darunter auch der Übertragung der Anteile an der Blohm + Voss Shipyards auf eine zu Star Capital gehörende Erwerbsgesellschaft, erfolgreich zum Abschluss gebracht werden konnte. Wir

freuen uns weiterhin sehr, dass Star Capital mit dem Aufsichtsratsvorsitz für die übernommenen Blohm + Voss-Aktivitäten Herrn Ernst von Freyberg betraut hat, der als direkter Nachfahre der Familien Blohm und von Werthern in ganz besonderer Weise in der Tradition der früheren Firmenlenker steht.

Im Jahr 1955 trat Thyssen den damaligen Eignern von Blohm + Voss unterstützend zur Seite. Nahezu 57 Jahre später hat sich ThyssenKrupp aus dem größten Teil der Blohm + Voss-Aktivitäten mit deren Übergabe an Star Capital wieder zurückgezogen. Die Randbedingungen des Schiffbaus in Deutschland haben sich in dieser Zeitspanne gravierend geändert; teilweise wurde und wird diesen veränderten Randbedingungen nur allzu zögerlich Rechnung getragen. Heute kann ein Großkonzern nur noch in eingeschränkten Nischenbereichen für schiffbauliche Aktivitäten Unterstützung bieten; in vielen anderen Bereichen – dies gilt auch für die zivilen Aktivitäten von Blohm + Voss – sind mittelständische Strukturen angemessener, um dem Geschäft eine aussichtsreiche Plattform für die Zukunft zu geben.

Eben dies wünsche ich zum 135-jährigen Bestehen den zu Blohm + Voss gehörenden Gesellschaften sowie ihren Mitarbeiterinnen und Mitarbeitern. Wie der damalige Vorsitzende der Geschäftsführung von Blohm + Voss, Herr Herbert v. Nitzsch, in seinem Vorwort zur Festschrift anlässlich der 125-Jahr Feier schrieb, wird die Schiffbauindustrie in Deutschland und Europa auch in Zukunft auf faire Rahmenbedingungen angewiesen sein. Dabei haben jedoch gerade die letzten zehn Jahre gezeigt, dass vor allem wir selbst es sind, die diese Rahmenbedingungen gestalten müssen, um eine nachhaltige Perspektive für die uns anvertrauten Unternehmen und deren Beschäftigte zu sichern.

Hamburg, im April 2012

Zu dem Zeitpunkt, als das Vorgängerbuch zum damals 125-jährigen Jubiläum von Blohm + Voss veröffentlicht wurde, hatte wohl niemand ahnen können, welch gravierende Veränderungen für den Schiffbau der weitere Verlauf der ersten Dekade des neuen Jahrhunderts mit sich bringen würde. Dabei sah es zunächst für deutsche Werften noch sehr vielversprechend aus, was vornehmlich mit großen Wachstumsraten in den Kreuzfahrtmärkten und bei der Containerschifffahrt zusammenhing. Mit rund 80 Millionen CGT erreichte der Auftragseingang weltweit im Jahre 2007 einen historischen Höhepunkt, was den Werften eine Produktionsauslastung von mehr als 50 Millionen CGT bis zum vergangenen Jahr sicherte. Im Monatstakt entstehende Neubauwerften, vor allem in China, waren das Resultat dieser globalen Entwicklung. Gleichzeitig sprach man in der Branche bereits von einem „Jahrzehnt der Schiffsreparatur", da das extrem große Flottenwachstum einen Wettbewerb um verfügbare Dockkapazitäten erhoffen ließ.

Nun, diese Entwicklung hatte keinen Bestand. Heute, im Jahre 2012 sehen wir uns global mit erheblichen Überkapazitäten im Schiffsneubau und dem Druck zur Konsolidierung konfrontiert, eine Folge der zum Ende des Jahres 2008 kollabierten Seetransportmärkte. Zu jenem Zeitpunkt waren etwa 50 Prozent der deutschen Schiffbaukapazitäten noch mit dem Bau von Containerschiffen belegt, Kapazitäten, die praktisch schlagartig frei wurden und die seither der Substitution durch nachhaltige Alternativen bedürfen. Der Kostendruck auf Reedereien und Schiffsmanagement-Unternehmen wegen der verfallenen Frachtraten sorgte zudem dafür, dass auch europäische Schiffsreparaturwerften mit den jetzt um Auslastung kämpfenden asiatischen Werften zunehmend ins Hintertreffen gerieten.

Welche Auswirkungen hatte diese Entwicklung aber auf Blohm + Voss? Die Antwort auf diese Frage bedarf einer differenzierten Betrachtung. Die beiden Unternehmensteile Maschinenbau und Schiffsreparatur, die bereits in den neunziger Jahren in selbständige Strukturen überführt worden waren, konnten ihre Wettbewerbsfähigkeit und Marktposition nach der damaligen schmerzhaften Restrukturierung dank der nunmehr hohen Flexibilität und ihrer speziellen Ausrichtung auf ihre jeweiligen Märkte erhalten und ausbauen. So hat Blohm + Voss Industries bis heute

eine beeindruckende Erfolgsgeschichte geschrieben, die auch Dank der hohen Serviceorientierung im weltweiten Einsatz durch die Marktkrise nicht unterbrochen wurde. Blohm + Voss Repair konnte zwar zuletzt krisenbedingt nicht an die Umsatz- und Ergebnis-Rekordjahre 2007/2008 anknüpfen, allerdings ist inzwischen wegen der konsequenten Konzentration auf komplexere Projekte in den Marktnischen Offshore Oil & Gas, Kreuzfahrt und Yachtrefits der Aufwärtstrend unübersehbar. Das Neubaugeschäft bei Blohm + Voss war zwar von der globalen Finanzkrise vergleichsweise am wenigsten betroffen, da der Bau von Handelsschiffen hier wegen längst nicht mehr gegebener Wettbewerbsfähigkeit bei derart wenig ausrüstungsintensiven Schiffen der Vergangenheit angehört. Gleichwohl standen auch hier die Zeichen auf Konsolidierung. Budgetrestriktionen bei potentiellen Kunden für das Geschäft mit Fregatten und Korvetten sowie der Trend bei Exportaufträgen, die Schiffe im Kundenland zu bauen, verlangten nach neuen Geschäftsmodellen. Entsprechend musste auch hier ein nachhaltiges Substitut gefunden werden, lange bevor der Zusammenbruch der Schifffahrtsmärkte dieses von anderen Deutschen Werften verlangte. Ein erster Schritt in diese Richtung wurde mit der Integration von Blohm + Voss in den Werftenverbund ThyssenKrupp Marine Systems (TKMS) und der damit einhergehenden Entscheidung, sich wieder verstärkt auf das Marktsegment der Megayachten auszurichten, getan. Dieses war eine unbestritten richtige Entscheidung, war doch diesem Marktsegment in der Vergangenheit unbeschadet früherer Krisen ein stetes Wachstum beschieden und hatte Blohm + Voss dank früherer glanzvoller Ablieferungen eine exzellente Ausgangsposition für einen erfolgreichen Wiedereintritt in diesen Markt.

Vordergründig gelang dies auch. Alle Neubauten, die Blohm + Voss unter der TKMS-Ägide akquiriert hat, wurden in der vom Markt erwarteten höchsten Qualität an die Kunden abgeliefert und vielfach international preisgekrönt, teilweise, so die A (Projektname SF99/SIGMA), die PALLADIUM oder die ECLIPSE, wird ihnen bereits heute Ikonen-Status beigemessen. Wirtschaftlich indes war der Wiedereintritt ein Misserfolg. Die Gründe hierfür waren vielschichtig: zu viele Aufträge in zu schneller Folge, unzureichende Durchdringung zum Vertragszeitpunkt, zu kurze Vertragslaufzeiten und

Dr.-Ing. Herbert Aly
Vorsitzender der Geschäftsführungen
der Blohm + Voss Industries GmbH,
Blohm + Voss Repair GmbH und
Blohm + Voss Shipyards GmbH

eine Organisation, die mit der Howaldtswerke-Deutsche Werft (HDW) und Blohm + Voss ehemalige Wettbewerber zu einer gemeinsamen Ausrichtung zu integrieren hatte. Nun stehen zwar bekanntlich die besten Seeleute an Land, aber es kam hinzu, dass es für die erfolgreiche Abwicklung solcher konstruktionsintensiven Unikate einer speziell auf Projektmanagement ausgerichteten Organisationsform bedarf. Die dieser Erkenntnis folgende Umstrukturierung wurde 2008 begonnen, in ihrer ersten Konsequenz führte sie zur bekannten Aufteilung der Blohm + Voss GmbH in die beiden Unternehmen Blohm + Voss Naval und Blohm + Voss Shipyards. Damit war der Grundstein gelegt für die Chance, sich in den Märkten für Marine-Überwasserschiffe und Yachten mit jeweils speziell auf ihre Geschäftsmodelle ausgerichteten Unternehmen bewähren und weiterentwickeln zu können. Dass dies im Fall des zivilen Geschäftes mit Megayachten nicht mehr unter dem Dach des ThyssenKrupp-Konzerns vollzogen werden sollte, ist angesichts der erwähnten wirtschaftlichen Misserfolge nachvollziehbar.

Gemeinsam mit den Schwestergesellschaften Blohm + Voss Repair und Blohm + Voss Industries wurde Blohm + Voss Shipyards am 31.01.2012 an die britische Private Equity Management Gesellschaft Star Capital Partners verkauft. An dem neuen Eigentümer, dem Management der Unternehmen und den Belegschaften liegt es nun, die dem Verkauf zugrunde liegenden Geschäftsentwicklungen voranzutreiben und den erwarteten Erfolg eintreten zu lassen. Dies ist einerseits eine große Herausforderung, andererseits sind alle „Blohmer" auf Steinwerder und in der Niederlassung in Kiel dankbar dafür, überhaupt die Chance erhalten zu haben, es tun zu können. Für das solidarische Einstehen der Belegschaften und Betriebsräte in den zurückliegenden schwierigen Jahren und das darin gezeigte Vertrauen in die zukunftsweisenden Konzepte für die Gesellschaften fühlen meine Kollegen in den Geschäftsführungen der

Blohm + Voss Gesellschaften und ich uns zu Dank verpflichtet. Ebenso verpflichtet fühlen wir uns zu einer Fortsetzung der bisherigen partnerschaftlichen Zusammenarbeit mit den Kolleginnen und Kollegen von Blohm + Voss Naval, die sich nun ihrerseits der Herausforderung auf Entwicklung ihres Geschäftsmodelles mit flexiblem Zugriff auf externe Fertigungskapazitäten zu stellen haben. Nicht nur am aktuellen Bauvorhaben der Fregatten der Klasse 125 für die Deutsche Marine soll diese Unterstützung unter Beweis gestellt werden. Wir wünschen Blohm + Voss Naval auf ihrem weiteren Weg allen Erfolg, er ist wichtig für uns alle bei Blohm + Voss.

Die Werft hat seit jeher wiederholt schwere Phasen zu meistern gehabt. Dass es ihr immer aufs Neue gelungen ist, hat in einer starken Marke „Blohm + Voss" seinen Ausdruck gefunden, die in ihren Werten wie technische Exzellenz, Qualität und Pünktlichkeit weltweite Anerkennung genießt. Und das wird so bleiben. Zwar in Verpflichtung gegenüber dieser Tradition, aber mit Blick nach vorn.

Hamburg, im April 2012

19

Prolog

„Wenn die QUEEN MARY 2 auf der Elbe sich an Blankenese vorbeischiebt, stehen tausende Menschen, Hamburger und Touristen, am Ufer, um dieses Schauspiel zu erleben.

Schiffe beeindrucken durch ihre pure Größe. Sie wecken Sehnsüchte nach Ferne, der Weite des Meeres, und dies auch noch im Zeitalter der Flugreisen. Schiffe, seien es Kreuzfahrer, Fähren, Container, Tanker, Mariner oder anderes zu entwerfen, zu konstruieren und zu bauen, ist auch in Zeiten der Computerisierung für den Schiffbauer Herausforderung und Faszination zugleich.

Im Bauvertrag steht, was das Schiff können soll, der Lieferzeitpunkt und der Preis. Meilensteine markieren den Weg der Entstehung. Erst der Konstruktionsbeginn, zum Fertigungsbeginn gibt es erste Reden und das erste Glas Sekt. Zur Kiellegung heben die großen Werftkräne das erste Bauteil in die Bauposition, natürlich begleitet von Reden und Sekt. Gänsehaut beim Stapellauf mit Reden und Sekt und mit einer Belegschaft, die voll Stolz ihr nun schwimmendes Baby betrachtet; es ist ein Teil von uns und hat nun statt einer Baunummer einen Namen. Der Ausrüstung folgt die Probefahrt und die Übergabe mit Reden und Sekt.

Viele Menschen haben am Ende Hand in Hand dieses Bauwerk erschaffen, das nun in der Weite der Ozeane seine Tauglichkeit beweisen muss. Es waren nicht nur die Werftmitarbeiter, sondern auch Mitarbeiter von Spezialunternehmen, der Klassifikation und der Schiffbauversuchsanstalt, die den erfolgreichen Bau möglich gemacht haben. Der Schiffbau hat sich seit dem Bau der FLORA, der Baunummer 1 von Blohm + Voss, vor 135 Jahren erheblich verändert, aber die die Faszination die von dem Schiffbau ausgeht, auf die Erbauer wie auf die Betrachter am Ufer ist geblieben.

Gerhard Kempf, ehemaliges Vorstandsmitglied der ThyssenKrupp Marine Systems AG

135 Jahre faszinierende Unternehmensgeschichte

1877–2012

Es ist eine Verpflichtung, man kann aber auch sagen, eine Selbstverständlichkeit, sich zunächst mit den willensstarken Persönlichkeiten zu befassen, die Großes geschaffen haben und deren Überzeugung, mit ihren Vorstellungen auf dem richtigen Weg zu sein, zu würdigen. Gemeint sind Hermann Blohm und Ernst Voss, die Gründer einer kleinen Werft- und Maschinenbaufirma auf einem nicht unbedingt günstigen Gelände, von dem heraus innerhalb weniger Jahrzehnte die seinerzeit weltgrößte Werft ausgebaut wurde – Blohm & Voss. Sie ist bis heute, trotz geschwundener Größe, unter den Schiffbauunternehmen immer noch weltberühmt – eine Legende geradezu, aber diese Legende lebt und behauptet nach wie vor ihren Platz, wenn auch in einem dramatisch veränderten Umfeld .

Hermann Blohm, als jüngster Sohn des Lübecker Kaufmanns Georg Blohm am 23. Juni 1848 in der Travestadt geboren, äußerte schon früh den Wunsch, eiserne Dampfschiffe nach englischem Vorbild bauen zu wollen. So begann er seine berufliche Laufbahn als Lehrling in der Maschinenfabrik Kollmann und Scheteling, der späteren Lübecker Maschinenbau Gesellschaft (LMG) und ging dann zur Werft von C. Waltjen & Co. nach Bremen, der späteren AG „Weser", um dort seine erworbenen praktischen Kenntnisse zu erweitern. Das Studium

der Ingenieurwissenschaften an der Polytechnischen Schule in Hannover, dem Polytechnikum in Zürich und am Königlich-Preußischen Gewerbeinstitut in Berlin-Charlottenburg beendete er 1872 mit dem Examen, arbeitete noch rund ein Jahr auf deutschen Werften, ging dann 1873 nach England, um dort zielstrebig auf verschiedenen Werften und in Ingenieurbüros sein Wissen als Schiffbauingenieur zu vervollständigen.

1876 kam Hermann Blohm in seine Vaterstadt zurück mit der Absicht, an der Trave eine Werft für den Bau eiserner Dampfer zu gründen, so wie er es sich in Jugendjahren bereits vorgenommen hatte. Er wollte sein Vorhaben gemeinsam mit der LMG, seiner einstigen Lehrfirma, verwirklichen, weil er meinte, dass die Zusammenarbeit mit einer Maschinenfabrik eine solide Basis ergeben würde. Schiffbau und Maschinenbau gehörten seiner Ansicht nach zusammen. Das Vorhaben scheiterte jedoch an den Vorstellungen der LMG-Hauptaktionäre, und auch die Stadt Lübeck zeigte wenig Entgegenkommen. So kam Hermann Blohm nach Hamburg und traf dort Ernst Voss.

Dieser, am 12. Januar 1842 in Fockbek bei Rendsburg als Sohn eines Hufschmieds und Untertan des dänischen Hofes geborene Ernst Voss war ein Genie ganz spezieller Art. Seine erste Ausbildung erlebte er

in einer Dorfschulklasse mit 160 Kindern. Als Autodidakt und Privatschüler bildete er sich mit eisernem Fleiß und fast übermenschlicher Energie weiter, bis in die tiefe Nacht hinein und an Wochenenden. Das führte er auch noch weiter, als er 1857 als Maschinenbau-Lehrling in die Hollersche Carlshütte bei Rendsburg eingetreten war. Seine mit einem hohen technischen Verständnis verbundene mechanische Kunstfertigkeit ließ ihn schon im Alter von 15 Jahren eine Dampfmaschine bauen, die mit 330 Umdrehungen/Min. einwandfrei funktionierte und als Schnellläufer ihrer Zeit voraus war. Seine Leistungen in der Zeichenschule des Rendsburger Arbeiter-Vereins brachten ihm schon im Alter von 16 Jahren eine bronzene Medaille ein. Einige Jahre später, als er ab 1862 an der Preußischen Provincial Kunst- und Gewerbeschule in Erfurt studierte, wurde er sogar für einige nach Berlin eingereichte Entwurfszeichnungen mit einer Silbermedaille der Akademie der Künste ausgezeichnet.

Der Provincial Kunst- und Gewerbeschule folgte das Studium am Polytechnikum in Zürich. Auch dort sind es eiserner Fleiß und Sparsamkeit, die es ihm ermöglichten, sein Diplom schon nach drei Jahren mit besonderer Auszeichnung zu erlangen.

Anschließend ging Ernst Voss, wie so viele deutsche Ingenieure auch, nach England, um in der dortigen Schiffbauindustrie seine Kenntnisse zu vertiefen. Zuerst betätigte er sich in der Maschinenfabrik John & Henry Gwynne in London, wo er die erste mit einer schnelllaufenden Kolbenmaschine direkt gekuppelte Zentrifugalmaschine konstruierte, für die die Firma 1868 die Goldene Medaille der Schifffahrtsausstellung in Le Havre erhielt. Wichtiger aber wurde für ihn noch seine Tätigkeit als Maschinenbau-Konstrukteur in der Firma Randolph Elder & Co., die unter der Führung des in der Schifffahrt- und Schiffbauwelt berühmten John Elder stand. Es folgten Anstellungen als technischer Repräsentant einer niederländischen Reederei und als Chefingenieur der in Hamburg neu gegründeten Adler-Linie. Ein Plan, in Wittenbergen bei Hamburg gemeinsam mit seinem Schwager Kalkmann eine eigene Werft zu gründen, scheiterte, weil dieser nicht mehr aus dem Deutsch-Französischen Krieg 1870/71 zurückkehrte.

Nach der Verschmelzung der Adler-Linie mit der Hamburg-Amerika Linie ließ sich Ernst Voss als Zivilingenieur des Schiffsmaschinenbaus in Hamburg nieder. Er wurde beeidigter Sachverständiger der Handelskammer, und Lloyd's Register of Shipping bestellte mit ihm erstmalig einen Deutschen als Besichtiger (Surveyor) für alle deutschen Häfen. Zwei Jahre später lernte Ernst Voss Hermann Blohm kennen.

Das Unternehmen Blohm & Voss Schiffswerft und Maschinenfabrik, für das diese beiden jungen hochbegabten und enthusiastischen Ingenieure den Grundstein gelegt haben, bedeutete gerade in Hamburg ein nicht zu unterschätzendes Risiko. Zwar hatten in der Hansestadt an der Elbe nicht nur die meisten und größten deutschen Reedereien ihren Sitz, und es gab auch durchaus einige renommierte Werften, aber ihre eisernen Dampfer-Neubauten, mit denen sie dem Zug der Zeit folgen wollten, bestellten die Reeder traditionell in England. Viele hatten dort sogar ihre „Hauswerft". Hinzu kam, dass der Hamburger Senat an einem neuen Industrieunternehmen zunächst wenig Interesse zeigte, denn vorrangig galt es, die Kaufmannschaft zu fördern aus deren Reihen sich der Senat weitgehend zusammensetzte.

Diesem wollten Hermann Blohm und Ernst Voss, die sich zu einer einzigartigen Zusammenarbeit gefunden hatten, etwas entgegensetzen. Etwa, damals natürlich nicht ausgesprochen und sicher auch nicht so gewollt oder Verständnis erheischend, etwas National-Bodenständiges schaffen unter dem Motto: „Wir können es doch auch."

Das war natürlich leichter gedacht als umgesetzt, denn die Reederschaft war und ist allgemein konservativ. Warum also unbekannten Newcomern vertrauen, wenn es über den Kanal hinweg in England oder Schottland bislang ja auch sehr gut geklappt hat? Es war ein hartes Stück Arbeit, das vor allem Hermann Blohm zu bewältigen hatte. „Klinkenputzen" würde man heute dazu sagen. Es ging dabei einzig und allein um das Ziel, die heimische Reederschaft davon zu überzeugen, dass die neue Werft Blohm & Voss auf Steinwärder in der Lage war, mindestens ebenso gute Schiffe zu bauen wie die etablierte Konkurrenz jenseits des Kanals. Da das aber alles nicht so richtig fruchtete, entschlossen sich die beiden Jungunternehmer dazu, als Erstes ein Schiff für eigene Rechnung auf Kiel zu legen. Es konnte aber nach Fertigstellung gut verkauft werden.

Wenn auch die Anfangsschwierigkeiten damit keineswegs überwunden waren, so ist doch dieser Neubau NATIONAL/FLORA als Anfang einer geradezu beispiellosen Zahl von Schiffsneubauten zu sehen, die alle Erwartungen übertraf. Blohm & Voss wurde „die Werft" schlechthin, und das nicht nur in den Augen des technik- und marinebegeisterten Kaisers Wilhelm II., sondern in zunehmendem Maße auch im Urteil des Auslands, nicht zuletzt bei der bis dahin weltweit unangefochten an der Spitze stehenden britischen Schiffbauindustrie.

Ihre Prägung erhielt diese Unternehmensentwicklung in jeder Konsequenz jedoch allein durch die beiden Gründer Hermann Blohm und Ernst Voss. Beide waren einerseits geniale Unternehmercharaktere, wobei der eine eher kaufmännisch, der andere mehr technisch gestaltete. Andererseits wurde diese optimale geschäftliche Verbindung ergänzt durch eine tiefe Freundschaft, die diese beiden Männer verband. Ideale Voraussetzungen also für den Ausbau des Unternehmens zu einer der leistungsfähigsten Werften überhaupt, die zu Beginn des 20. Jahrhunderts

Die Maschinenfabrik von Blohm & Voss im Jahre 1879.

Die Wasserfront der neuen Werft belief sich elbseitig und zum Schanzengraben auf 250 Meter.

über das größte geschlossene Werftareal und die größte Dockkapazität zumindest in Europa verfügte. Profitiert hat Blohm & Voss in diesen Jahrzehnten des rasanten Aufbaus vor allem aber auch von dem günstigen wirtschaftlichen Umfeld. Die Industrialisierung des nach 1871 geeinten Deutschen Reiches vollzog sich in Riesenschritten, und in gleichem Maße wuchs der Export in alle Teile der Welt. „Made in Germany" wurde zu einem Qualitätsbegriff. Fracht- und Passagierschiffe wurden in großer Zahl gebraucht, so dass die Reedereien in enormem Tempo expandierten. Einen ansehnlichen Teil der neuen Schiffe lieferte die Werft auf Steinwärder, die sich ebenfalls immer weiter ausbreitete.

Und dann, als sich das Deutsche Reich zu einer europäischen Großmacht entwickelte, entstanden auf den Helgen an der Elbe auch immer größere Schiffe für die Kaiserliche Marine, die im Rahmen der vom Reichstag gebilligten Flottengesetze aufwuchs. Bei Blohm & Voss war man stolz auf die Marineaufträge, vor allem auf die hervorragend gelungenen Schlachtkreuzer, deren Bau zum Teil ohne öffentliche Ausschreibung platziert wurde. Doch die zivile Produktion überwog immer, worauf sorgfältig geachtet wurde.

Der von Blohm & Voss angestrebte technische Standard und der Ehrgeiz, schiffbautechnisch nicht nur auf der Höhe der Zeit, sondern möglichst der Entwicklung voraus zu sein, wurden gespeist durch die Bereitschaft, Innovationen maßgeblich zu fördern und sie für den Schiffbau und auch für den Maschinenbau zu implementieren. Dabei sei nur an die Leistungen im Turbinen- und Motorenbau erinnert. Das zahlte sich sowohl für die Kunden als auch für die Werft selbst aus und verschaffte ihr die fortan unanfechtbare hohe internationale Anerkennung, die bis heute Bestand hat.

Glücklich wirkte sich auch der gelungene Generationenübergang aus. Die während des Ersten Weltkriegs eingetretenen Söhne von Hermann Blohm, Rudolf und Walther, übernahmen nach Kriegsende weitgehend die Führung, wobei sich eine ähnlich vorteilhafte Arbeitsteilung entwickelte wie bei den beiden Gründern. Die Söhne, denen es sehr schnell gelang, sich eigene Profile zu schaffen, steuerten Blohm & Voss durch die schwierige Zwischenkriegszeit, durch die unruhigen zwanziger Jahre und die Zeit des Nationalsozialismus, in der sie zwar durchaus vom Ausbau der Kriegsmarine profitierten und profitieren wollten, aber immer bestrebt waren, auch jetzt einen Ausgleich im Handelsschiffsneubau zu halten. In der Schifffahrtswelt berühmte Schiffe entstanden: Die MONTE-Schiffe und die CAP ARKONA für die Hamburg-Süd oder das „Nordatlantik-Quartett" für die Hapag beispielsweise sowie vor allem das Schlachtschiff BISMARCK, das wohl legendärste

Die BISMARCK, das wohl legendärste Schlachtschiff der Seekriegsgeschichte, wurde 1940 von Blohm & Voss abgeliefert.

Schlachtschiff in der Seekriegsgeschichte überhaupt. Es wird bis heute international als Ausdruck der besonderen Leistungsfähigkeit des Unternehmens gewürdigt.

Seit Mitte der dreißiger Jahre engagierte sich Blohm & Voss auch im Flugzeugbau, und zwar auch dort mit großem Erfolg. Innerhalb weniger Jahre gelang die Entwicklung einiger ganz außerordentlicher Flugzeugtypen. Energisch waren die Brüder Blohm bestrebt, wie auch schon die Gründergeneration, die Existenz als privatwirtschaftliches Familienunternehmen zu erhalten. Das wurde vor allem

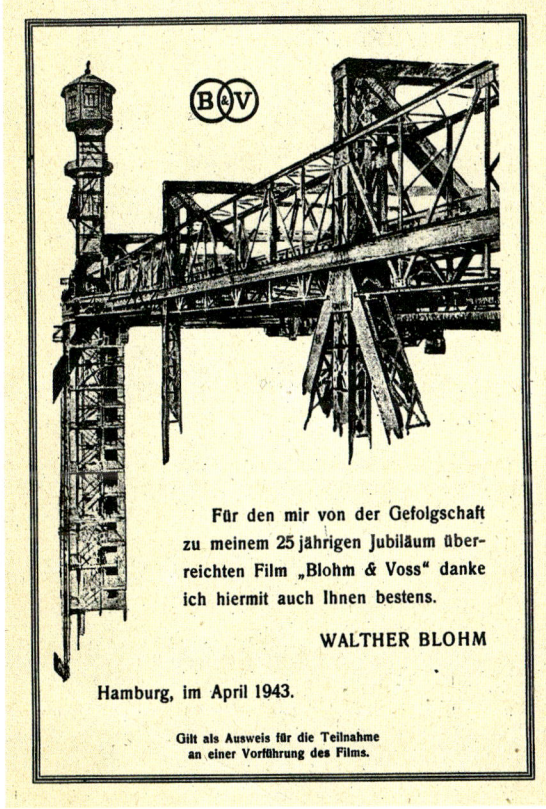

Für den mir von der Gefolgschaft zu meinem 25 jährigen Jubiläum überreichten Film „Blohm & Voss" danke ich hiermit auch Ihnen bestens.

WALTHER BLOHM

Hamburg, im April 1943.

Gilt als Ausweis für die Teilnahme an einer Vorführung des Films.

Der Erfolg von Blohm & Voss hing auch stets mit den Mitarbeitern zusammen. Diesen dankte auch Walther Blohm zu seinem 25-jährigen Jubiläum.

Zerstörung und Demontage hinterließen auch bei Blohm + Voss ihre Spuren.

während der letzten Kriegsjahre allerdings immer schwieriger.

Noch schwieriger aber wurde es für sie, als nach dem Krieg die britische Besatzungsmacht alles daransetzte, durch rigorose Zerstörung und Demontage, für die es zumindest in den westlichen Besatzungszonen nichts Vergleichbares gab, das Unternehmen möglichst für immer auszulöschen. Dass es ihnen trotz aller Anstrengungen nicht gelang, ist im Wesentlichen den beiden Brüdern Blohm zu verdanken, die nicht aufgaben und in einem Lebensalter, in dem sich die meisten Menschen aus dem aktiven Berufsleben zurückziehen, ein Aufbau- und Wiederaufbauwerk durch Überwindung schier unglaublicher Schwierigkeiten schafften, die wohl jenseits heutiger Vorstellungskraft liegen. Ihr unbeugsamer Wille beeindruckt nicht nur, er muss faszinieren. Das Aufbauwerk gelang in der dann erlebten Form, aber nicht zuletzt auch durch das immer stärkere Engagement des Hauses Thyssen, das bald die Mehrheit des Kapitals hielt und es schließlich ganz übernahm.

Es lohnte sich durchaus, denn das Geschäft florierte sowohl für die heimischen Reedereien als auch für den Export. Selbst der Marineschiffbau begann sich wieder zu entwickeln, nicht zuletzt angestoßen durch die Übernahmen der benachbarten Werften von Stülcken und Schlieker. Höhepunkt war aber damals die Präsentation des zukunftweisenden MEKO®-Konzeptes, das die Fachwelt verblüffte und eine ganze Reihe von Aufträgen ausländischer Marinen generierte. Hochkomplexe Aufträge aus der Offshore-Industrie kamen dazu, mit deren Abarbeiten immer wieder Kompetenz und Flexibilität unter Beweis gestellt werden konnten. Neue Ideen ergänzten das Spektrum und wiesen in die Zukunft, wie etwa die Entwicklung der Fast-Monohull-Familie, so dass zum Zeitpunkt der in eindrucksvollerweise begangenen Feier zum 125-jährigen Bestehen des Unternehmens es sich stolz präsentieren durfte und dies auch in unnachahmlicher Weise getan hat. Für jeden, der daran teilnehmen durfte, war es ein unvergessliches Erlebnis.

Mit der kurzgefassten Chronik am Schluss dieses Buches soll noch einmal ein Eindruck der vielfältigen Leistungen und Unternehmungen von Blohm + Voss vermittelt werden, eines Unternehmens, das längst zu einem Synonym für hanseatisches Unternehmertum geworden ist und darüber hinaus sowohl als Beispiel deutschen Unternehmensgeistes als auch für deutsche Schiffbaukunst schlechthin stand und steht. Denn die 125-Jahr-Feier war ja keineswegs ein Schlussstrich unter irgendeine stolze Unternehmensgeschichte, sondern sie war, ohne dass es damals den meisten der Beteiligten offenbar wurde, nur ein weiterer Markstein. Ganz sicher waren die folgenden zehn Jahre bis heute ebenso spannend, denn sie brachten, der Zeit entsprechend, eine Vielzahl neuer Herausforderungen und Umbrüche, und zwar so viele und so kurz hintereinander, wie kaum jemals zuvor. Das alles hat tiefe Spuren hinterlassen. Dazu ein wenig im Vorgriff.

Die wahrscheinlich größte Zäsur brachten die Jahre 2008/2009 mit der weltweiten Finanz- und Wirtschaftskrise, die ganz besonders auch den Schiffbau traf. Ein Jahr später, 2009, belief sich der Auftragsbestand der deutschen Werften, die der asiatischen Konkurrenz vor allem bei den Lohnkosten und in Finanzierungsfragen kaum etwas entgegenzusetzen hatten, auf nur noch ein Drittel des Vorkrisenwertes, und bis heute gibt es nur geringe Anzeichen einer Erholung. Seit 2008 hat ein Fünftel der Beschäftigten im deutschen Schiffbau seinen Arbeitsplatz verloren, bereits bis 2010 hatten sieben Werften Insolvenz angemeldet. 60 Schiffsneubauaufträge sind in Deutschland in Folge der Krise storniert worden, so dass in der Tat von einer existenzbedrohenden Krise gesprochen werden muss. Sie verdeutlichte aber auch eines, dass im deutschen Schiffbau Erfolge nur noch erzielt werden können, wenn er sich auf hoch komplexe, individuell auf den Kunden zugeschnittene Produkte konzentriert. So spiegelt die heutige Spezialisierung der Marke Blohm + Voss auf Yachten und Marineschiffe genau das wider. Yachten und Marineschiffe sind für jeweils eigene Märkte konzipiert. Dabei können Yachten heute nicht mehr nur als Beschäftigungsfüller angesehen werden. Sie erfordern ein eigenes Geschäftsmodell und eine eigene Organisation. Sie gehören nicht nur zu den Kernprodukten sondern sind auch Ausdruck des Wandels im Unternehmen selbst.

Bis 1996 hätte es niemand für möglich gehalten, dass mit dem Konkurs des Bremer Vulkan eine irgendwie durchgehende Zäsur im deutschen Schiffbau eintreten würde. Auch an der Elbe gab es nicht wenige Momente, in denen die Zukunft mehr als ungewiss erschien. Ebenso für Blohm + Voss markierte dieses Jahr einen tiefen Einschnitt, denn aus der Blohm + Voss AG entstanden drei eigenständige Firmen, die zwar alle denselben Namen führten, aber gesellschaftsrechtlich getrennt waren: Blohm + Voss (Schiffsneubau), Blohm + Voss Repair und B + V Industries.

Bevor der Schiffsneubau bei Blohm + Voss in Weiß (Yachten) und Grau (Marineschiffe) getrennt wurde, war die Übertragung des Reparaturgeschäftes auf Blohm + Voss Repair und der Komponentenherstellung auf B + V Industries vorausgegangen. Diese gesellschaftsrechtliche Ausgliederung zur Erreichung wettbewerbsfähiger Strukturen, insbesondere in der

Auch in den sechziger Jahren wird zumindest bei Reparaturarbeiten noch genietet.

Das Trockendock ELBE 17 ist nahezu ausgefüllt. Blohm + Voss war durchgängig mit Reparaturarbeiten gut beschäftigt.

Große Exporterfolge kann Blohm + Voss mit dem MEKO®-Konzept erringen. Hier die LA ARGENTINA vom Typ MEKO® 360.

Megayachten, die im überdachten Baudock entstehen, werden zu einem immer stärkeren Standbein des Unternehmens.

Reparatur, war Ausdruck des Bemühens, im Markt zu bleiben. Allerdings blieb es nicht aus, dass in Folge dieser Umstrukturierung etwa ein Drittel der Belegschaft das Unternehmen verlassen musste.

Für Außenstehende hatte sich nichts geändert, denn Blohm + Voss sah aus wie immer, doch was hinter dem Vorhang geschehen war, symbolisiert die Entwicklung im deutschen Schiffbau allgemein: Die Abkehr von der allumfassenden Universalwerft hin zur hoch spezialisierten Kompaktwerft, auch wenn es sich bei Blohm + Voss streng genommen weiterhin um eine „Großwerft" handelte.

Die veränderte Gesellschaftsstruktur, die 1996 ihren Anfang genommen hatte und 2008 mit der Herauslösung des Marineschiffbaus zunächst in Form der Fusion von Blohm + Voss mit den Nordseewerken in Emden und der anschließenden Gründung der Blohm + Voss Naval in 2010 ihren bisherigen Höhepunkt erreichte, kann als Reaktion auf die veränderten Markt- und Kundenbedürfnisse gewertet werden, die alle Schiffbausegmente betrafen. Nachdem Anfang der neunziger Jahre zunächst etwas zaghaft wieder mit dem Yachtbau begonnen worden war, in einer Zeit, in der der Marineschiffbau durch den Erfolg der MEKO®-Fregatten und Korvetten für ausreichend Auslastung sorgte, begann sich das Geschehen etwa um die Jahrtausendwende zu drehen. Der Verlust zweier Marineaufträge hatte die nahezu völlige Abhängigkeit vom deutschen Kunden für die nächsten zehn Jahre zur Folge. Vor diesem Hintergrund kam dem Yachtbau eine neue, wesentlich bedeutendere Rolle zu. Innerhalb von nur zwei Jahren konnten Aufträge für den Bau von vier Megayachten akquiriert werden, so dass dieses Segment nun nach und nach zu einem dem Marineschiffbau gleichwertigen Standbein wurde.

2005 wurde mit der Gründung von ThyssenKrupp Marine Systems (TKMS) der erste europäische Werftenverbund gegründet. Er verfügte auch im Ausland, in Schweden und Griechenland, über wichtige Kapazitäten. Die Fusion der ThyssenKrupp Werften, also der drei Blohm + Voss-Gesellschaften in Hamburg und der Emder Nordseewerke, mit der Howaldtswerke-Deutsche Werft (HDW) in Kiel stellte einen wesentlichen Beitrag zur Konsolidierung des deutschen Schiffbaus dar. Damit wurden alle Kernfähigkeiten des weißen (Yachtbau), des grauen (Überwasser-Marineschiffe) und auch des schwarzen Bereichs (U-Boote) unter einem Dach gebündelt, unterstützt von einer leistungsstarken Infrastruktur. Es gab keine Schiffe die nicht repariert oder umgebaut werden konnten, wichtige Komponenten wurden selbst hergestellt und auch beim Bau von Schiffen war das Spektrum von Handelsschiffen bis hin zu ausrüstungsintensiven Marineschiffen breit angelegt.

Es war allen Beteiligten klar, dass Wettbewerbsfähigkeit im Schiffbau in Deutschland nur durch einen hohen Engineeringanteil sowie der Fähigkeit zur komplexen Systemintegration zu erreichen bzw. zu halten ist. Dabei ging es vor allem um Nischenprodukte wie Yachten, Marineschiffe, Spezialschiffe für den Offshoremarkt, Forschungs- und Kreuzfahrtschiffe.

Nach dem Ausstieg aus dem Containerschiffbau waren diese bei Blohm + Voss nur noch „Lückenfüller".

Für den Bau der Fregatten der Klasse 124 war Blohm + Voss der Federführer in der Arbeitsgemeinschaft F124.

Wesentlich ist jedoch im Vergleich mit vergangenen Zeiten, dass heute eine Werft längst nicht mehr über alle Leistungsanteile im eigenen Haus verfügt. Was heute benötigt wird, liefern spezialisierte Unterauftragnehmer. So kommt der Werft die Funktion eines Systemhauses zu. Sie muss alle die unterschiedlichen Akteure an den vielfältigen Schnittstellen des immer komplexer werdenden Ganzen zusammenführen. Genau das ist es, was heute benötigt wird, und genau das ist die Stärke von Blohm + Voss.

Ein weiterer Faktor für die voranzutreibende Restrukturierung der Werftengruppe war das im Zuge der Wirtschaftskrise wegbrechende Geschäft im Containerschiffbau. Am 11. Dezember 2009 ist in Emden nach 106 Jahren Schiffbau das letzte Containerschiff vom Stapel gelaufen, nachdem zuvor vier andere Aufträge storniert worden waren, durch deren Wegbrechen sich enorme Überkapazitäten auftaten. Für die gesamte Gruppe und damit auch für die Standorte Hamburg und Emden war im Überwasser-Marineschiffbau damit die Existenzfrage so bedrohlich geworden, dass für den notwendigen Umbruch ein radikaler Schnitt notwendig wurde. Das geschah in Form einer industriellen Transformation, die eine Perspektive für die Zukunft bot: Die Umstellung vom Schiff- zum Offshore-Anlagenbau. Sie wurde gemeinsam mit einem Investor, der SIAG Schaaf Industrie AG, erreicht, der aussschließlich für den Standort Emden zur Verfügung stand. Dies alles gelang, und das muss immer wieder unterstrichen werden, ohne betriebsbedingte Kündigung auch nur eines einzigen Arbeitsplatzes. Neben der SIAG sind heute auf dem Gelände der ehemaligen Nordseewerke noch die Emder Werft und Dockbetriebe für die Reparatur von Schiffen tätig. Außerdem arbeiten Teile von Blohm + Voss Naval weiter für den Marineschiffbau. Mit der Fertigstellung des dritten Einsatzgruppenversorgers für die Deutsche Marine wird jedoch auch der Marineschiffbau im Laufe des Jahres 2012 in Emden zu Ende gehen.

Der Schiffbau in Deutschland hat sich grundlegend geändert. Dafür steht auch die Entwicklung von Blohm + Voss. Mit der Übernahme der drei „Weißen" Blohm + Voss-Unternehmen durch den britischen Finanzinvestor Star Capital Partners im 135. Jahr der Unternehmensgeschichte ist ein starker Partner gefunden worden, der in der Lage ist, die Aktivitäten in Hamburg weiter zu betreiben.

ThyssenKrupp Marine Systems konzentriert sich zukünftig ganz auf den Marineschiffbau – Überwasserschiffe in Hamburg und U-Boote in Kiel. Am Standort Hamburg wird mit dem neuen Geschäftsmodell der Blohm + Voss Naval den zunehmenden Kundenwünschen nach einer Fertigung im eigenen Land Rechnung getragen. Blohm + Voss Naval konzentriert sich damit ganz auf die Fähigkeiten eines Systemhauses mit den Schwerpunktfunktionen Projektierung, Einkauf, Engineering, Systemintegration und After Sales & Services. Damit sollen alle Fähigkeiten beschrieben sein, die es Blohm + Voss Naval als Teil von TKMS erlauben, auch weiterhin die Rolle eines Generalunternehmers übernehmen zu können.

AMADEA

NASSAU

BLOHM+VOSS DOCK

Teil I

Schiffbau in unruhiger See

„Mein Großvater John Biermann war Elektriker bei Blohm + Voss. Sein Sohn, also mein Vater, lernte auf dieser berühmten Werft als Lehrling Schlosser-Maschinenbauer. Sein brillantes Gesellenstück war das funktionierende Modell einer solide gebauten Dampflokomotive, 112 Zentimeter lang. Weil er aber schon während seiner Lehrzeit Kommunist geworden war und Jugendgewerkschaftsvertreter im Metallarbeiterverband, ist er dann nach der Lehre 1923 sofort entlassen worden. Später arbeitete er auf der Deutschen Werft, spezialisiert auf die Wartung und Reparatur der Kran-Laufkatzen auf den gewaltigen Stahlseilen der Hellig.

Mein Großvater John wurde mit der ganzen jüdischen Familie 1941 von Hamburg nach Minsk deportiert. Dort wurden alle sofort in die Grube geschossen. Mein Vater überlebte als verurteilter Widerstandskämpfer bis 1943 im Zuchthaus Bremen-Oslepshausen. Und wurde dann – leider! – weil er ja nebenbei auch noch Jude war, nach Auschwitz entlassen und dort ermordet.

Es ist sonderbar: Immer wenn ich am Hafen vorbeikomme und sehe die Schwimm-Docks mit dem vertrauten Namen Blohm + Voss, habe ich ein sympathisches Gefühl: Ich denke dann an diese Wunder-Lokomotive, die leider im Juli 1943 in der Schwabenstraße 50 A in Hammerbrook in einem Trümmerberg für immer und ewig kaputt ging, als meine Mutter und ich es schafften, dem Inferno unter dem Bombenhimmel durch den Kanal zu entkommen. Die Reste des Gesellenstücks liegen heute wahrscheinlich im zugeschütteten Gustav-Kanal unter einem Büropalast. So verrückt es vielleicht klingt: Blohm + Voss ist für mich ein Stück Seelen-Heimat."

Wolf Biermann, Liedermacher, Lyriker, Autor

Zyklen und Konjunkturabhängigkeit im Schiffbau

Ehemalige Größen und neue Giganten

Die Entwicklung von Blohm + Voss ist – nicht nur in den letzten Jahren – ohne einen Blick auf die Entwicklung von Schifffahrt und Schiffbau im globalen Rahmen nicht darzustellen. Der Weltschiffbau hat sich in den vergangenen Jahrzehnten stark verändert. Das gilt sowohl qualitativ als auch quantitativ. Das boomartige Wachstum von neuen Werftkapazitäten hat zu deutlichen Verschiebungen zwischen den Produktionsstandorten geführt, wobei die traditionellen Schiffbauländer besonders in Europa wesentlich an Gewicht verloren haben. Hinzu kommt, dass der zivile Schiffbau vor allem bei Containerschiffen stark konjunkturabhängig ist. Demgegenüber wird der Marineschiffbau durch zyklische Schwankungen charakterisiert, die sich allein durch Angebot und Nachfrage nicht erklären lassen. Hier spielen neben den nationalen Budgets politische und sicherheitspolitische Rahmenbedingungen die ausschlaggebende Rolle, und zwar weltweit.

Vergleicht man die Struktur des Weltschiffbaus vor vierzig Jahren mit der heutigen, so sind gravierende Unterschiede bzw. Verschiebungen festzustellen.

Japan beispielsweise, schon immer ein tüchtiges Schiffbauland vor allem im Marinebereich, nutzte seine Schiffbauindustrie nach dem Krieg ganz gezielt und noch verstärkt für den Wiederaufbau seiner Wirtschaft. Bis etwa Mitte der neunziger Jahre verfügte Nippon über einen Marktanteil von ca. vierzig Prozent und mehr und hatte zuvor lange Jahre unangefochten die Spitzenposition unter den Schiffbauern weltweit gehalten. Allerdings war der Eigenbedarf der Inselnation auch besonders hoch. Im Jahre 2000 stellte Japan noch 30 Prozent der Weltschiffbaukapazitäten; heute sind es gerade noch knapp 20 Prozent, denn der Schwerpunkt der Schiffbauaktivitäten hatte sich dramatisch verlagert. Zunächst begann Südkorea mit einem gewaltigen Ausbau seiner Werften das Geschehen zu beeinflussen, dann holte China mit ebenso gewaltigen Anstrengungen auf, und heute bestimmen die beiden fernöstlichen Giganten weitgehend das Marktgeschehen. Beide Länder liefern sich mit Marktanteilen von jeweils 35 Prozent ein Kopf an Kopf-Rennen um den Titel „Weltschiffbaumeister". Japan folgt deutlich abgeschlagen auf Platz drei. Auch andere Länder wurden immer aktiver: Indien, Vietnam, die Philippinen und Brasilien. In Russland und der Ukraine wird es wohl noch etwas länger dauern, aber selbst deren Anstrengungen sind nicht zu übersehen.

Umgekehrt verlief die Entwicklung in Europa und in den USA. Europa verlor seit den siebziger Jahren in jeder Dekade etwa zehn Prozent seines Marktanteils, wobei sich die deutschen Werften noch bemerkenswert lange auf einem guten Platz im Ranking halten konnten. Heute bringen es die europäischen Länder zusammen gerade noch auf rund 6,5 Prozent Marktanteil. Viele der einstigen Großwerften sind nur noch ein Schatten ihrer selbst, wenn sie denn überhaupt noch existieren. Kockums in Schweden war in den fünfziger und sechziger Jahren eine der größten und leistungsfähigsten Werften der Welt. Gegenwärtig werden dort nur noch 900 Mitarbeiter beschäftigt. Die dänische Odense Werft erledigt nur noch Restarbeiten. Finnland sieht auch nicht anders aus: Helsinki liegt so gut wie brach und Turku gehört zur koreanischen STX-Gruppe, die sich inzwischen auch in Frankreich, Norwegen, Rumänien und Brasilien ausgebreitet hat. Für den Niedergang der einst stolzen deutschen Werften stehen die AG Weser und der Bremer Vulkan. Auch am Beispiel Blohm + Voss lässt

Im Containerschiffbau ging die Zeit der deutschen Werften zu Ende. Er verlagerte sich fast vollständig nach Fernost.

Reparatur- und Umbauaufträge wirkten stabilisierend für das Gesamtgeschäft.

sich diese Entwicklung verfolgen: Gehörten Mitte der siebziger Jahre noch über 6.000 Mitarbeiter zur Belegschaft, so hat sich die Anzahl der Beschäftigten heute bei Blohm + Voss Naval sowie bei Blohm + Voss Shipyards, Blohm + Voss Repair und Blohm + Voss Industries auf rund 1.800 reduziert.

Trotz signifikanten Rückgangs der Beschäftigtenzahl auf den deutschen Werften von fast 30.000 Mitte der neunziger Jahre auf etwas über 16.000 in 2011, bietet die maritime Industrie insgesamt, also einschließlich der breit gestreuten Zulieferbetriebe, in Deutschland immer noch ca. 380.000 Arbeitsplätze, auch angesichts der Innovationskraft ein nicht zu unterschätzender Faktor in der deutschen Industrielandschaft.

Entgegengesetzt ist der Trend auf der anderen Seite der Welt verlaufen: Hyundai Heavy Industries in Korea, erst 1972 gegründet und heute „the world's No 1 shipbuilder", beschäftigt über 9.000 Mitarbeiter. Auf

der Dalian Shipyard in China, die sich ebenfalls als größte Werft der Welt bezeichnet, sind es sogar über 10.000. Schon allein die Beschäftigungsentwicklung zeigt, dass die europäische Werftindustrie im Vergleich zu den südostasiatischen Standorten marginalisiert worden ist. Dieser Prozess hält immer noch an. Die für die europäischen Werften verloren gegangene Masse müssen sie heute durch Klasse ausgleichen. Sie haben sich daher zunehmend in Nischen eingerichtet; Voraussetzung hierfür sind stets hohe Ingenieursleistungen und ein hohes Maß an technischen Innovationen. Für die Zukunft und den Stellenwert des maritimen Standortes und seiner Positionierung sind Schiffstypen mit hohem technologischem Anspruch und ausgeprägter Innovation entscheidend. In diesem Umfeld von Umbrüchen und strukturellem Wandel hat sich Blohm + Voss immer wieder neu behaupten können – durch marktorientierte Konsolidierung und Neuausrichtung.

Schiffe als Massenprodukte: Nachfrage und Preiskampf

Während der vergangenen dreißig Jahre hat sich der weltweite Güteraustausch im Zuge der Globalisierung gut verdreifacht. Über 90 Prozent der im Umlauf befindlichen Güter werden auf dem Seeweg transportiert, ein Zustand, der auch in absehbarer Zukunft so bleiben wird. Der Auftragsbestand an Neubauten unterschiedlicher Typen vervierfachte sich fast allein in den Jahren 1998 bis 2008. Besonders groß war die Nachfrage nach Containerschiffen, deren Stellplatzkapazitäten in immer kürzeren Zeiträumen nahezu sprunghaft wuchsen. Mit 8.000 TEU schien vor einigen Jahren eine Kapazitätsgrenze erreicht zu sein, doch es folgten Schiffe mit 10.000 TEU, 13.000 TEU, und zur Zeit sind bereits Mega-Carrier mit 18.000 TEU bestellt. An der nächsten Generation, die noch mehr transportieren kann, wird nach übereinstimmenden Berichten bereits gearbeitet. Bei Schiffen für den Transport flüssiger und trockener

Columbus-Schiff:
Zur Auslastung der Fertigungskapazitäten baute Blohm + Voss Anfang 2000 zwei Containerschiffe im Auftrag der Nordseewerke.

Massengüter verlief die Entwicklung ähnlich. Aber, und das ist festzuhalten, Container- und Massengutschiffe sind heute Massenprodukte, die in hoher Stückzahl in Serienproduktion gefertigt werden. Auch wenn es technisch möglich ist, können Schiffe dieser Größenordnung aufgrund ihres hohen Stahlanteils und ihrer geringen Ausrüstungstiefe in Deutschland wirtschaftlich nicht mehr gebaut werden.

Signifikant niedrigere Material- und Fertigungskosten sowie staatliche Unterstützung vor allem in Asien verdrängten deutsche und andere europäische

Werften in relativ kurzer Zeit aus dem Markt. Sie hatten dem nichts entgegenzusetzen. So kostete eine Tonne Walzblech in Europa mindestens 20 Prozent mehr als in Asien. Im direkten Vergleich zwischen Deutschland und China war der Unterschied noch gravierender. Außerdem spielten Wechselkursunterschiede und Lohnstückkosten ebenfalls eine wichtige Rolle.

Die Produktionsverlagerung vor allem der genannten Schiffskategorien nach Asien war vor dem Hintergrund der dort ausgebauten Kapazitäten und der gewachsenen Nachfrage ebenso zwangsläufig wie einleuchtend. Zusätzlich wurde die Wettbewerbsfähigkeit der deutschen Werften durch den harten Preiskampf geschwächt, der im asiatischen Raum durch verdeckte staatliche Subventionen zusätzlich verzerrt wurde. Da der Ausbau der Kapazitäten deutlich über die Erfordernisse der Märkte hinausging, musste er naturgemäß in Überkapazitäten münden, mit der ebenfalls üblichen Folge eines erheblichen Preisverfalls. Das heißt, die Reedereien konnten Schiffe zu günstigsten Konditionen ordern, was sie auch ungebremst taten. Die Neubauten stießen dann in einen Markt, der längst übersättigt war, so dass auch die Frachtraten in vielen Fällen so weit in den Keller gingen, dass damit noch nicht einmal die Betriebskosten gedeckt werden konnten. Beide Seiten hatten und haben also kräftig zu schlucken. Das hat es zwar zurückblickend schon immer mal wieder gegeben, aber so heftig wie derzeit wohl noch nicht.

Die Krisen der Vergangenheit haben selbstverständlich ihre Spuren bei Blohm + Voss hinterlassen. So erfolgte nach den beiden Ölpreiskrisen in den Jahren 1973 und 1979 zügig der Ausstieg aus dem zuvor so erfolgversprechenden Offshoregeschäft. Auch der Ausstieg aus dem Handelsschiffbau gegen Ende der siebziger Jahre folgte ebenso konsequent der Entwicklung des Marktes.

Wie die Zeit aber rückblickend zeigen sollte, waren diese nicht die einzigen Einbrüche im Weltschiffbau. Ihn beeinflussten auch andere Ereignisse mit globalen Auswirkungen. Hierzu seien beispielhaft nur der Golfkrieg 1990/1991 genannt und die Asienkrise 1997/1998, die Terroranschläge vom 11. September 2001 in den USA sowie die zunehmende Piraterie, die inzwischen auch deutlich über die somalischen Gewässer hinausgeht.

Fazit: Der zivile Massenschiffbau ist einerseits von einem rasanten Wachstum geprägt und andererseits auch immer wieder durch Krisen erschüttert worden. Es ist noch gar nicht so lange her, da hieß es beruhigend, dass das Wechselspiel von Krise und Kapazitätsanpassung immer wieder zu einer Balance führe, doch darauf kann auf längere Sicht heute nicht mehr gebaut werden.

Hier die 1974 abgelieferte Kran- und Rohrlegebarge CHOCTOW II. Offshore-Aufträge hatten bei Blohm + Voss eine ganze Reihe von Jahren gut zur Auslastung beigetragen, bis der zunehmende Protektionismus der Förderländer dieses Geschäft zum Erliegen brachte.

Schiffe als Spezialprodukte: Marineschiffe und Yachten

Der Schiffbau in Deutschland hat sich mit seinen Angeboten und Produkten auf die besagten Marktsegmente ausgerichtet oder ist im Begriff, dies zu tun. Der Bau nicht von Serien, sondern von hochwertigen Spezialschiffen, meistens Unikate, selten in Serien, sind das einzig erfolgversprechende Ziel: Spezialfahrzeuge für den Offshorebereich, exklusive Yachten, Kreuzfahrt- und Marineschiffe. Bei diesen Spezialprodukten handelt es sich um Nischenprodukte, die heute im Wesentlichen das Bild der deutschen maritimen Industrie prägen. Die Wettbewerbsfähigkeit des deutschen Schiffbaus, und das gilt gleichermaßen für den europäischen, kann nur durch den Ausbau der Fähigkeiten in den genannten Marktsegmenten gehalten werden. Und die Produkte müssen durch Innovation und technologische Exzellenz geprägt sein.

Eine Sonderstellung auch unter den Spezialschiffen nimmt der Marinebereich ein. Die Nachfrage in diesem Segment ist längst nicht mehr beschränkt auf das Vorhandensein bzw. den Bau von Kampfschiffen in Fregattengröße, sondern unter Berücksichtigung der allgemeinen Sicherheitslage geht es heute mehr um kostengünstige robuste Einheiten, mit denen die jeweiligen Staaten ihr Sicherheitsbedürfnis und die Wahrung ihrer territorialen Integrität unter Beweis stellen wollen. Neben diesen politischen Gründen kommen als weitere Faktoren die budgetäre Lage des Staates und das Bestreben, am technischen Fortschritt teilhaben zu wollen, hinzu. Der bestimmende Faktor für den Marinemarkt ist jedoch immer der Verteidigungshaushalt des jeweiligen Staates, in dem für die Teilstreitkräfte zudem unterschiedliche Präferenzen gesetzt werden. Häufig müssen die Forderungen der Marine hinter denen des Heeres und der Luftwaffe zurückstehen – was im Gegensatz zu der intensiv geführten Diskussion über die wachsende globale Bedeutung der maritimen Sicherheit steht. Der prozentuale Anteil der Verteidigungsbudgets am Gesamtbudget ist in Europa im Zeitraum von 1989 bis 2009 im Durchschnitt um ein Prozent gesunken. Allein in Deutschland sank der Anteil von 2,8 Prozent auf 1,4 Prozent. Er hat sich also halbiert. Auch in anderen Regionen der Welt geht der Trend in diese Richtung. Nicht aber im asiatisch-pazifischen Raum, denn dort ist der Anteil auf sieben Prozent angewachsen. Absolut betrachtet ist der Verteidigungshaushalt in Deutschland um fast ein Drittel gesunken, wohingegen gerade die Wachstums- und Schwellenländer einen Anstieg ihrer Verteidigungsetats im oben genannten Zeitraum in dreistelligen Prozenthöhen verzeichnen konnten.

Was sind die Gründe dafür und welche Auswirkungen haben sie auf den Marineschiffbau? Der sicherheitspolitische Paradigmenwechsel nach dem Ende des Kalten Krieges und die dadurch erhoffte

Blohm + Voss konzentrierte sich auf den Bau innovativer und ausrüstungsintensiver Marineschiffe. Hier die Fregatte HYDRA der Griechischen Marine vom Typ MEKO® 200.

Friedensdividende haben in vielen Staaten zu einer Reduzierung der Verteidigungshaushalte geführt, was zur Folge hatte, dass etwa ab der zweiten Hälfte der neunziger Jahre kontinuierlich auch ein Rückgang bei den Marineprojekten festzustellen war. Die Geschichte von Blohm + Voss veranschaulicht dies eindrucksvoll. Die hohe Nachfrage während des Kalten Krieges und der technologische Durchbruch mit der einzigartigen MEKO®-Technologie und den darauf gründenden Exporterfolgen hatten zu einer gewissen Sättigung im Exportmarkt für Fregatten und Korvetten geführt. Von den achtziger Jahren bis hin zur Mitte der neunziger Jahre konnte alle zwei bis vier Jahre ein großer Auftrag ins Haus geholt werden. Diese Entwicklung kehrte sich zur Jahrtausendwende um. Die Zyklen verlangsamten sich und die Intervalle umfassten von da an bestenfalls noch fünf bis sieben Jahre. Für Blohm + Voss bedeutete dies, dass es weniger Projekte im Markt gab, die darüber hinaus erstmals nicht alle gewonnen wurden. Infolgedessen tragen seit 2002 die Aufträge der Deutschen Marine zur Kapazitätsauslastung von Blohm + Voss wesentlich bei.

Aber es gab daneben auch noch weitere Faktoren, die Blohm + Voss die Akquisition neuer Aufträgen erschwerten. Hier sind die durch die Politik auferlegten Exportbeschränkungen zu nennen, die sich von denen der europäischen Wettbewerber teilweise stark unterscheiden und dazu beigetragen haben, dass große Projekte, z. B. im asiatischen Bereich, an Wettbewerber gingen. Gleichzeitig traten Wettbewerber auf den Markt, von denen die meisten durch staatliche Unterstützung „stark" wurden und es teilweise immer noch werden. Überhaupt stellt die Tatsache, dass sich eine Reihe der wichtigen Wettbewerber gerade bei den europäischen Marinewerften im Staatsbesitz befinden, eine erhebliche Verzerrung des Wettbewerbs dar. Auch bei möglichen Aufträgen in anderen Ländern hat es von dieser Seite politischen Druck gegeben, und es gibt ihn auch heute noch, so dass ein Privatunternehmen, wie es Blohm + Voss war und auch bleiben wird, vor besondere Herausforderungen gestellt ist.

Der Markt hat sich aber zusätzlich auch noch in eine andere Richtung entwickelt. Eine ganze Reihe von Wettbewerbern hat, was die Systemintegrationsfähigkeit von Blohm + Voss betrifft, aufgeholt oder versucht sie zu imitieren, mit dem Ergebnis, dass sie heute ebenfalls im Markt als Generalunternehmer mit Gesamtverantwortung akquirieren.

Damit zeichnete sich für Blohm + Voss als damaligen Marktführer und Innovationstreiber im Bereich der „High-End"-Fregatten und Korvetten mit dem allseits begrüßten Ende des Kalten Krieges eine Zäsur ab. Die Nachfrage nach Marineschiffen in den mittleren Größenklassen, also Fregatten und Korvetten, ging signifikant nicht nur in quantitativer, sondern auch in qualitativer Form zurück. Für die nationale Sicherheitsvorsorge erschien es nun nicht mehr zwingend notwendig, ein hochmodernes, technologisch zur Spitzenklasse zählendes Marineschiff entwickeln und einsetzen zu müssen.

Für Schutz- und Überwachungsaufgaben mit niedriger Konfliktintensität reichen Offshore Patrol Vessels (OPVs), die zunehmend nachgefragt werden und auf den Markt kommen. Die Bandbreite der OPVs reicht von zivil besetzten Behördenfahrzeugen bis hin zu militärischen Einheiten, deren Ausrüstungen auf Gebietsüberwachung, Selbstschutz und Abwehr von asymmetrischen Bedrohungen wie Terrorakte oder Piraterie ausgelegt sind. Sie sind auch eine Antwort auf den Druck, der auf die Öffentlichen Haushalte vieler kleinerer Länder bei dem Versuch, die so genannte „Friedensdividende" einzufahren, ausgeübt wird. Dieser Druck, heute wie damals, geht immer zu Lasten des Verteidigungshaushaltes. Entsprechend investieren insbesondere Marinen von kleineren Staaten und Schwellenländern vermehrt in einfache, nach zivilen Standards gebaute Fahrzeuge. Zum Teil unterscheiden sie sich von Behördenfahrzeugen nur durch ihren Farbanstrich. Aufgrund ihres vergleichsweise höheren Stahlanteils und ihrer geringeren Ausrüstungsdichte können von Blohm + Voss OPVs bedingt durch die Ausrichtung auf hochkomplexe Marineschiffe nur in dem ausrüstungsintensiven Segment wettbewerbsfähig angeboten werden. Erschwerend kommt der Trend hinzu, dass besonders die wachsenden Schwellenländer zunehmend Wert darauf legen,

einen möglichst hohen Anteil an der Wertschöpfung ihrer Schiffbauaufträge im Land zu behalten, um mit den gewonnenen Erkenntnissen ihre eigenen Kapazitäten in der Sicherheits- und Verteidigungsindustrie zu stärken.

Allerdings hat sich daneben inzwischen ein neuer Markt für Mehrzweckschiffe, Patrouillenboote, schnelle Versorgungsschiffe und Truppentransporter gebildet, die für den Einsatz in den vielfältig entstandenen Krisengebieten in der Welt rasch verfügbar sein müssen. Auch hierfür hat Blohm + Voss Konzepte entwickelt, die zwar auf großes Interesse gestoßen sind, aber bisher nicht zu konkreten Aufträgen geführt haben.

Zusammengefasst: Der Markt begann sich nun in zwei Richtungen zu entwickeln. Auf der einen Seite gab es weiterhin Forderungen nach klassischen ausrüstungsintensiven „High-End"-Schiffen, doch nahm das Volumen dafür sukzessive ab, wobei der inzwischen breiter gewordene Angebotsmarkt für Exporte ein Übriges tat. Auf der anderen Seite entstand ein Markt für preisgünstigere Marineschiffe, die Blohm + Voss wegen seiner Kostenstrukturen vor große Herausforderungen stellte und auch heute noch stellt.

Die fehlenden Aufträge im Marineschiffbau führten schnell zu frei werdenden Kapazitäten, die

Die Aufnahme von ausrüstungsintensiven Offshore Patrol Vessels als Teil des Produktportfolios war Resultat der veränderten Kundenbedürfnisse auf den Weltmärkten.

Auch die Nachfrage nach großen Mehrzweckschiffen für amphibische und humanitäre Einsätze ist gestiegen. Blohm + Voss bietet mit dem MHD 200 eine Antwort auf diesen Bedarf.

Auch die Nachfrage nach großen Mehrzweckschiffen für amphibische und humanitäre Einsätze ist gestiegen. Blohm + Voss bietet mit dem MHD 200 eine Antwort auf diesen Bedarf.

unbedingt ausgelastet werden mussten. Zu diesem Zweck wurde der Bau von Großyachten zunächst als vorübergehendes Kompensationssegment für die zyklischen Tiefpunkte im Marineschiffbau aufgenommen. Er diente im ersten Angang vorrangig als antizyklischer Puffer zum Marineschiffbau. Der Yachtbau hatte zudem den Vorteil, dass für ihn hochqualifiziertes Personal gebraucht wurde, und das war bei Blohm + Voss im Marineschiffbau vorhanden. Die Anforderungen an den Yachtbau wachsen ebenso rasant wie die Anforderungen der Märkte und der Kunden. Der Yachtbau bedient grundsätzlich andere Märkte und Kunden als der Marineschiffbau. Der Megayachtbau hat die

anspruchsvollsten Individualkunden im Schiffbau überhaupt. Großyachten können nicht mehr als „Beschäftigungsfüller" gebaut werden, sondern sie erfordern ein eigenständiges Geschäftsmodell mit eigenständiger Organisation.

Blohm + Voss hat die Zeichen der Zeit erkannt. Mit seinem neuen Geschäftsmodell hat sich Blohm + Voss Naval so ausgerichtet, dass einerseits den Kundenbedürfnissen nach einer Fertigung im eigenen Land nachgekommen werden kann. Auch die anderen Blohm + Voss Unternehmen sind nun solide aufgestellt und in ihrem jeweiligen Segment spezialisiert genug, um sich gegenüber der Konkurrenz im Markt behaupten zu können.

Herausforderung auf den Weltmärkten

Anpassung an die Marktentwicklung

Nach dem vollständigen Ausstieg aus dem Handelsschiffbau gegen Ende der siebziger Jahre verblieb Blohm + Voss vorübergehend noch das Offshore-Geschäft, das seit einer Reihe von Jahren mit dem Bau von Halbtauchern, Kranschiffen, Rohrlegern, Ladebojen, Livingquarter-Modulen und Jacketknoten den Handelsschiffbau nicht unerheblich gestützt hatte, wenn auch mit schwankendem Einfluss. Mit dem wegbrechenden Offshore-Bauboom vor allem in der Nordsee nach der so genannten Ölkrise, die aber mehr eine Ölpreiskrise war, und der einsetzenden Marktabschottung der in eigenen Seegebieten ölfördernden Länder Norwegen und Großbritannien, die Aufträge bevorzugt ihren heimischen Werften zukommen ließen, kam auch dieses Geschäftsfeld bis auf gelegentliche Reparaturaufträge in den achtziger Jahren völlig zum Erliegen.

Zwar waren die Sonderfertigungen für die Offshore-Industrie in vielerlei Hinsicht hilfreich gewesen, manche hatten sogar hohe Anerkennung in der Fachwelt über die eigentlichen Kunden hinaus gefunden, aber es waren eben doch nur unregelmäßig anfallende Stoßgeschäfte, die nicht darüber hinwegtäuschen konnten, dass Blohm + Voss, wie die anderen deutschen Schiffbauunternehmen nach und nach ebenfalls, eine werftspezifische Notwendigkeit verloren gegangen war, nämlich die kontinuierliche Auslastung der bestehenden Fertigungskapazitäten. Das konnte nur durch Serienfertigung erreicht werden, was sich wiederum allein im Handelsschiffbau erreichen ließ. Der aber begann sich immer schneller nach Fernost zu verlagern.

Mit der vollständigen Übernahme aller Anteile von Blohm + Voss durch Thyssen in den siebziger Jahren, später ThyssenKrupp, hatte der Konzern seine Werftbeteiligungen unter dem Dach ThyssenKrupp Werften zusammengefasst. Dazu gehörten auch die Nordseewerke Emden. Die Nordseewerke sind jedoch den vollständigen Ausstieg von Blohm + Voss aus dem Handelsschiffbau nicht mitgegangen, sondern haben sich im Bau von Containerschiffen ein respektables Standbein erarbeitet. Es handelte sich um den Serienbau mittelgroßer Einheiten, mit denen vorwiegend der deutsche Sondermarkt der Containerschiffsbeteiligungsfonds mit seinen steuerlichen Vorteilen bedient wurde. Aus diesen zeitweise durchaus umfangreichen Auftragspaketen hat Blohm + Voss in Zeiten von eigenen Auftragslücken wiederholt einzelne Aufträge übernommen, um Kurzarbeit in der Fertigung zu dämpfen und um qualifizierte, eingespielte Werkerteams in allen komplexen Werftprozessen halten zu können.

So kam es nicht ungelegen, als Ende der achtziger Jahre zwei Containerschiffshälften im Unterauftrag der Nordseewerke auf dem einzig noch verbliebenen Helgen von Blohm + Voss gefertigt werden konnten, um damit eine vorübergehende Beschäftigungslücke im Marineschiffbau ausgleichen zu können. Eine dauerhafte Auslastung in der Fertigung konnten aber auch sie nicht sichern. Der Geschäftsführung war klar, dass diese Bauvorhaben zwar notwendig waren, um aktuelle Lücken zu überbrücken, aber ihr war dabei gleichzeitig auch deutlich bewusst, dass die Betriebsmittel und Abläufe einer Marinewerft mit denen einer wirtschaftlich auskömmlichen Werft im Handelsschiffbau nicht mithalten konnten. Mit anderen Worten, die Containerschiffaufträge waren für Blohm + Voss nie kostendeckend. Diese nicht und spätere auch nicht. Dadurch gewann die Erkenntnis an Boden, dass eine Konsolidierung unumgänglich sei. Selbst die für die Überbrückung schwacher Auslastungszeiten zusammen mit den Arbeitnehmervertretern entwickelten Werkzeuge der Kurzarbeit und der flexiblen Arbeitszeitkonten waren nicht ausreichend, um betriebsbedingte Kündigungen bei der Umstrukturierung des Unternehmens in den Jahren 1996/97 zu vermeiden.

Die nachbarliche ehemalige HDW Hamburg und spätere Ross-Werft hatte ihrerseits zuletzt versucht, den Niedergang im Handelsschiffbau mit dem Bau von

Die Fregatten der Klasse 124 zählen zu den modernsten und anspruchsvollsten Marineschiffen der Welt.

Passagierschiffen zu überleben. Der wirtschaftliche
Erfolg mit der Ende 1981 abgelieferten ASTOR (I) mit
18.835 BRT und der 1987 folgenden ASTOR (II) mit
20.606 BRT war eher mäßig. So nahm man in der an-
haltenden Krise dort gern das Angebot der Hamburger Yachtagentur Claus Kusch auf, in den Megayachtbau einzusteigen, obwohl mit dem Bau der schönen,
65 Meter langen Megayacht KATALINA II (jetzt AST-
ARTE II) gerade viel Lehrgeld gezahlt werden musste.
Über die besagte Agentur Kusch suchte nämlich ein
italienischer Stararchitekt eine geeignete Werft für
ein fulminantes, noch größeres Yachtprojekt von zunächst 128 Metern Länge. Nach den bei den beiden
Passagierschiffsbauten entstandenen Verlusten sowie
denen, die sich bei der KATALINA II abzeichneten,
war man aber bei der Ross-Werft vorsichtiger geworden und begann nach einem geeigneten Partner für
die Risikoteilung beim Bau dieser komplexen neuen
Superyacht zu suchen. Natürlich wurde zuerst bei der
ehemaligen Mutterwerft HDW in Kiel angefragt. Ein
Besuch des Kunden im winterlichen Schneetreiben
in Kiel verlief aber so negativ, dass die Ross-Werft
notgedrungen auf die seit Kaisers Zeiten ungeliebten
Konkurrenten, damals noch die Vulkan-Werft und
Blohm + Voss, zukam.

Blohm + Voss hatte inzwischen ebenfalls erkannt,
dass zu dieser Zeit die langen Beschäftigungszyklen
im Marineschiffbau nur durch geeignete Aufträge
im zivilen Schiffbau (Containerschiffe und Spezialschiffe) kompensiert werden konnten. Deshalb
wurde die sich bietende Chance gern aufgegriffen.
Letztlich wurde sogar die gesamte Ross-Werft kurz
vor der endgültigen Auftragserteilung des Yacht-
projektes LADY MOURA, wie zuvor schon die Stül-
cken- und die Schlieker-Werft, übernommen und
in die Blohm + Voss-Werft eingegliedert. Der LADY
MOURA folgten Anfang der neunziger Jahre mit der
GOLDEN ODYSSEY und der ECO zwei weitere herausragende Megayachten. Mit dieser Yachtbauserie ging
der Aufbau von weltweit einzigartigen, spezialisierten Produktionseinrichtungen einher, die natürlich

auch für den Marineschiffbau genutzt werden konnten; nacheinander wurden zwei Schwimmdocks mit
flexibel verschiebbaren Dächern und fertigungsna-
hen Werkstätten sowie Logistikwegen optimal für
den Bau von ausrüstungsintensiven Spezialschiffen
aufgerüstet.

Allerdings blieb der wirtschaftliche Erfolg dieser
Yachten aus verschiedenen Gründen hinter den Erwartungen zurück. Dafür hielten zur gleichen Zeit
jedoch die Erfolge mit den MEKO®-Fregatten an,
so dass zunächst kein Grund zur Sorge bestand. In
dieser Zeit erlaubte der Markt keine auskömmlichen
Margen für den Blohm + Voss-Yachtbau, denn in der
Folge des Kuwait-Krieges 1990 stellte die bisher vornehmlich arabische Klientel ihre Yachtprojekte vorerst zurück. Für Blohm + Voss hatte dies nur geringe
Auswirkungen, denn die Kapazitäten der Werft waren
mit kostendeckenden Marineaufträgen ausgelastet.

Anfang 1996 konnte mit dem Vertrag über eine
mit 160 Metern seinerzeit größte Yacht der Welt im
Konsortium mit der Fr. Lürssen Werft, Bremen, ein
weiterer Yachtauftrag hereingenommen werden.
Aus politischen Gründen musste der Auftraggeber aber dieses Projekt schon nach kurzer Zeit ab-
brechen. Der bei Blohm + Voss über eine lange Zeit
in einem eigens dafür überdachten Großdock im
Auftrag des Kunden eingemottete KASKO wurde
schließlich von Hamburg nach Dubai verschifft und
dort für einen neuen Eigner in dessen Regie auf
Basis der von Blohm + Voss und Lürssen gelieferten Materialpakete und Konstruktionszeichnungen
nach fünf weiteren Jahren fertig gestellt. Diese im-
posante Yacht ist heute als DUBAI in Fahrt. Ein finanzieller Verlust durch diesen abgebrochenen Auftrag ist Blohm + Voss übrigens nicht entstanden,
da der ursprüngliche Auftraggeber pünktlich und
ohne Abstriche sowohl für die entstandenen Bau-
als auch für die während der Aufliegezeit des Kaskos
entstandenen Kosten aufgekommen ist.

Im Jahr 2002 hat dann der Mutterkonzern Thyssen-
Krupp mit Blohm + Voss einen Beherrschungsvertrag

geschlossen. Dies war auch das Jahr der 125-Jahr-Feier, die allen in bester Erinnerung bleiben wird. Die Feier ließ vorübergehend vergessen, was der aus Altersgründen ausscheidenden Geschäftsführung schon längst vor Augen gestanden hatte: Das Herannahen der nächsten Auftragskrise war nicht zu übersehen. Die Werft hatte alle Möglichkeiten des bisher so erfolgreichen Inland- und Exportmarktes für Überwasser-Kampfschiffe sorgfältig sondiert und dabei eine erhebliche marktbedingte und nicht mit neuen Marineaufträgen zu kompensierende Akquisitionslücke für das laufende Jahrzehnt ausgemacht. In der Folge kam Blohm + Voss zu dem Schluss, dass nur der Bau von Megayachten die latent drohende Beschäftigungslücke überbrücken könnte. Deshalb wurden die entsprechenden Akquisitionsbemühungen unverzüglich wieder hochgefahren, bei gleichzeitigem Start einer Rationalisierungsinitiative „Refit 2004". Damit sollte die Produktivität unternehmensweit gesteigert werden.

Im Auftragsbestand befanden sich zu der Zeit fünf Korvetten der Klasse 130, bzw. Teile davon, für die Deutsche Marine und die Restabwicklung des Auftrages Fregatte 124. Der Bauvertrag für die K130 war im Dezember 2001 unterzeichnet worden. Der Anteil von Blohm + Voss aber konnte die Fertigung in Hamburg nicht annähernd auslasten. Die Folge war zunächst Kurzarbeit auf der Werft. Um eine zumindest gewisse Auslastung der Fertigung, insbesondere der schiffbaulichen Gewerke, zu erreichen, wurden 2005 erneut zwei Containerschiffe, die COSCO BRISBANE und die COSCO PANAMA, im Unterauftrag der Nordseewerke bei Blohm + Voss gebaut. Bei diesen Schiffen handelte es sich um Standardbauten der Emder Werft, so dass für das Hamburger Schwesterunternehmen keine Konstruktionsstunden anfielen. Es ging also nur um die reine Fertigung, die auch hier nicht kostendeckend auszuführen war.

Die Zeit von 2002 bis Ende 2004 war von dem intensiven Bemühen geprägt, in dem Segment Megayachten Aufträge zu gewinnen, was im Herbst 2004 endlich von einem Erfolg gekrönt wurde. Erstmals nach zehn Jahren konnte wieder ein Bauvertrag für eine Megayacht abgeschlossen werden. Es war die spätere MAYAN QUEEN IV. Kurz darauf folgte, ebenfalls noch im Jahre 2004, der Auftrag für eine weitere Megayacht – SF99/SIGMA oder A genannt. Diese Aufträge bildeten die Ausgangsbasis für eine neue unternehmerische Ausrichtung, für das „Zwei-Säulenmodell" – bei dem Yachten und Marineschiffe gleichgewichtig präsent waren.

In der Zwischenzeit, bis zur Hereinnahme der Yachtaufträge, konnten nach den Exportaufträgen für Südafrika (1999) und Malaysia (2000) sowie eine Lizenzvergabe für den lokalen Bau von mehreren Korvetten MEKO® A-100 im selben Jahr an die Polnische Marine, keine weiteren Marineexportaufträge mehr gewonnen werden. Letzterer konnte aufgrund von Budgetbeschränkungen allerdings bisher nur eingeschränkt realisiert werden. Dies sind bis heute die letzten Exporterfolge – für den ehemaligen Marktführer Blohm + Voss eine Entwicklung, die ihn in seinen Grundfesten erschütterte.

Die MEKO® A-100 wurde als Lizenzauftrag nach Polen vergeben, doch konnte der Bau aus Budgetgründen bisher nicht zu Ende geführt werden.

Die insgesamt sechs Schiffe der KEDAH-Klasse des Typs MEKO® 100 bilden das Rückgrat der Königlichen Malaysischen Marine.

Ein Marktführer ohnegleichen

Der Rückschlag im Wettbewerb gegen den spanischen Konkurrenten Navantia (ehemals Bazan) um den Fregattenauftrag für die Norwegische Marine im Sommer 2000 war das erste Mal nach dem Wiederaufbau von Blohm + Voss, dass für das Unternehmen ein Wettbewerb in der Endphase kurz vor der Auftragsvergabe verloren gegangen ist. Und doch markiert dieses Datum nicht den Beginn, sondern eher das Ende eines Prozesses um die Marktführerschaft im Fregattenbau für den Export. Begonnen hat dieser Prozess bereits deutlich früher, nämlich zu Beginn der neunziger Jahre.

Ein Marktführer zeichnet sich dadurch aus, dass er einen signifikanten Anteil an den weltweit zu vergebenden Aufträgen für sich gewinnen kann. In diese Position gelangt ein Unternehmen nur dann, wenn es mit seinen Konzepten, Technologien und Innovationen der Entwicklung des Marktes überzeugend eine Richtung weisen kann. Das ist Blohm + Voss zweifelsfrei von Mitte der achtziger bis Mitte der neunziger Jahre in einer die gesamte Fachwelt beeindruckenden Weise gelungen. In diese Zeit fallen die großen Exportaufträge für Portugal, Griechenland, Argentinien, die Türkei, Australien und Neuseeland, in deren Rahmen allein mehr als 20 Fregatten des Typs MEKO® 200 abgeliefert werden konnten. Hinzu kamen im nationalen Bereich Anfang der neunziger Jahre und Mitte dieses Jahrzehnts die Fregatten der Klassen F123 und F124 für die Deutsche Marine.

Die Marktführerschaft von Blohm + Voss gründete im Wesentlichen auf zwei Faktoren, mit denen sich das Unternehmen von den Wettbewerbern unterschied. Das war zum einen seine Fähigkeit als Privatwerft die Generalunternehmerschaft und damit die Gesamtverantwortung für die Abwicklung eines Auftrages übernehmen zu können. Die Gesamtverantwortung bezieht sich dabei auf die drei Kernfelder der Generalunternehmerschaft, nämlich Finanzierung, Bürgschaften/Garantien sowie die Abwicklung des Auftrages im vereinbarten Kostenrahmen, zum vereinbarten Liefertermin, in der vereinbarten Qualität und mit den vereinbarten Leistungsdaten des Produktes. Zum anderen war es die Fähigkeit zur Systemintegration nicht nur im Plattformbereich, sondern auch im Bereich der Waffen- und Führungssysteme. Gerade die letzte Fähigkeit bedingt die Fähigkeit eines Systemhauses und gründete auf der MEKO®-Technologie, die eine im Bereich der Ausrüstungs- und Konfigurationsmodularität bis dahin nicht

Mit der MEKO® A-200 für die Südafrikanische Marine gelang ein Quantensprung in der Reduzierung aller Signaturfelder und wurde die technologische Führerschaft zurückgewonnen.

gekannte Flexibilität aufwies. Sie erstreckte sich besonders auf die Auswahl und Integration aller im Markt bekannten Waffen und Führungssysteme und ermöglichte die parallele Fertigung von Schiff und Ausrüstung.

Nach Aufzählung dieser herausragenden Fähigkeiten erhebt sich die Frage, wie und wodurch sich der Verlust der Marktführerschaft andeutete. Es begann damit, dass die französische Staatswerft DCN (heute DCNS). Anfang der neunziger Jahre zum ersten Mal im Marineschiffbau mit der LA FAYETTE eine echte Stealth-Fregatte im Markt anbot. Sie erregte große Aufmerksamkeit. Im Vergleich dazu erschien die MEKO® 200, der Exportschlager von Blohm + Voss, sehr traditionalistisch. Auch die zeitgleich in den Markt eingeführte Fregatte F123 der Deutschen Marine wirkte im Bereich der Signaturreduzierung nicht annähernd so futuristisch wie die LA FAYETTE. Mit dieser Fregatte gelangen der französischen Werft mehrere große Exporterfolge, u.a. nach Singapur, Saudi Arabien und Taiwan, gerade letztgenannter Staat ein lukrativer Markt, der Blohm + Voss auf Beschluss des Bundessicherheitsrates aus politischer Rücksichtnahme gegenüber der VR China allerdings verschlossen blieb.

Erst mit der für die Marine Südafrikas gebauten MEKO® A-200 gelang es, den Vorsprung der LA FAYETTE auf allen Feldern der Signaturreduzierung nicht nur auszugleichen, sondern sogar zu überholen: bei der Reduzierung der Radarsignatur durch die X-Form, besonders aber bei der Reduzierung der Infrarot-Signatur durch das revolutionäre Antriebskonzept CODAG WARP (Combined Diesel and Gas Turbine with Waterjet and Refined Propeller). Insofern stellt diese Neuentwicklung einen großen und wichtigen Meilenstein dar. Dieser Erfolg wurde allerdings dadurch getrübt, dass sich Ende der neunziger Jahre eine gewisse Sättigung des Fregatten-Marktes bemerkbar machte.

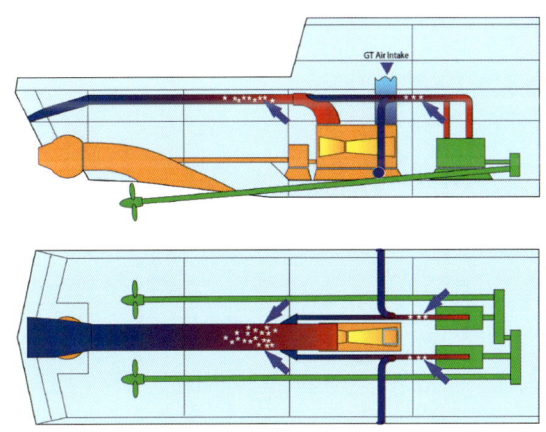

Das Antriebskonzept der MEKO® A-200 mit dem zur Reduzierung der IR-Signatur revolutionären Entwicklung CODAG WARP.

47

Wettbewerb und Produkttrends

Gerade unter letztgenanntem Aspekt war das Vorhaben, Fregatten für die Norwegische Marine zu bauen, zur Absicherung der Marktposition für Blohm + Voss von essenzieller Bedeutung. Leider ging der Wettbewerb um diesen Auftrag für Blohm + Voss verloren. Die Umstände dafür waren für das Unternehmen kaum vorhersehbar gewesen. Sie lagen nicht in mangelnder technischer Exzellenz, aber haben bis heute nachwirkende Konsequenzen. Die von Norwegen nachgefragten Fregatten waren als reine U-Jagd-Fregatten (ASW) mit einer ausschließlich auf Selbstverteidigung ausgelegten Luftabwehrfähigkeit ausgeschrieben worden. Für das in der Liste aufgeführte Flugkörpersystem ESSM (Evolved Nato Seasparrow/Nahbereichs Flugabwehrsystem) hatten sowohl der spanische Wettbewerber Navantia als auch

Blohm + Voss in ihren Entwurfskonzepten konventionelle Sensor- und Feuerleitsysteme vorgesehen. Den von der norwegischen Beschaffungsbehörde Anfang 2000 vorgenommenen Schwenk zu dem Hochleistungssystem AEGIS/SPY 1 (= Airborne Early Warning Ground Environment Integration Segment), das als elektronisches Frühwarn- und Feuerleitsystem für die Flugabwehr auf US-Kriegsschiffen, aber auch in einigen anderen Marinen eingesetzt wird, ist Blohm + Voss zu spät bekannt geworden. Die Versuche, mit APAR/SMART L den Wettbewerb gegen Navantia noch zu ihren Gunsten zu wenden, kamen zu spät und wurden von Norwegen nicht mehr angenommen.

Als Folge verlor Blohm + Voss auch im Sommer 2004 den Wettbewerb um die australischen Luftabwehrzerstörer gegen Navantia.

Einen weiteren schweren Einbruch bedeutete das Scheitern des im Frühjahr 2002 fertig verhandelten und von Blohm + Voss bereits unterschriebenen Vertrages über den Bau von vier MEKO®-200-Fregatten

Die drei Fregatten der Klasse 124 mit ihren beiden Hochleistungsradaren APAR und SMART-L bilden einen technologischen Meilenstein, doch konnten sich diese Systeme bisher im Markt nicht durchsetzen.

für die chilenische Marine. Er wurde vom chilenischen Staatspräsidenten nicht unterzeichnet und das Vorhaben abgebrochen. Das von dem südamerikanischen Kunden vorgesehene Budget wurde in neue amerikanische F 16-Kampfflugzeuge investiert und der unbestreitbare Bedarf der chilenischen Marine an Fregatten auf dem Gebrauchtmarkt gedeckt. Das chilenische Fregattenvorhaben war auf dem Exportmarkt für mehrere Jahre das letzte akquirierbare Vorhaben in diesem Segment.

Nach dem Scheitern des Chile-Auftrages, dem wenig werbewirksamen Abschluss der Cruiseliner-Auftrages, der geradezu zwangsläufig ohne Anschlussaufträge blieb und dem Auslaufen der Aufträge MEKO® 100 für Malaysia und MEKO® A-200 für Südafrika sowie dem Abschluss der Fregattenserie F124, blieb absehbar für mehrere Jahre das Projekt K130 für die Deutsche Marine der einzig abzuwickelnde Auftrag. Zugleich war Blohm + Voss, wie erwähnt, frühzeitig aus dem Wettbewerb um die australischen

Luftabwehrzerstörer ausgeschieden. Da im Markt keine weiteren akquirierbaren neuen Projekte im Fregatten- und Korvettensegment in Sicht waren, ließen sich in Teilen der Konstruktion und insbesondere in der Fertigung Auslastungslücken nicht vermeiden.

Diese prekäre Situation wurde noch zusätzlich verschärft, als der Öffentliche Auftraggeber im Sommer 2002 endgültig entschied, das ursprünglich auf 15 Einheiten angelegte Korvettenprogramm K130, für das es aus Sicht der Marine in diesem Umfang durchaus einen operativen Bedarf gab, auf nur noch fünf Einheiten in einem Los zu begrenzen. Überlegungen, eine sechste Korvette zu beschaffen, wurden 2004 aufgegeben. Stattdessen sollte in ein weiteres Fregattenprojekt investiert werden, das planerisch aber erst für einen Zeitraum nach 2010 vorgesehen war. Mit zahlreichen Konzeptentwürfen gelang es Blohm + Voss, der Meinungsbildung beim Öffentlichen Auftraggeber und der Marine eine Richtung zu geben und vor allem das Vorhaben planerisch vorzuziehen. Das war die Geburtsstunde der F125.

Als neues Marktsegment haben sich, wie oben beschrieben, im Laufe der neunziger Jahre die Offshore Patrol Vessels entwickelt. Blohm + Voss hat sich an zahlreichen Ausschreibungen beteiligt und konnte in einigen Fällen, z.B. Irland und Trinidad Tobago, bis in die Endphase des Wettbewerbs vordringen, scheiterte letztlich jedoch stets an Kostenproblemen. Angesichts des hohen Stahlanteils an den Gesamtkosten kann auch heute noch Blohm + Voss Naval in dem Marktsegment der OPVs nur schwer mit dem darauf spezialisierten Wettbewerb konkurrieren. Um sich jedoch in diesem immer noch weiter wachsenden Markt Anteile zu sichern, ist es erforderlich, dass Blohm + Voss Naval ihre Kostenstruktur stärker auf ein „Design to Cost" ausrichtet. Unter „Design to Cost" werden das Entwerfen und der Bau von Schiffen und Booten unter strikter Einhaltung des vorgegebenen Kostenrahmens verstanden. Entsprechende Entwicklungsschritte sind bei Blohm + Voss Naval mit dem Programm „MEKO® FLEX" bereits eingeleitet worden, doch dazu mehr im nächsten Kapitel.

Der Exportschlager MEKO® 200 in der für Chile angebotenen Version. Der Wegbruch des kurz vor der Unterschrift stehenden Vertrages markiert eine Zäsur für Blohm + Voss.

Blick zurück in die Zukunft: MEKO®

Die MEKO®-Technologie: Modularität im Schiffbau

Wie kein anderes Entwurfskonzept haben das von Blohm + Voss entwickelte MEKO®-Konzept und die ihm innewohnenden Technologien den Bau mittelgroßer Marineschiffe während der vergangenen etwa vier Jahrzehnte geprägt, verändert und über weite Strecken dominiert. Im Folgenden sollen daher nicht nur die wichtigsten Entwicklungsschritte und die wichtigsten Merkmale nachgezeichnet, sondern auch herausgearbeitet werden, wodurch es sich im harten internationalen Wettbewerb bis in die Gegenwart hinein behaupten konnte und worin seine Chancen für die Zukunft liegen.

Die ersten bei Blohm + Voss angestellten Überlegungen zur Entwicklung des MEKO®-Konzeptes reichen bis in das Jahr 1969 zurück und stehen im Zusammenhang mit der Umrüstung der vier Zerstörer der Hamburg-Klasse der damaligen Bundesmarine. Anstelle des entfallenen dritten 100-mm-Turmes wurden vier Flugkörper MM 38 auf Startrampen eingerüstet. Diese äußerlich eher „harmlos" erscheinende Umrüstung bedeutete jedoch einen tiefen „chirurgischen" Einschnitt in die Struktur der Schiffe

und entwickelte sich hinsichtlich der geplanten Umrüstungszeit und haushaltsmäßig zu einem echten Desaster. Genau an diesem Punkt setzte die ebenso einfache wie geniale Idee des MEKO®-Konzeptes an. Grundlage war die fast schon banale Erkenntnis, dass jedes Schiff während seiner Lebenszeit mindestens eine Phase umfassender Modernisierung und Umrüstung durchläuft. Aber das war das Entscheidende, und das war die Idee von Blohm + Voss gerade vor dem Hintergrund der Erfahrungen mit der Zerstörer-Umrüstung, dass sich in derartigen Phasen tiefe Einschnitte in die Schiffsstruktur durch die Verwendung standardisierter Funktionsmodule für Waffen, Sensoren und sonstige Elektroniksysteme weitestgehend vermeiden lassen.

So begann die Entwicklung des MEKO®-Konzeptes, wobei MEKO® für „**ME**hrzweck **KO**mbination" steht. Mit ihm führte Blohm + Voss erstmalig im Marineschiffbau überhaupt die Entwurfskriterien Modularität und Schnittstellenstandards für die Waffen- und Elektronikausrüstung ein.

Fast 38 Jahre später trat der Vertrag zum Bau von vier Fregatten der Klasse F125 für die Deutsche Marine in Kraft. Auch in diesem Entwurf spiegelt sich das MEKO®-Konzept wider. In der genannten Zeitspanne konnten fast 60 MEKO®-Fregatten und -Korvetten

kontrahiert und abgeliefert werden. Dabei haben die großen Exporterfolge in den achtziger und neunziger Jahren, wie auch der Gewinn der nationalen Beschaffungsvorhaben F123, F124 sowie – eingeschränkt – K130 und F125, viele Ursachen. Bei näherer Betrachtung treten jedoch drei Erfolgsfaktoren deutlicher hervor: Wichtig war, dass sich Blohm + Voss von den nationalen und internationalen Wettbewerbern dadurch unterschied, dass sie im Überwasserbereich die einzige Privatwerft weltweit war, die für ein Vorhaben die umfassende Gesamtverantwortung als Generalunternehmer übernehmen konnte. Darüber hinaus hatten die Kunden im Waffen- und Führungssystembereich eine breite, von keinem Wettbewerber in dieser Form angebotene Auswahlmöglichkeit von integrierbaren, modulgestützten Waffen, Sensoren und Elektroniksystemen. Und außerdem spielte sicher auch die insgesamt hohe Qualität der Schiffe als „Made in Germany"-Produkt eine nicht zu unterschätzende Rolle.

Was ist unter Generalunternehmerschaft unter technologischen Kriterien zu verstehen? Sie bedingt die Fähigkeit zur Systemintegration, insbesondere im Bereich Waffen- und Führungssysteme und setzt die Fähigkeit zur Steuerung der Unterauftragnehmer sowie zum Schnittstellenmanagement einschließlich der räumlichen und elektronischen Integration voraus. Mit der MEKO®-Technologie öffnete sich für Blohm + Voss die Tür sehr weit, als Systemhaus Gesamtverantwortung für die Systemintegration einschließlich des Waffen- und Führungssystembereiches zu übernehmen. Gerade der Waffen- und Führungssystembereich war bis dahin von den großen

Elektronik-Systemhäusern dominiert worden, die zudem seit Anfang der siebziger Jahre für alle großen nationalen Beschaffungsvorhaben, wie bei der Fregatte F122 sowie den Schnellbooten S143 und S143A, Generalunternehmer gewesen waren. Erst später hat Blohm + Voss erkannt, dass die Fähigkeiten eines Systemhauses zur Systemintegration zwingende Voraussetzung dafür waren, um am Markt als Generalunternehmer überhaupt erst erfolgreich akquirieren zu können.

Festzuhalten ist, dass die MEKO®-Technologie ein wesentlicher Bestandteil der Fähigkeit zur Generalunternehmerschaft und damit des Markterfolges von Blohm + Voss über gut drei Jahrzehnte war. Kernstück der MEKO®-Technologie ist ihre Modularität. Deshalb sollen sich die weiteren Ausführungen wesentlich darauf konzentrieren. Zuvor aber noch kurz ein Blick auf die weiteren Technologiekomponenten des Konzeptes, wobei die Reihenfolge keine Bewertung sein soll.

Zu nennen ist zunächst die Abteilungsautarkie, mit der Lehren aus dem Falklandkrieg 1982 gezogen wurden. Dabei geht es um die abteilungsautarke Auslegung der Seewasser-Feuerlöscheinrichtungen, der Steuer- und Überwachungseinrichtungen, der Lüftungs- und Energieverteilungssysteme und deren vertikale schiffsmittige Anordnung. Weiter gehören die Erhöhung der Standkraft dazu, sowie alle Maßnahmen zur Signaturreduzierung in den Bereichen, Radar, Infrarot, Akustik und Magnetik. Besonders hervorzuheben sind unter diesem Aspekt die X-Form und die Seewasserkühlung der Abgassysteme. Maßnahmen zur Signaturreduzierung wirken sich heute

Mit den MEKO®-360-Fregatten für Nigeria und Argentinien begann die MEKO®-Erfolgsgeschichte von Blohm + Voss.

ebenso entwurfsbestimmend auf den Gesamtentwurf eines Marineschiffes aus, wie die Anordnung von Waffen und Sensoren.

Wichtige Aspekte der Modularität sind:

■ Der für die Waffen und Sensormodule vorgesehene Schiffsraum ist für die Aufnahme der verschiedenen Module eingerichtet und mit den notwendigen Fundamenten versehen. Die einzelnen Module werden unabhängig vom Schiff und dessen Bauzustand hergestellt und mit allen schiffstechnischen Einrichtungen, wie Lüftungs- und Klimaanlage, Elektrik sowie den notwendigen Halterungen und Fundamenten ausgerüstet. Die Module werden anschließend zum jeweiligen Waffen- oder Sensorhersteller transportiert und in dessen Werkstätten mit den entsprechenden Systemen ausgerüstet sowie einem umfangreichen Funktionstest unterzogen. Dadurch werden der Testaufbau im Herstellerwerk, die Demontage und die anschließende Neuinstallation im Schiff nach dem Versand gespart. Durch die physische Begrenzung des Moduls ergibt sich zudem eine klare und eindeutige Schnittstellenverantwortung für die Integration in das Gesamtsystem.

■ Die Herstellung der Elektronikmodule bzw. -systeme geschieht in gleicher Weise. Für diese Module erfolgt außerdem eine schocksichere Lagerung als

Ganzes. Eine schocksichere Einzellagerung der eingebauten Systeme ist deshalb nicht mehr erforderlich. Das erlaubt es, auch handelsübliches Gerät zu verwenden, ohne Abstriche an der Leistungsfähigkeit des Schiffes hinnehmen zu müssen.

■ In den Räumen, in denen die Zusammenführung der operationellen Komponenten stattfindet, z.B. in der Operationszentrale (OPZ) und in der Kommunikationszentrale, finden Paletten Anwendung. Auf ihnen befinden sich die Konsolen und der Platz für den jeweiligen Operator. Die Paletten sind über schnell lösbare Verbindungen elektrisch miteinander verknüpft. Die Fundamentierung dieser Paletten erfolgt über standardisierte, schocksichere, elastische Verbindungen zum Schiff. Auf der Korvette K130 ist das deutlich flacher gebaute Modulare Fundamentierungssystem für Paletten zum Einsatz gekommen.

■ Eine Modularisierung findet vermehrt auch in der Schiffstechnik, so bei den Antriebs- und Hilfssystemen, zum Beispiel bei der Lüftung, statt. Die geschlossenen Module haben dabei noch weitere positive Nebeneffekte. Mit ihnen sind die elektromagnetische Verträglichkeit, die Schocksicherung und die Einhaltung der Schallwerte wesentlich besser sichergestellt.

Bei der Integration der MEKO®-Module sind drei Integrationsarten miteinander zu verbinden: Die räumliche, die mechanische und die elektronische Integration.

- Bei der räumlichen Integration wird der für das jeweilige Modul vorgesehene Schiffsraum, in den das Modul später eingesetzt werden soll, quasi aus dem Schiff herausgeschnitten. Die Ein- und Ausbauwege, auch für sperriges Gerät, werden unter Berücksichtigung der Modulöffnungen geplant.
- Bei der mechanischen Integration geht es um die Schnittstellen für die Stromversorgung, Kühlung, Datenleitungen und sonstigen Versorgungssysteme. Sie sind standardisiert und befinden sich bei allen Modulen an der gleichen Stelle.
- Die elektronische Integration der Sensor- und Waffensysteme mit dem Datenbussystem erfolgt über dezentrale Prozessoren, Bus Interface Units (BIU) genannt.

Zusammengefasst kann festgehalten werden, dass die MEKO®-Modularität eine Konfigurations- bzw. Baumodularität ist. Es gibt bis heute keine andere Technologie, die dem Kunden eine größere Flexibilität bei der Konfigurierung seiner Sensor- und Waffensysteme bietet.

Allerdings muss auch auf eine gewisse Einschränkung hingewiesen werden. Es geht darum, dass sich die heutigen Funktionsmodule nicht oder nur sehr eingeschränkt für einen schnellen Wechsel eigenen, wie er im Rahmen der Einsatzflexibilität (Mission-Flexibility) seit einigen Jahren im Markt verstärkt nachgefragt wird. Diese Forderung der Marinen nach Einsatzflexibilität hat sich aus der Form der heutigen Krisenoperationen und -einsätze ergeben, die in aller Regel nicht mehr der Vorläufer einer kriegerischen Auseinandersetzung sind.

Ein MEKO®-Modul beim Einbau. Gut zu sehen ist das standardisierte Fundament sowie der Deckel, auf dem sich das RAM-Modul befindet.

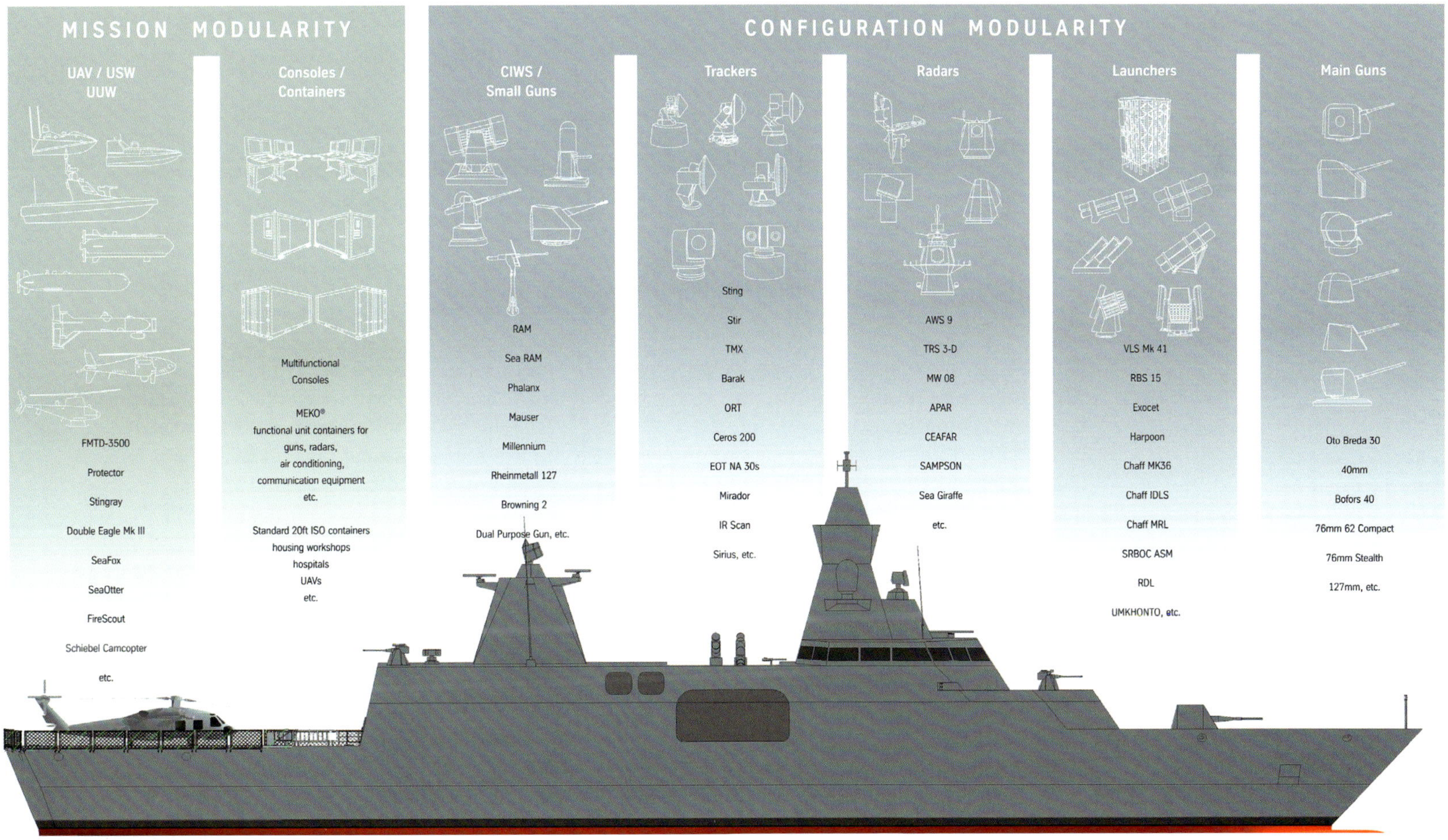

MISSION MODULARITY		CONFIGURATION MODULARITY				
UAV / USW UUW	**Consoles / Containers**	**CIWS / Small Guns**	**Trackers**	**Radars**	**Launchers**	**Main Guns**
FMTD-3500	Multifunctional Consoles	RAM	Sting	AWS 9	VLS Mk 41	
Protector	MEKO® functional unit containers for guns, radars, air conditioning, communication equipment etc.	Sea RAM	Stir	TRS 3-D	RBS 15	
Stingray		Phalanx	TMX	MW 08	Exocet	
Double Eagle Mk III		Mauser	Barak	APAR	Harpoon	Oto Breda 30
SeaFox		Millennium	ORT	CEAFAR	Chaff MK36	40mm
SeaOtter	Standard 20ft ISO containers housing workshops hospitals UAVs etc.	Rheinmetall 127	Ceros 200	SAMPSON	Chaff IDLS	Bofors 40
FireScout		Browning 2	EOT NA 30s	Sea Giraffe	Chaff MRL	76mm 62 Compact
Schiebel Camcopter		Dual Purpose Gun, etc.	Mirador	etc.	SRBOC ASM	76mm Stealth
etc.			IR Scan		RDL	127mm, etc.
			Sirius, etc.		UMKHONTO, etc.	

Die MEKO®-Technologie erlaubt auf Basis der Konfigurations- und Missionsmodularität eine flexible Auswahl von Systemen und Modulen.

MEKO® FLEX: Ausrichtung auf neue Einsatzerfordernisse

Die MEKO®-Modularität ist bei aller Wertschätzung, die sie erfahren hat und auch noch erfährt, zu „schwerfällig", um kurzfristig auf unterschiedliche Aufgabenstellungen im Rahmen von friedenserhaltenden Maßnahmen und Kriseneinsätzen umzurüsten. Mit dem hausinternen Projekt MEKO® FLEX nimmt sich Blohm + Voss Naval (BVN) dieser neuen Aufgabenstellung an. MEKO® FLEX ist die Weiterentwicklung der MEKO®-Technologie für die spezifischen Bedürfnisse unterschiedlicher Marinen. Sie fügt zu den Kernelementen der MEKO®-Technologie, Bau- und Konfigurationsmodularität, eine dritte Dimension hinzu: Die „Mission Flexibility".

Die „Mission Flexibility" (Einsatzflexibilität) bietet Marinen die Möglichkeit ihre Schiffe auf unterschiedliche Aufgabenstellungen in variierenden Einsatzszenarien, welche von humanitären Einsätzen über Überwachungsaufgaben und Aufgaben Terroristen- und Piratenabwehr bis hin zu Kampfeinsätzen reichen, auszurüsten. Dadurch bietet die „Mission Flexibility" auch eine Antwort auf die in vielen Staaten vorhandenen Budgetrestriktionen. Die Standardisierung entsprechender Funktionalitäten und Schnittstellen stellt ein Alleinstellungsmerkmal von BVN im Rahmen der Weiterentwicklung des MEKO®-Konzeptes dar. Ziel dieses Projektes ist ein höherer Grad an Standardisierung in Form der Baumodularität für die Basisfunktionen eines jeden Schiffes wie Stahlstruktur, Antrieb, Stromerzeugung und -verteilung, Hilfssysteme und Unterbringung. Die Kombination dieser Module bildet die Grundlage für die neue MEKO®-Produktfamilie für OPVs, Korvetten und Fregatten. Wesentliche Teilziele bestehen vor allem aus der Reduzierung der Einmal-, Konstruktions-, Entwicklungs- und vor allem der Betriebskosten („Life Cycle Costs"). Auch eine verbesserte Zuverlässigkeit, Verfügbarkeit und Wartbarkeit von Marineschiffen sollen mit dem Projekt erreicht werden.

Hier setzt nun eine neue Idee an: Ein so genanntes „Basisschiff" mit einer fest installierten Kernausrüstung, bestehend aus Plattform sowie

Waffen- und Führungssystem, die ergänzt wird durch flexibel integrierbare Module entsprechend den jeweiligen spezifischen Einsatzanforderungen. Das Basisschiff zeichnet sich dadurch aus, dass es sich um ein uneingeschränkt fahr- und einsatzfähiges Fahrzeug handelt, das sich insbesondere selbst verteidigen kann. Zugleich weist es vordefinierte Freiflächen und Freiräume auf, die mit zusätzlicher Ausrüstung leicht, schnell und flexibel gefüllt werden können, so genannte „FLEX Areas". Das Prinzipbild veranschaulicht diese Idee.

Die MEKO®-Modularität eignet sich unverändert für die flexible Konfigurierung der Kernausstattung auch des Basisschiffes. Dabei folgt die Integration der verschiedenen Einsatzmodule den bekannten Integrationsschritten. Die langjährigen Erfahrungen von Blohm + Voss prädestinieren das Unternehmen dafür, auch die Integration der Missionsmodule erfolgreich zu bewältigen.

Im Unterschied zum bisherigen MEKO®-Konzept mit dem Fokus auf Konfigurations- und Baumodularität,

ist die „Mission Flexibility" mehr als eine rein technische Lösung, sie ist ein operationelles Konzept, das die gesamten Lebenszeitkosten eines Marineschiffes berücksichtigt. Die Vorteile dieser Weiterentwicklung liegen daher nicht nur in der oben beschriebenen Kostenreduzierung, sondern auch in

■ der Abdeckung eines breiten Fähigkeitsspektrums,
■ der Entkoppelung von Plattform und Systemen,
■ einer vereinfachten Wartung, Überholung, Reparatur und Umrüstung.

Erste Lösungsansätze zeichnen sich ab, Ansporn genug, die MEKO®-Erfolgsgeschichte fortschreiben zu können. Das setzt allerdings voraus, dass das neue Markenzeichen „Mission Flexibility" als Bestandteil der MEKO®-Technologie verstanden und in das Verständnis eines Systemhauses und in die Fähigkeit zur Generalunternehmerschaft einbezogen wird.

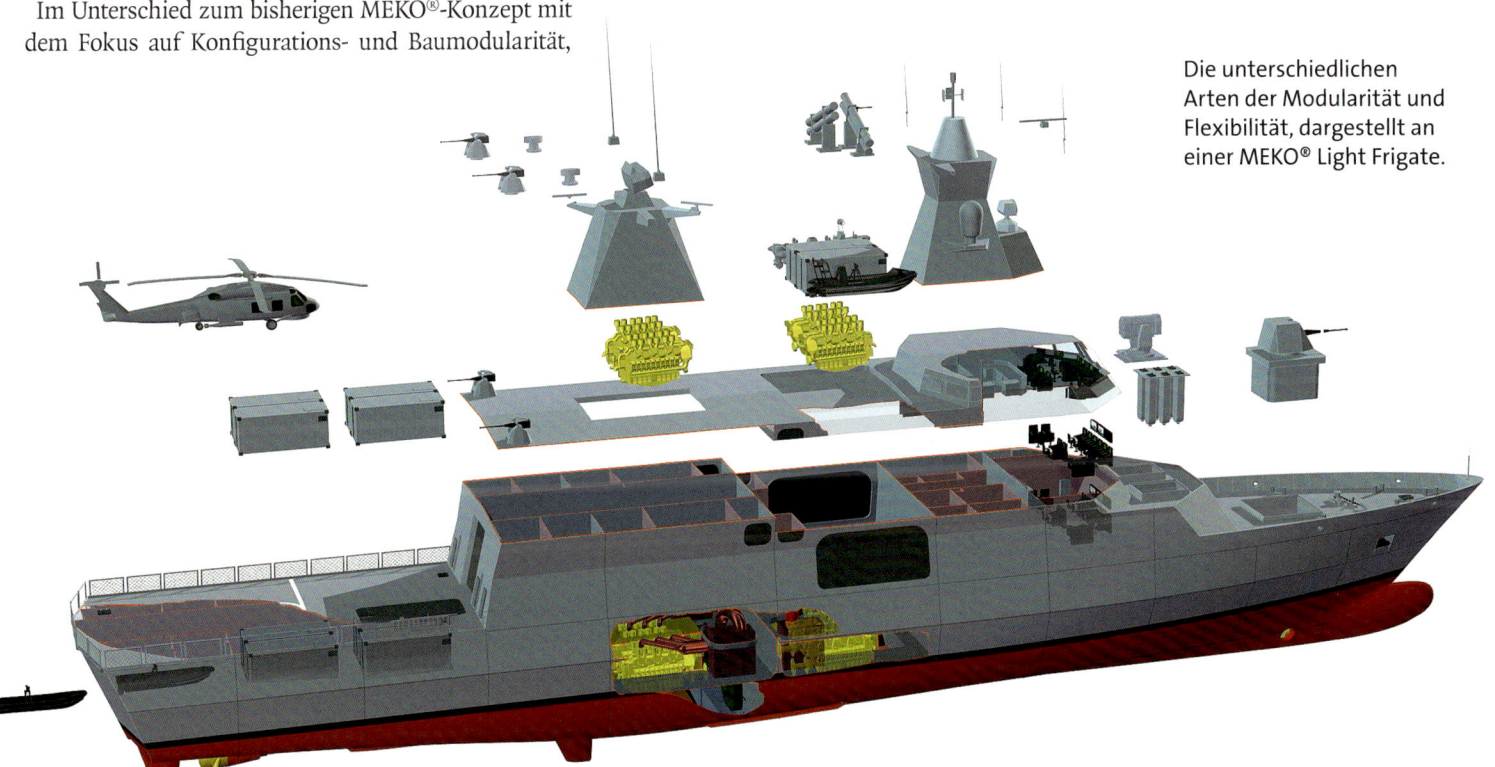

Die unterschiedlichen Arten der Modularität und Flexibilität, dargestellt an einer MEKO® Light Frigate.

MECON: Erfahrungsaustausch und Kundenbindung

MECON steht für MEKO® User CONference. Die Idee zu dieser internationalen Konferenz wurde Mitte der neunziger Jahre geboren, als die großen Exportaufträge für Australien/Neuseeland und die Türkei vor dem Abschluss standen und zugleich mehrere Marinen neue Beschaffungsprogramme planten. Daraus entwickelten sich zwei diese Konferenz prägenden Zielsetzungen: Marinen, die MEKO®-Schiffe einsetzten, langfristig an Blohm + Voss zu binden und zugleich neue Kunden zu gewinnen.

Den „MEKO® User Marinen" – einschließlich der Deutschen Marine – sollte mit der MECON ein Forum zur Präsentation ihrer operativen Erfahrungen aus den Einsätzen ihrer MEKO®-Schiffe geboten werden. Für Blohm + Voss wurde parallel dazu die Möglichkeit geschaffen, ihre innovativen Entwicklungen und neuen Technologien aus den Bereichen Marineschiffbau und Marinetechnik unter dem Dach der im Markt so erfolgreichen MEKO®-Technologie der interessierten Fachwelt vorzustellen. Schließlich sollte diese

internationale Konferenz den Dialog zwischen den Marinedelegationen sowie Vertretern der deutschen und internationalen Marineindustrie fördern. Inhaltlich-thematisch stand auf allen Konferenzen im Mittelpunkt der Diskussionen und Präsentationen die Auseinandersetzung mit der Frage, wie die Marinen, auch angesichts der zunehmend knapper werdenden Budgets, auf erweiterte Anforderungen im Rahmen der Konfliktverhütung, Krisenbewältigung, Friedenssicherung und Terrorbekämpfung reagieren können. Dazu sollten auf den Konferenzen differenzierte Lösungsvorschläge entwickelt und vorgestellt werden.

Bisher haben drei MECONs stattgefunden – 1997, 2002 und 2006, alle in Hamburg. Schon auf der ersten MECON 1997 waren Delegationen von mehr als 30 Marinen, 70 nationale und internationale Zulieferfirmen sowie insgesamt etwa 400 Teilnehmer vertreten. Im Kern der bisher drei auf jeweils vier Tage angelegten Konferenzen, deren Schirmherrschaft der aktuell amtierende Verteidigungsminister übernommen hatte, stand stets das zweitägige Vortragsprogramm. Außerdem wurde auch der Deutschen Marine breiter Raum zur Darstellung ihrer Rolle als „Parent Navy" gegeben.

Die MECON bildet ein einzigartiges Forum für Erfahrungsaustausch und Dialog.

Blohm + Voss nutzte die MECONs regelmäßig zur Markteinführung neuer Produkte:

- 1997 wurde die im Bereich Signaturreduzierung neue Maßstäbe setzende, Aufmerksamkeit erregende Fregatte MEKO® A-200 präsentiert. Der Zeitpunkt der Markteinführung war geschickt und vorausschauend gewählt, konnte doch mit diesem Entwurf der bald nach der MECON einsetzende Wettbewerb um das südafrikanische Fregattenprogramm zu ihren Gunsten entschieden werden.
- 2002 folgten die Delta-Form-Schiffe MEKO® D und MEKO® X. Trotz der deutlichen Vorteile der Delta-Rumpfform verhält sich der Markt aber bisher zurückhaltend. Entsprechend gibt es bis dato für diese beiden Entwurfskonzepte auch noch kein abschließendes Design.
- 2006 schließlich wurden MEKO® CSL (Combat Ship for the Littorals) als Antwort auf das amerikanischen Littoral Combat Ship (LCS) und das MHD 150 (Multi-Helicopter Dockship) präsentiert. Mehr noch als die Markteinführung dieser neuen und interessiert aufgenommenen Entwurfskonzepte bot diese MECON aber ThyssenKrupp Marine Systems (TKMS) die Möglichkeit, sich als neu aufgestellter europäischer Werftenverbund international zu präsentieren.

In der Zeit zwischen den MECONs fand bis jetzt jährlich ein MEKO® User Workshop statt. Die Idee dazu kam auf der MECON 1997 auf. Er wird wechselnd von einer MEKO® User Marine ausgerichtet und bietet ein Forum für die Weiterentwicklung der in Dienst befindlichen MEKO®-Schiffe. Die MEKO® User Workshops haben sich nicht nur als vorzügliches Instrument der Kundenbindung erwiesen, sondern für das Unternehmen auch als Forum des Gesprächs und Dialogs, die aus der Nutzungsphase ihrer Schiffe gewonnenen Erkenntnisse der Marinen kennenzulernen. Dieses Wissen dient TKMS bzw. Blohm + Voss Naval, auf längere Sicht ihre Aktivitäten im Service-Bereich und in der Life-Cycle-Unterstützung der Marinen erfolgreich ausbauen zu können.

MHD 150 (oben) und MEKO® CSL (unten) werden auf der MECON 2006 erstmals der Öffentlichkeit vorgestellt.

Die MEKO® D bildet das Novum auf der MECON im Jahre 2002. Namensgebend ist die Deltaform des Unterwasserschiffs.

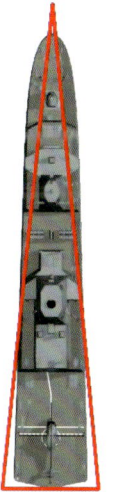

Krise trotz Innovation: Schnelle Kreuzfahrtschiffe auf Basis des „Fast Monohull"

Mobilität und ihre Antwort

Blohm + Voss hat immer erhebliche Mittel für Forschung und Entwicklung aufgewendet, um die technische Entwicklung voranzutreiben. Nicht zuletzt ging es darum, zukunftsfähige Projekte im zivilen Spezialschiffbau als Ergänzung für den Marineschiffbau anbieten zu können. Einer der Entwicklungsschwerpunkte Ende der achtziger bzw. Anfang der neunziger Jahre war das „Fast Monohull"-Konzept, mit dem große Hoffnungen verbunden waren.

Beim „Fast Monohull" handelt es sich um ein reines Verdrängerschiff mit großer Tragfähigkeit in Kombination mit hoher Geschwindigkeit. Das wird erreicht durch eine geschickte Kombination verschiedener Maßnahmen. So verringert das torpedoartig geformte Unterwasserschiff den Wellenwiderstand ohne Abstriche bei der Schiffsstabilität. Der bei „normalen" Verdrängerschiffen mit zunehmender Geschwindigkeit immer höhere Propellerbelastungsgrad wurde beim „Fast Monohull" durch die Aufteilung auf zwei eng nebeneinander angeordnete Propeller halbiert und damit der einzelne Propeller entlastet. Sie arbeiteten energetisch günstig im so genannten Nachstrom des Rumpfes am Heck des Schiffes. Ein zu hoch belasteter Propeller neigt immer zu Kavitation und damit zu Vibration und Schallerzeugung im Schiff, was möglichst minimiert oder ganz vermieden werden sollte. Das dies beim „Fast Monohull" gelang, war einer der Vorteile dieser Neuentwicklung. Unter der Marke „Fast Monohull"

Ein Schiffbaumeister hilft den Reedereivertretern bei der Kiellegungszeremonie der OLYMPIC VOYAGER, die traditionelle Kiellegungsmünze auf einem Kielblock zu sichern. Sie soll dem Schiff Glück bringen.

Eine große Volumensektion eines Passagierschiffes der Voyager-Fast-Monohull-Klasse im überdachten Baudock 5 der Werft.

entstand eine ganze Familie von Schiffen für unterschiedliche Einsatzzwecke, wobei man in erster Linie die Bestrebungen der Politik im Blickfeld hatte, die mit dem Konzept „From Road to Sea" den Straßenverkehr durch vermehrte Transporte über See entlasten wollte, um damit die Umwelt zu schonen. Hier bot sich die energieeffiziente Antriebskonfiguration des „Fast Monohull" als Ansatzpunkt an. Gleichzeitig mussten die Schiffe, sofern sie für Fährdienste vorgesehen waren, für den Transport auch schwerer Lkw geeignet und schneller sein als konventionelle Schiffe, um dem Straßenverkehr Alternativen bieten zu können. Kombinierte Passagier- und Autofähren mit anspruchsvoller Innenausstattung waren Teile dieser neuen Produktfamilie.

Auf diesem Gebiet akquirierte Blohm + Voss nun intensiv mit der Überzeugung, das natürliche Kostenhandicap einer Werft, deren Anlagen in ihrer Struktur wesentlich auf den Bau komplexer Marineschiffe ausgerichtet war, für den zivilen Kunden dadurch auszugleichen, indem ihm aufgrund des mit intelligenter Technik erreichten geringeren Treibstoffverbrauchs ein Mehrwert geboten wurde. Überraschenderweise wurde der erste Akquisitionserfolg nicht wie angestrebt ein schnelles Fährschiff, sondern ein Auftrag für den Bau von zwei schnellen Kreuzfahrtschiffen.

Einstiegserfolg ohne Nachhall

Für die Reederei Royal Olympic Cruise Lines (ROCL), Piräus, konnten im August 1997 zwei mittelgroße Kreuzfahrtschiffe auf Basis des „Fast Monohull"-Patentes kontrahiert werden. Für ein drittes Schiff wurde eine Option vereinbart. Die Dienstgeschwindigkeit von 28 Knoten (27 Knoten waren vereinbart, 29 Knoten wurden in der Spitze erreicht) erlaubte es der Reederei, bei patentbedingtem moderatem Treibstoff-Mehrverbrauch eine einwöchige Drei-Kontinente-Kreuzfahrt im östlichen Mittelmeer anzubieten. Von Piräus aus ging es nach Ashdod (Jerusalem) in Israel und Alexandria in Ägypten; eine solche Rundreise kann in dieser Zeit mit konventionellen Schiffen nicht gefahren werden. Angeboten wurde diese Reise vor allem auf dem amerikanischen Markt.

Die Schiffe bringen es bei 180 Metern Länge, 25,5 Metern Breite und 7,1 Metern Tiefgang auf eine Vermessung von 24.500 BRZ. 416 Kabinen unterschiedlicher Kategorien bieten Platz für 920 Passagiere. Für die 360 Besatzungsmitglieder stehen 153 Crew-Kabinen zur Verfügung. Vier Motoren leisten jeweils 9.450 kW.

Die beeindruckende Propelleranlage der Schiffe der Blohm + Voss Voyager-Klasse zeigt die großen Propellerdurchmesser in einem stark getunnelten Hinterschiff, in Längsrichtung leicht versetzt angeordnet und eng beieinanderstehend.

Die OLYMPIA EXPLORER beim Ausdocken aus dem Blohm + Voss Baudock 5 neben ihrem ablieferungsbereiten Schwesterschiff OLYMPIC VOYAGER, Mai 2000.

Mit einer ganzen Reihe von Maßnahmen sollte das Risiko des Einstiegs in diese neue Technologie für die Werft und den Kunden abgemildert werden. Für Blohm + Voss wurde das Risiko des ersten, noch dazu sehr anspruchsvollen Passagierschiffbaus nach jahrzehntelanger Abstinenz reduziert durch die frischen, im Bau von Megayachten gesammelten Erfahrungen sowie durch erfolgreiche Anwendung des vom Unternehmen neuentwickelten „partnerschaftlichen Unterauftragnehmerkonzeptes". Dabei konzentrierte die Werft selbst sich auf ihre im Marinebereich bewährten Stärken, wie Generalunternehmerschaft, Konstruktion sowie Bau des Stahlkaskos und der Maschinenanlage, während die Partner ihre Erfahrungen auf den passagierschiffsspezifischen Gebieten Schiffselektrik/Elektronik, Klimatechnik und Inneneinrichtung in eigener Verantwortung einbrachten.

Die Risikobereitschaft der Reederei, dieses ungewöhnliche Kreuzfahrtkonzept mit einem Prototyp bei einer lange in diesem Schiffbausegment nicht mehr aktiv gewesenen Werft zu verwirklichen, wurde mit einer Kreditbürgschaft der Hansestadt Hamburg stimuliert, deren Senat seinerseits die Sicherheit von Arbeitsplätzen in einem Wahljahr im Auge hatte. Sogar die gesamte Belegschaft beteiligte sich solidarisch in Form eines „Bündnisses für Arbeit" mit einer Garantie für Stundenverbräuche in Konstruktion und Fertigung. Für diese Garantie wurden auf einem Stundenkonto von allen Mitarbeitern, auch von den für Marineprojekte eingesetzten, unbezahlte

Mehrarbeitsstunden angesammelt, die bei Budgeteinhaltung verrechnet werden sollten.

Trotz der zahlreichen großen und anspruchsvollen Herausforderungen, die dieses neuartige Schiffbaugebiet mit sich brachte, konnten von der Belegschaft und den Partnern die knapp gesetzten Budgets und Termine eingehalten werden; mit großem Enthusiasmus und großem Einsatzwillen wurden auch die schwierigsten Probleme gemeistert.

Ursprünglich war es vorgesehen, die beiden Schiffe in herkömmlicher Weise auf dem Blohm + Voss-Helgen zu bauen und vom Stapel zu lassen, da das eigentlich besser dafür geeignete überdachte Baudock 5 damals durch eine kurz zuvor kontrahierte 160-Meter-Megayacht belegt war. Als aber unerwarteter Weise dieser Yachtauftrag von dem fernöstlichen Auftraggeber aus politischen Gründen storniert werden musste, wurde beschlossen, die „Fast Monohull"-Neubauten doch im nun wieder frei werdenden Dock 5 wegen der dort deutlich effizienteren Bauverhältnisse zu fertigen.

Natürlich galt es auch Rückschläge zu verkraften. Ein ziemlich schwerer geschah am Tag des Ausdockens des ersten Neubaus, und das auch noch unter den Augen der Öffentlichkeit, denn die Werft hatte aus diesem freudigen Anlass zu einem „Tag der offenen Tür" eingeladen. Beim Vorabsenken des Baudocks 5 knickte dieses in der Mitte und legte sich beängstigend auf die Seite, richtete sich aber wieder auf und blieb dann aber halb versunken im Wasser liegen. Der Schock war groß. Glücklicherweise waren keine

Personen zu Schaden gekommen. Die nächste Aufmerksamkeit galt dem Schiff, das den Unfall jedoch unversehrt überstanden hatte. Es wurde später aus dem havarierten Dock gezogen und trotz dieses Vorfalls nach nur 36 Monaten Bauzeit 14 Tage vor Termin am 15. Juni 2000 abgeliefert. Die Taufe auf den Namen OLYMPIC VOYAGER vollzog in Piräus kein Geringerer als der griechische Staatspräsident Konstantin Stefanopoulos. Nur wenige Monate später wurde das Schiff mit dem renommierten 1. Preis der Branche, dem „Cruise & Ferry Award 2001", ausgezeichnet.

Das Ausdocken des Schwesterschiffes aus dem inzwischen reparierten Dock 5 erfolgte planmäßig und problemlos ein Jahr später. Die Probleme stellten sich erst später ein, als das Schiff nach erfolgreich abgeschlossener Probefahrt am 27. April 2001 der Reederei zur Ablieferung angedient wurde. Überraschend meldete diese jedoch Vorbehalte an, verweigerte die Übernahme und forderte wegen „unzumutbarer Mängel" technische Nachbesserungen, insbesondere in den Bereichen Vibration, Geräusche und Maschinenraumlüftung. Das war jedoch offensichtlich nur ein Vorwand, denn in Wirklichkeit hatte die Royal Olympic Cruise Lines finanzielle Probleme, da viele amerikanische Passagiere inzwischen Reisen in das angestammte Fahrtgebiet der Reederei im östlichen Mittelmeer und in Nahost wegen der dortigen heftigen Konflikte scheuten. Aus der Sicht von Blohm + Voss war das Schiff technisch einwandfrei und vertragskonform zur Ablieferung bereitgestellt worden. Wie im Bauvertrag vereinbart, wurde zur Klärung ein Schiedsgerichtsverfahren eingeleitet, mit dem jedoch auch keine Lösung erreicht werden konnte, so dass die Werft schließlich im April 2002 wegen des sich weiter verschlechternden Kreuzfahrtmarktes erheblichen finanziellen Zugeständnissen für die Abnahme des zweiten Schiffes zustimmen musste. Damit ging die ursprünglich durchaus zufriedenstellende Kostendeckung dieser Schiffe (das zweite erhielt den Namen OLYMPIA EXPLORER) verloren.

Die mutwillige Verzögerung der Abnahme half der Reederei jedoch nicht. Schon 2004 kam es zur gleichzeitigen Zwangsversteigerung beider Schiffe durch die kreditgebenden Banken. Dabei wurde die Bürgschaft der Stadt Hamburg vollständig in Anspruch genommen. Zum Zeitpunkt der Versteigerung, auf dem Höhepunkt der Kreuzfahrtkrise, waren zeitgleich sechs weitere mittelgroße Schiffe ähnlich der Blohm + Voss-„Voyager"-Klasse ohne Beschäftigung und mussten zwangsversteigert werden. Die OLYMPIC VOYAGER und OLYMPIA EXPLORER aber sind bis heute unverändert für andere Reedereien als COSTA VOYAGER und MV EXPLORER in Fahrt, wegen der hohen Brennstoffpreise allerdings nur mit halber Leistung und konventioneller Geschwindigkeit.

Versuche der Werft in den Jahren 2000 bis 2002 mit einer vergrößerten luxuriösen Variante „Fast Monohull FM 175" dieses schnellen Passagierschiffstyps in diesem Nischengebiet Fuß zu fassen, scheiterten trotz verschiedener baureifer Verträge und Unterschriften an mangelnder Finanzierung. Die für zunächst zwei Schiffe dieses Typs reservierten Baunummern 969 und 970 wurden später für die nächste Yachtgeneration von Blohm + Voss freigegeben.

Der „FM 130" genannte Fast-Monohull-LKW-Transporter wurde nie verkauft; er war gedacht für die Verlagerung von LKW-Verkehr von der Straße auf die See. Die Kapazität beträgt 97 LKW-Auflieger zu je 30 t, die mit ca. 29 Knoten Dienstgeschwindigkeit transportiert werden können.

Hoffnungsträger: Korvette Klasse 130

Neue Wege der Deutschen Marine

Als im Jahre 2001 der Auftrag K130 unterzeichnet wurde, waren die Auftragsbücher von Blohm + Voss bestens gefüllt und die Kapazitäten voll ausgelastet. Doch schon zwei Jahre später war K130 der einzige fertigungswirksame Auftrag, der jedoch nur einen Teil der Kapazitäten auslasten konnte.

Das Korvettenprojekt zeichnete sich 1997 ab und geht zurück auf Überlegungen der Deutschen Marine, die Ende der achtziger und Anfang der neunziger Jahre formuliert wurden. Die ursprünglichen Überlegungen des öffentlichen Auftraggebers (öAG) bestand darin,

wie bei F124, das Projekt ohne Wettbewerb in einer großen Arbeitsgemeinschaft, die die Werften und Elektronikhäuser umfassen sollte, durchzuführen. Später konkretisierten sich diese Überlegungen dahingehend, dass ein Wettbewerb mit mindestens zwei Wettbewerbern durchgeführt werden sollte. Hierzu formte sich die ARGE K130 sowie Projektgruppe K130 von HDW. Es war das erste Mal, dass gegen HDW im Wettbewerb definiert/ projektiert wurde.

Vorweg jedoch etwas Grundsätzliches, da der Begriff Korvette international nicht unbedingt eng definiert ist und es diesen Typ in der Bundesmarine bzw. Deutschen Marine bisher nicht gegeben hat. Es gibt auch keine NATO-Kennung für Korvetten, die in ihrer Größe und Kampfkraft mit unterschiedlichen Fähigkeiten

Die BRAUNSCHWEIG (F260) ist die First of Class der Korvette Klasse 130 der Deutschen Marine.

zwischen Schnellbooten und Fregatten angesiedelt sind. Die Kennung der deutschen Korvetten beginnt deshalb mit einem „F", also wie Fregatten.

Die Planungen für das neue Seekriegsmittel Korvette sind eng mit den Ende der achtziger Jahre entwickelten Zielvorstellungen für eine „Flotte 2005" verknüpft. Damals entstand schnell Klarheit darüber, dass die in der Deutschen Marine, damals noch Bundesmarine, eingesetzten Flugkörperschnellboote, die für den Einsatz im Nordflankenraum der NATO mit Schwerpunkt Nord- und Ostsee konzipiert worden waren, hinsichtlich Seefähigkeit und Seeausdauer den geänderten Anforderungen, die sich aus den neuen nationalen Aufgaben und den vermehrten internationalen Verpflichtungen ergaben, nicht mehr genügten.

Für die nach der Jahrtausendwende anstehende Nachfolge der Schnellboote wurden daher Einheiten mit erweiterten Fähigkeiten auch für die Wahrnehmung von Aufgaben in anderen Seegebieten benötigt, und zwar über die angestammten Randmeergebiete hinaus. Zwangsläufig ergab sich daraus die Forderung nach größeren Einheiten, eben Korvetten. So entwickelte sich der Typ „K130".

Nach der im Wettbewerb gegen HDW durchgeführten 18-monatigen Definitionsphase legten beide Seiten ihre Entwürfe, deren Kosten eine verbindliche Preisobergrenze nicht überschreiten durften (Design to Budget) vor und am 13. Dezember 2001 wurde zwischen dem Bundesamt für Wehrtechnik und Beschaffung (BWB) und der Arbeitsgemeinschaft Korvette 130 (ARGE K130), die den Wettbewerb für sich hatte entscheiden können, der Bauvertrag über die Lieferung von fünf Korvetten der Klasse 130 geschlossen. Die ARGE K130 bestand damals aus den Werften Blohm + Voss als Konsortialführer mit einem Anteil am Gesamtvolumen von 39 Prozent, den Nordseewerken Emden (19 Prozent) und der Fr. Lürssen Werft (42 Prozent). Die Blohm + Voss-Anteile und die der Nordseewerke sind einschließlich der Konsortialführerschaft später auf Blohm + Voss Naval übertragen worden.

Mit der K130 ist als Ergebnis des vorangegangenen sehr harten Wettbewerbs eine höchst moderne, technologisch anspruchsvolle sowie äußerst kompakte Korvette mit einem bemerkenswerten Fähigkeitsspektrum im Rahmen der vorgegebenen Kostenobergrenze entstanden.

Die Korvette und ihre Bestandteile

Die K130 hat eine Länge ü.a. von 89,20 Metern, eine größte Breite von 13,20 Metern sowie eine Einsatzverdrängung von ca. 1.860 t. Für die weibliche und männliche Besatzung sind Unterbringungsmöglichkeiten für bis zu 65 Personen vorhanden. Die Besatzung setzt sich aus 58 Personen zusammen, ein im internationalen Vergleich äußerst niedriger Wert. Als Höchstgeschwindigkeit werden 26 Knoten erreicht. Die Fahrtstrecke beläuft sich auf ca. 4.000 Seemeilen, die Seeausdauer, je nach Unterstützung, zwischen sieben und 21 Tagen.

Die Hauptaufgaben der K130 sind die Aufklärung und Überwachung der Überwasserlage und die Seezielbekämpfung. Letzteres soll vornehmlich in der Randmeerkriegführung bei verbesserter Selbstverteidigungsfähigkeit gegen Luft- und Seeziele übernommen werden. Kampfkraft, Standfestigkeit, Durchhaltefähigkeit und ein hoher Eigenschutz verleihen der K130 die Fähigkeit, von hoher See kommend in fremde, auch sehr weit entfernte Küstengewässer und in den Küstenbereich hinein zu wirken sowie streitkräftegemeinsame Operationen mit Waffenwirkung an Land zu unterstützen. Diese neuen Fähigkeiten sind gerade für die Aufgabenbereiche Konfliktverhütung und Krisenbewältigung von besonderer Bedeutung. Die Korvette ist über die hohe See verlegefähig, so dass sie ihren Beitrag zur Aufgabenerfüllung der Deutschen Marine weltweit leisten kann.

Das Entwurfskonzept der K130 wird geprägt von zahlreichen Innovationen, von denen hier beispielhaft nur einige genannt werden sollen:

Die für die Deutsche Marine zukunftsweisende Integrierte Brücke basiert auf dem bewährten Konzept der Ein-Mann-Brücke moderner Handelsschiffe. Dabei sind alle auf der Brücke vorhandenen Geräte, Anzeigen und Bildschirme nach modernsten ergonomischen Gesichtspunkten zu einer kompakten Anlage zusammengefasst.

Eine der Innovationen der K130: Die Integrierte Brücke, abgeleitet aus der Ein-Mann-Brücke moderner Handelsschiffe.

Das K130 Intranet verbindet die unterschiedlichen Netzwerke zu einem Gesamtnetzwerk. Auf K130 gibt es keine Stand-Alone-Systeme.

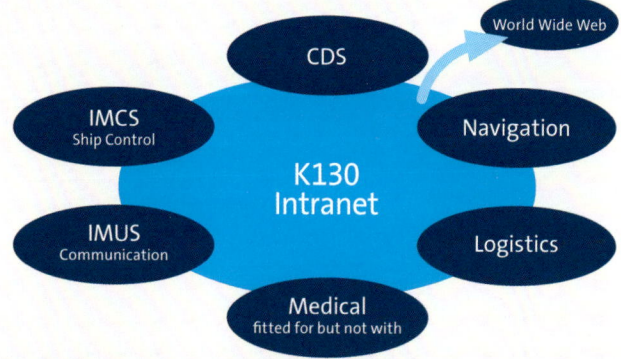

Neu ist auch, dass erstmalig auf einer deutschen Marineeinheit die Operationszentrale (OPZ) als Hellraum gefahren wird. Dazu wurde ein völlig neues Beleuchtungskonzept entwickelt.

Der bereits auf der Fregatte F124 erreichte außergewöhnlich hohe Automatisierungsgrad ist auf der K130 konsequent mit einem weiteren Schritt ergänzt worden. So kommt erstmalig auf einer deutschen Marineeinheit ein bordeigenes Intranet zum Einsatz, das die verschiedenen Teilnetze an Bord miteinander verbindet. Darüber hinaus ist von jedem Computer auch eine Verbindung mit der Außenwelt technisch möglich.

Und schließlich ist als sehr wichtiges Entwurfsmerkmal eine weitere Signaturreduzierung gelungen. Zur Reduzierung der Radarsignatur wurden die großflächigen Oberflächen aufgebrochen und mit unterschiedlichen Winkeln angestellt. Dies wird als X-Form bezeichnet und bewirkt eine signifikante Reduzierung und Streuung des Radarechos über den gesamten Seiten- und Höhenwinkelbereich. Auch hinsichtlich der Infrarot-Signaturreduzierung kamen innovative technische Lösungen zur Anwendung. Durch Einspritzung von Seewasser in die horizontal zu den Schiffsseiten geführten Abgasleitungen der Dieselmotoren wird die Temperatur auf einen bisher durch Luftkühlung nicht erreichten Wert abgesenkt. Leider sind drei weitere entwurfsbestimmende Entwicklungsvorhaben kurz vor bzw. auch noch nach Abschluss des Bauvertrages aus Kostengründen abgebrochen worden.

Der Hangar ist ausgelegt für die Aufnahme von zwei Drohnen, für die Unterbringung eines Hubschraubers ist er zu klein. Aufgrund exorbitant gestiegener Entwicklungskosten ist das Drohnenvorhaben jedoch kurz vor Abschluss des Bauvertrages abgebrochen worden und vom Bauvertrag getrennt. Die Beschaffung bordgestützter Drohnen wird nun vom Öffentlichen Auftraggeber als Kauflösung weiterverfolgt.

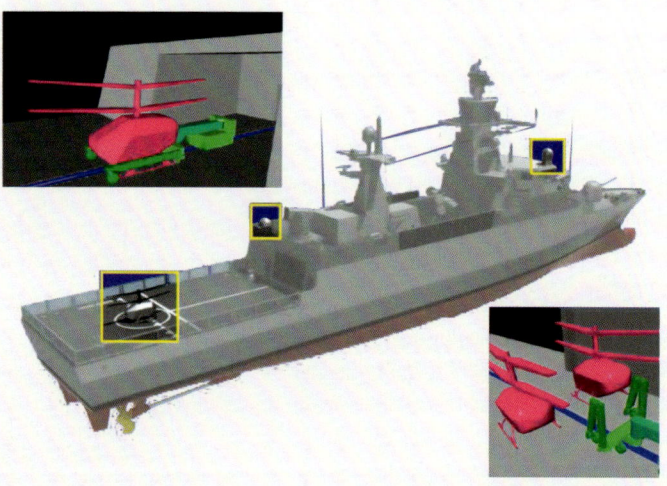

K130 ist ausgelegt für die Aufnahme und Integration von zwei Marinedrohnen. Die hier dargestellte „Seamos-Drohne" wurde aufgrund gestiegener Entwicklungskosten aufgegeben.

Flugkörpersystem Polyphem: Dabei handelt es sich um ein mit Lichtwellenleiter gelenktes Flugkörpersystem. Acht Flugkörper sollten unterhalb des Flugdecks in senkrecht stehenden Silos eingerüstet und als Vertical Launch System verschossen werden. Die von der ARGE K130 entwickelte Hardware- und Software-Integrationslösung hatte beim Öffentlichen Auftraggeber besondere Beachtung und Anerkennung gefunden.

Das kurz vor der Serienreife stehende Vorhaben „Torpedoabwehr für Überwassereinheiten" sah die Einrüstung eines Kielsonars, eines Towed-Array-Sonars sowie eines RAM-ähnlichen Effektors vor. Die beiden Sonargeräte sollten einen anlaufenden Torpedo über 360° sicher erfassen, der Effektor ihn zerstören.

Die X-Form beschreibt ein- und ausfallende Winkelstellungen der Seitenwände und reduziert so signifikant die Reflexion von Radarstrahlen.

Leider traten im März 2009 auf allen fünf Korvetten erhebliche Mängel an den Getrieben auf. Sie mussten ausgebaut und beim Hersteller umfassend konstruktiv modifiziert werden. Die Ursachen dieser Schäden sind vielfältig und technisch komplex. Sie waren für die ARGE 130 im Rahmen der technischen Bewertung ihrer Auswahlentscheidung jedoch vorab nicht erkennbar gewesen. Im Wettbewerb haben damals zwei gleichwertige Getriebehersteller gestanden – beide mit bester technischer Reputation. Diese Entwicklung zeigt jedoch auch, in welchem Maße ein Projekterfolg von der Leistung der Unterauftragnehmer abhängt.

Infolge der Beseitigung dieser Schäden hat das Vorhaben K130 eine Verzögerung von ziemlich genau drei Jahren erfahren.

Internationalen Marinedelegationen ist die K130 bereits auf der MECON 2002 vorgestellt worden. Sie hat dort rege Aufmerksamkeit gefunden und ist bei einigen Marinen aufgrund des als sehr gelungen erachteten Entwurfskonzeptes wie auch der zahlreichen Innovationen auf großes Interesse gestoßen. Viele Marinen standen nämlich, ähnlich wie die Deutsche Marine, vor der Situation, einerseits ihre Schnellboote durch größere Einheiten zu ersetzen und andererseits dem finanziellen Druck nachzugeben, einen Teil ihrer Aufgaben mit dem Einsatz von Korvetten anstelle der vergleichsweise teuren Fregatten zu erfüllen. Die weltweiten Neubauaktivitäten und Akquisitionen in diesem Bereich belegen eindrucksvoll, dass der Schiffstyp Korvette seit einigen Jahren wachsendes Interesse erfährt.

Abschließend festzuhalten ist, dass aus dem Auftrag Korvette K130 für Blohm + Voss und die deutsche Marineindustrie zwar ein großer Know-how-Gewinn auf zahlreichen Technikfeldern und positive Impulse für die Projektierung weiterer Vorhaben bleiben, der dafür gezahlte Preis ist jedoch extrem hoch.

Die K130 OLDENBURG aus der Vogelperspektive an der Ausrüstungspier von Blohm + Voss und ihre Hauptdaten auf einen Blick.

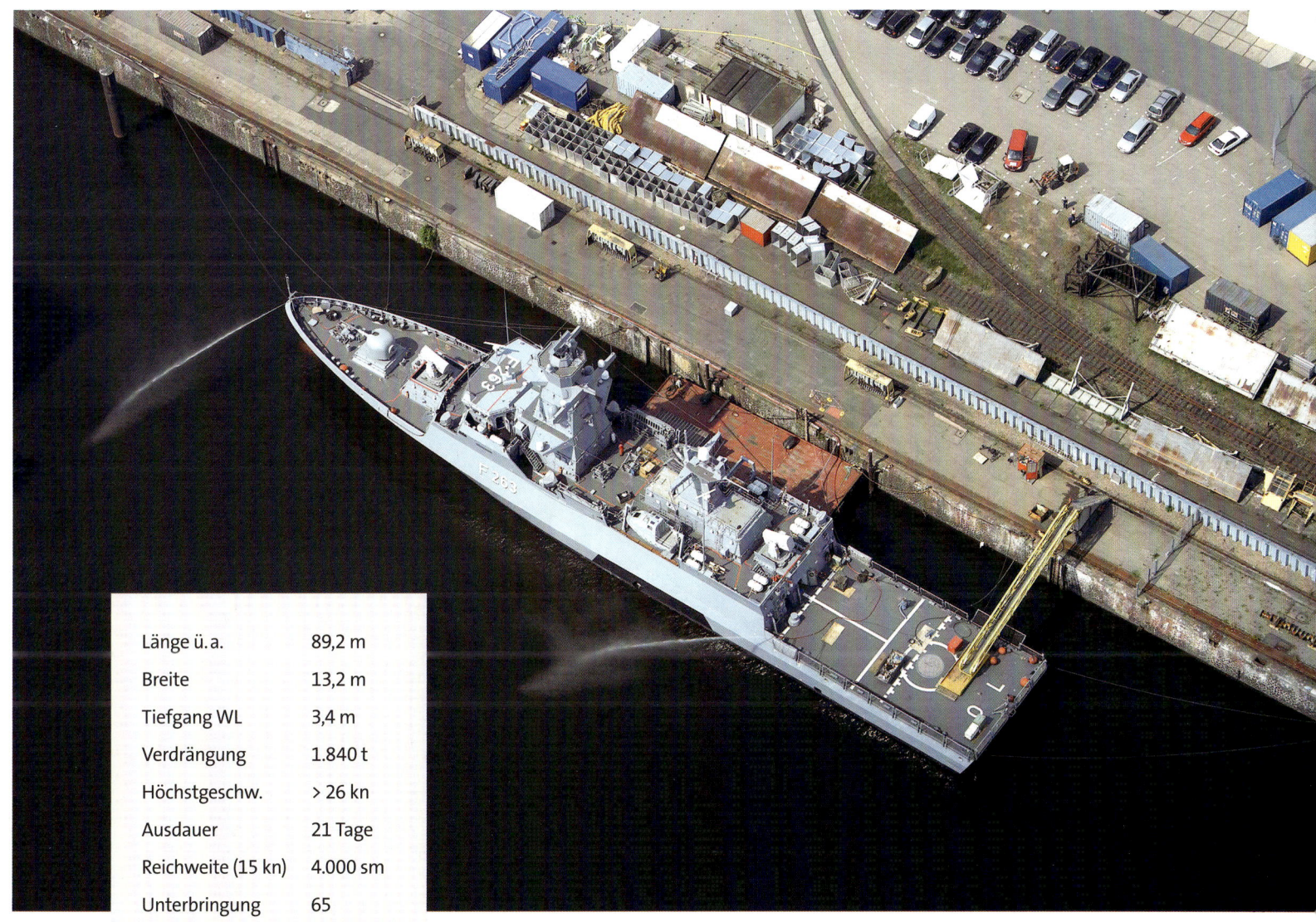

Länge ü. a.	89,2 m
Breite	13,2 m
Tiefgang WL	3,4 m
Verdrängung	1.840 t
Höchstgeschw.	> 26 kn
Ausdauer	21 Tage
Reichweite (15 kn)	4.000 sm
Unterbringung	65

Teil II:

Ein europäischer Werftenverbund nimmt Fahrt auf

„Tradition und Fortschritt, das ist der Titel der Festschrift, einer Chronologie des Erfolgs durch eine Zeitspanne von 125 Jahren: die Zeitspannen, die für Veränderungen genutzt wurden, waren in diesen Jahren länger. Die Brüche allerdings heftiger.

Blohm + Voss ist es immer gelungen, den Fortschritt mit zu gestalten, nicht ihm zu folgen.

Wenn ich heute am Hafen, an den Landungsbrücken, stehe, mit dem Rücken zum Michel, mit dem Blick über die Elbe zum Hafen, dann sehe ich die Docks von Blohm + Voss, dann sehe ich die Werft. Wenn ich es richtig plane, dann kann ich Schiffe wie die QUEEN MARY 2 im Trockendock 17 sehen. Wenn ich die Werft besuchen will, tauche ich ab in den Alten Elbtunnel und erreiche nach einem Gang durch diese besondere Architektur die Hermann- Blohm-Straße 3, die Werft. Hier sind die wichtigsten Schiffe der Deutschen Marine erdacht und gebaut worden, bis heute: die Fregatten der Klassen 124 und 125 und der Einsatzgruppenversorger Klasse 702, um nur einige zu benennen.

Qualität ist auch weiterhin erfahrbar, auf See.

Aber seit 10 Jahren steht nicht nur Schiffbau alleine im Fokus, es geht um innovative Konzepte zur Ausrüstung, es geht um die hochkomplexe Integration von einzelnen Komponenten zu einem Gesamtsystem. Hier geht es um Erfahrung und technische Durchbrüche, dafür steht Blohm + Voss, nun neu und gut aufgestellt.

Blohm + Voss ist ein Wahrzeichen der Hansestadt Hamburg seit nunmehr 135 Jahren und stellt sich den Veränderungen des Hafens wie denen seiner Auftraggeber.

Ein Hafen mit Zukunft kann sich nicht allein als logistischer Umschlagplatz verstehen, er bedarf der innovativen Technik, er bedarf der maritimen Forschung. Und wenn die Ausrüstung von modernen Schiffen inzwischen mehr Know-How erfordert als der Neubau, dann ist man auch richtig aufgestellt. Schiffe neu erfinden: Tradition und Fortschritt: neben Professionalität ist auch Glück notwendig. Das wünsche ich Blohm + Voss.“

Lutz Feldt, Vizeadmiral a. D.

Ein Schwergewicht: ThyssenKrupp Marine Systems

Gründung eines Werftenverbundes europäischer Dimension

Was für ein bewegender Jahresbeginn 2005. Die Fusion der ThyssenKrupp-Werften mit der Howaldtswerke-Deutsche Werft (HDW) ist nach schwierigen, monatelangen und vielen, sich über Jahre erstreckenden vergeblichen Anläufen vollzogen. Mit der ThyssenKrupp Marine Systems AG (TKMS) entsteht über Nacht ein Konzern von europäischer Dimension mit mehr als 9.300 Mitarbeitern. Von nun an, so die vorherrschende Meinung, spielt man in einer anderen Liga, befindet sich auf Augenhöhe zu den großen Wettbewerbern in England, Italien Frankreich und Spanien. Auf den Betriebsversammlungen, auf denen sich der neue TKMS-Vorstand den Belegschaften vorstellt, herrscht allenthalben Aufbruchstimmung und Optimismus. Die Bereitschaft, zu einem Unternehmen zusammenzuwachsen, ist groß, die Initiativen dazu sind vielfältig. In den Hintergrund tritt die besonders im Hause Blohm + Voss so empfundene deutliche Abkühlung zu HDW seit dem äußerst hart geführten Wettbewerb in der Definitionsphase um den Auftrag für die Korvette Klasse 130. Vor allem aber der ruinöse Wettbewerb um den Auftrag für die SAFARI (MAYAN QUEEN IV), mit dem Blohm + Voss nach zwölfjähriger Pause den Wiedereinstieg in das Segment der Megayachten schaffen muss,

wenn sie weiterhin in diesem Segment eine Rolle spielen will, ist nicht vergessen.

Für Blohm + Voss bedeutet die Fusion zudem etwas Besonderes: Sie wird zum Zentrum und zur Schaltstelle des neuen Werftenverbundes, nimmt den Vorstand der TKMS sowie die Führung von zwei Divisionen auf.

Die Fusion ist über Monate mit einer renommierten Beratergruppe sehr sorgfältig vorbereitet worden. Effizienzsteigerungen und Synergiegewinne sind die beiden Stellgrößen für die zu treffenden Strukturentscheidungen. Dabei die richtige Balance zwischen zentraler Führung und dezentraler Entscheidungskompetenz zu finden, stellt den Kern der Herausforderung dar. Allen Beteiligten ist klar, dass der Neustart gelingen muss und man sich Fehlversuche angesichts der Wettbewerbssituation nicht leisten kann.

Mit der Gründung der TKMS werden die Thyssen Krupp-Werften Blohm + Voss in Hamburg und die Nordseewerke in Emden mit HDW in Kiel sowie deren Tochterfirmen Nobiskrug Werft in Rendsburg, Kockums in Schweden und Hellenic Shipyards in Griechenland unter einem Dach zusammengefasst. Um die gewünschten Ziele zu erreichen, wird eine divisionale Führungsstruktur mit drei Organisationseinheiten geschaffen.

Die Produktbereiche Marine-Überwasserschiffe, Megayachten und Handelsschiffe werden von der Surface Vessel Division geführt. Die Submarine Division bündelt die Aktivitäten im Bereich U-Boote. Das Reparaturgeschäft wird von der Repair Group Hamburg geführt und koordiniert.

In der Division Surface Vessel wird Blohm + Voss standortübergreifend die Führungsgesellschaft für **alle** Überwasserschiffe, also für Marine-Überwassereinheiten, zivile Schiffe, Yachten und den Sonderschiffbau. Damit wird das Führungspersonal von Blohm + Voss auf einmal sowohl für die Akquisition als auch für die Abwicklung sämtlicher laufenden Überwasseraufträge und -projekte verantwortlich.

Die vor dem Umbau des Unternehmens dafür vorgeschlagenen Maßnahmen können aus unterschiedlichen Gründen nur zum Teil umgesetzt werden. Einzelne Funktionen auf den Ebenen ThyssenKrupp Marine Systems, Division und Gesellschaft bleiben weiterhin unterschiedlich zugeordnet. Die Folge ist, dass die Prozesse einen immer noch hohen Koordinierungsaufwand erfordern. Das zeigt sich vor allem

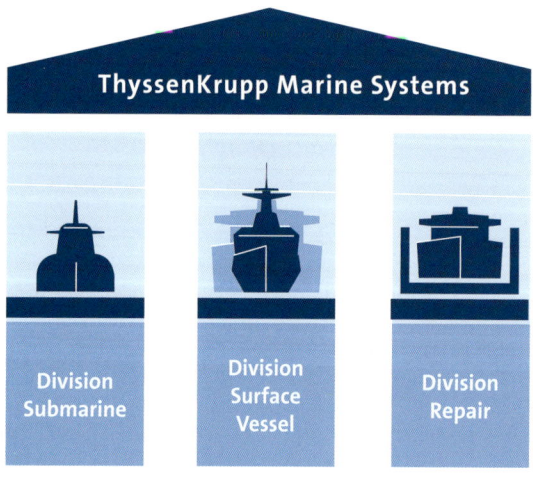

Die Divisionsstruktur der TKMS nach der Fusion der ThyssenKrupp-Werften mit HDW.

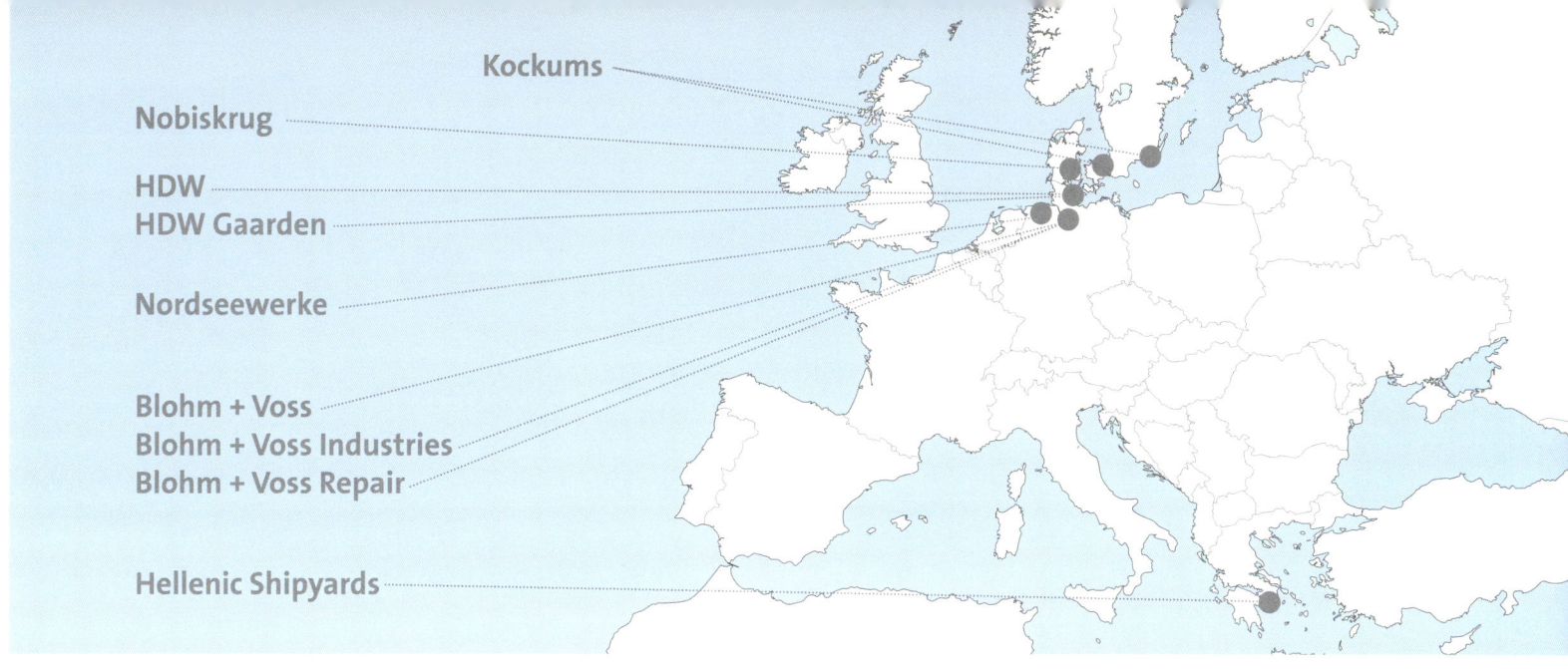

Kockums

Nobiskrug

HDW
HDW Gaarden

Nordseewerke

Blohm + Voss
Blohm + Voss Industries
Blohm + Voss Repair

Hellenic Shipyards

bei der Surface Vessel Division. So ist etwa der Einkauf auf der Ebene ThyssenKrupp Marine Systems angesiedelt, Vertrieb, Konstruktion und Teile des Projektmanagements gehören zur Ebene der Divisionen und die Fertigung sowie weitere Teile des Projektmanagements befinden sich auf der Ebene der Einzelgesellschaften. Mit diesen Zuordnungen lassen sich Skalen- und Synergieeffekte nur bedingt umsetzen.

Ausdifferenzierung des Marktauftritts

Mit Beginn des Geschäftsjahres 2007/2008 ändert sich zum 1. Oktober 2007 die Struktur von ThyssenKrupp Marine Systems. Die standortübergreifende Divisionsstruktur hat sich bewährt, sie wird weiterentwickelt, um den aktuellen Marktgegebenheiten noch besser entsprechen zu können. Statt wie bislang über drei verfügt das Unternehmen nun über vier Divisionen. Aufgrund der marktpolitischen Gegebenheiten wird die Produktfokussierung weiter vorangetrieben. Die Divisionen Submarines und „Marine Services" (ehemals Division Repair) bleiben bestehen. Die bisherige Surface Vessel Division, die einseitig besonders das Management von Blohm + Voss belastet, wird in die Surface Ships Division und die Customized Ships Division aufgeteilt. Die Surface Ships Division umfasst alle Marine-Überwasserschiffe sowie serienmäßig zu fertigende Containerschiffe. In der neu geschaffenen Customized Division finden sich die Bereiche Yachten sowie zivile Sonderanfertigungen wieder.

Die Divisionen fassen nun Steuerungs- und Vertriebsfunktionen für eine bestimmte Produktgruppe standortübergreifend zusammen. Die Divisionsvorstände erhalten damit die Verantwortung für die Koordination des Geschäftes sowie den Vertrieb und die Pflege ihrer Produkte. Konstruktion, Fertigung und kaufmännische Funktionen werden in die Einzelgesellschaften zurückgeführt. Sie arbeiten allerdings an den jeweiligen Standorten übergreifend.

Bald erweist es sich jedoch als notwendig, die Führungsstruktur an der Schnittstelle zwischen Division und zugehörigen Einzelgesellschaften zu vereinfachen. Das betrifft insbesondere die Division Surface Vessel und dort vor allem den Standort Hamburg. Hier gilt es, die verschiedenen Führungsebenen – TKMS, Divisionen und Standortgesellschaften – klarer zu ordnen und voneinander zu trennen. Darüber hinaus wird der Neubau von Yachten als dauerhaft tragfähiges Standbein für den Standort Hamburg abgesichert. Mit dieser Fokussierung sollen die Lehren aus dem Projekt SAFARI (MAYAN QUEEN IV) möglichst schnell und konsequent für Folgeprojekte nutzbar gemacht werden. Sie bestehen darin, die besonders anspruchsvolle Steuerung und Koordinierung der zahlreichen Unterauftragnehmer in eine neue Projektmanagementstruktur zu überführen.

Das Bild zeigt die Standorte der TKMS sowie ihrer Beteiligungen – in der Tat ein Werftenverbund europäischer Dimension.

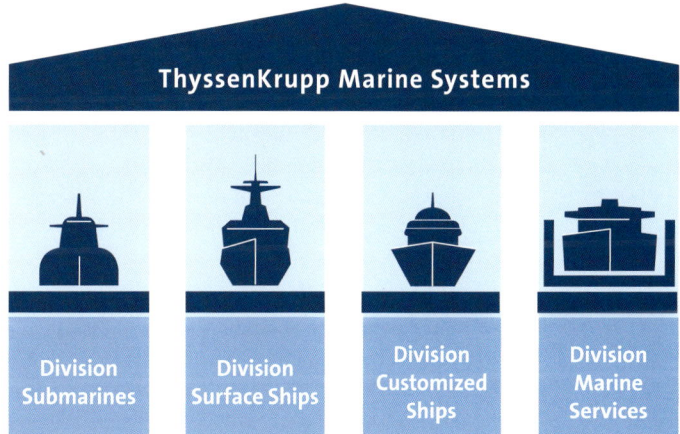

Durch die Aufteilung der Surface Vessel Division in die Surface Ships Division und in die Customized Ships Division wird der Yacht- und Spezialschiffbau vom Marineschiffbau getrennt und erhält eine eigene und gleichwertige Führungsstruktur.

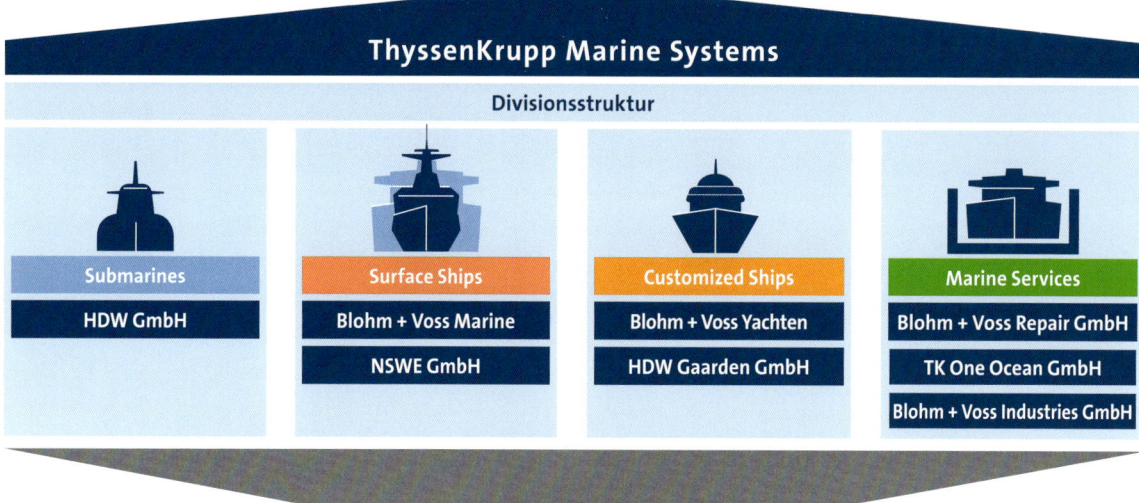

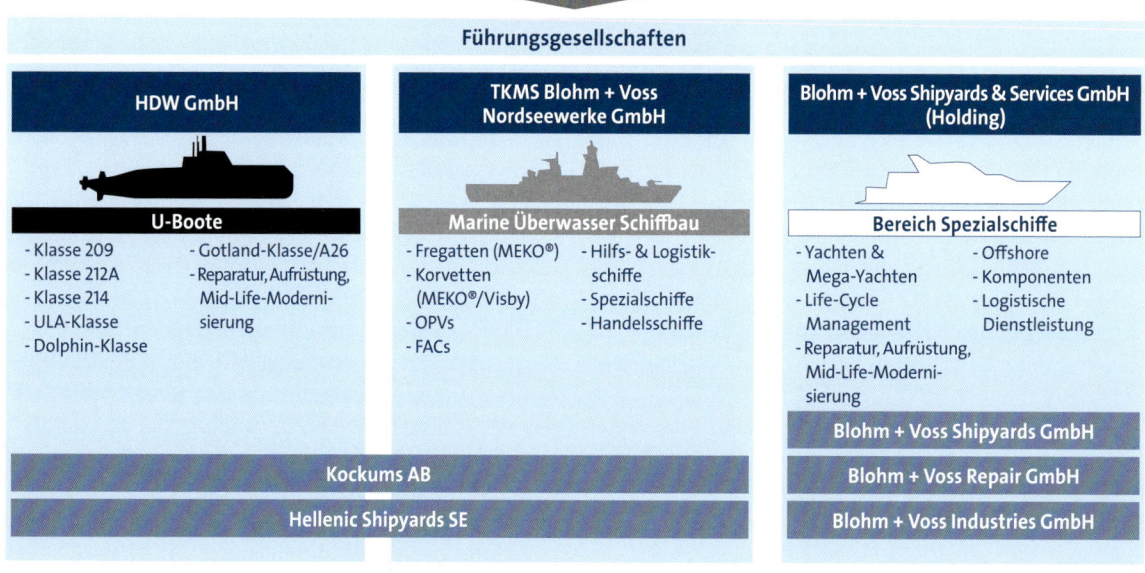

Nachdem Yachten und Spezialschiffe einen eigenständigen und gleichgewichtigen Bereich neben Marine- und Containerschiffen gebildet haben, wird 2008 die Divisionsstruktur aufgegeben. Die Rolle der Führungsgesellschaften für Akquisition, Vermarktung und Auftragsdurchführung wird gestärkt, um den Marktbedürfnissen noch besser gerecht zu werden.

Fokussierung der Unternehmensaktivitäten

Um wie in der Vergangenheit zukunftsweisende Produkte anbieten und Abläufe entwickeln zu können, die projektbezogene Arbeiten unterstützen, erfolgt die konsequente weitere Fokussierung in der Aufstellung des Unternehmens. Sie wird Ende 2007 eingeleitet und ab dem 1. April 2008 umgesetzt. Bereits seit Oktober 2007 haben sich die Aufgaben der Divisionen auf Vertrieb und Koordination beschränkt. Diese Ebene fällt nun gänzlich weg. Stattdessen gibt es jetzt drei Führungsgesellschaften für die Wahrnehmung des operativen Geschäftes:

- Die Howaldtswerke-Deutsche Werft GmbH, Kiel, mit dem Schwerpunkt U-Boote, Zulieferungen kommen weiterhin aus Emden.
- Die TKMS Blohm + Voss Nordseewerke GmbH, Hamburg und Emden, mit dem Schwerpunkt Marine-Überwasserschiffe, wobei die Zusammenarbeit mit Emden in vollem Umfang bestehen bleibt.

- Die Blohm + Voss Shipyards & Services GmbH, Hamburg und Kiel, mit den Schwerpunkten ziviler Neubau, Reparatur, Offshore und Komponenten.
- Die Geschäftsaktivitäten der zum TKMS-Verbund gehörenden ausländischen Werften, Kockums in Schweden und Hellenic Shipyards in Griechenland, werden entlang der Produktlinien in diese neuen Führungsstrukturen integriert.

Die Zusammenführung der an beiden Standorten Hamburg und Emden betriebenen Aktivitäten wird, soweit es den Bau von Marine-Überwasserschiffen betrifft, mit großer Intensität vorangetrieben. Anfangs werden unter Beteiligung aller Fachbereiche die Schnittstellen zwischen Emden und Hamburg beleuchtet und Maßnahmen zu deren Optimierung definiert. Dabei liegt ganz klar der Schwerpunkt im Engineering-Bereich in enger Zusammenarbeit mit den IT-Abteilungen. Aber auch in den Bereichen Einkauf, Projektcontrolling und Planung müssen viele Harmonisierungsmaßnahmen definiert und umgesetzt werden. Darüber hinaus sind die Prozesse zu synchronisieren, denn es soll nicht nur in einer

Das Forschungsschiff PLANET des Bundesamtes für Wehrtechnik und Beschaffung auf der Basis der SWATH-Technologie wurde in Emden gebaut.

identischen Systemlandschaft, sondern auch in einer gemeinsamen Prozesswelt gearbeitet werden. Mit diesem Ausblick und dem Anspruch einer erfolgreichen Integration wird in den ersten Wochen ein straffes Programm abgearbeitet.

Durch die Zusammenführung der Marinebereiche von Blohm + Voss und den Nordseewerken am Bauplatz Emden verspricht sich TKMS nun signifikante Kostenvorteile. Der Grund hierfür ist vor allem der hohe Fertigungssatz im Handelsschiffbau mit über 1,2 Mio. Fertigungsstunden pro Jahr. Mit einer Durchlaufzeit von durchschnittlich sechs Monaten laufen jährlich aus der Fertigung im Stahlschiffbau bis 2009 bis zu zwei Containerschiffe mit einer jeweiligen Tonnage von rund 30.000 t vom Stapel. Dies lässt auf einen dem Serienbau nahekommenden Fertigungsprozess schließen, der bei einer Übertragung auf den Marineschiffbau eine deutliche Effizienzsteigerung verspricht. Mit dem im Sommer 2007 gewonnenen Fregattenauftrag F125 der Deutschen Marine, der von TKMS (80 Prozent) im Konsortium mit der Fr.-Lürssen-Werft (20 Prozent) abgewickelt werden soll, bekommt Blohm + Voss zwar traditionell die industrielle Führung und den Bau des Typschiffes sowie einer weiteren Einheit zugesprochen, die beiden weiteren der insgesamt vier neuen Fregatten werden in Emden platziert. Allerdings kommt den Nordseewerken bis dahin, wie hier, aufgrund des industriellen Konzeptes in beiden Bereichen – überwasser und unterwasser – stets eine Partnerrolle zu. Dies ändert sich aber im April 2008 schlagartig durch die Fusion mit Blohm + Voss zur TKMS Blohm + Voss Nordseewerke mit den Sitzen Hamburg und Emden, mit der die Fertigung im Marine-Überwasserschiffbau auf den Fertigungsstandort Emden übergeht. Von diesem Zeitpunkt an werden alle Überwasser-Marineschiffbauaufträge dort geplant.

Für die auf Spezialschiffe, wie zum Beispiel den großen Saugbagger VASCO DA GAMA, aber vor allem auf den Containerschiffbau spezialisierte Werft kommt dieser Wechsel wie gerufen, denn es ist auch schon vor der Krise klar gewesen, dass es nur noch eine Frage der Zeit sein würde, bis der Containerschiffbau in Deutschland wegen der zu hohen Neubaupreise ausläuft. Mit dem damaligen Auftragsbestand von sechs Containerschiffen (plus Optionen), dem Forschungsschiff PLANET für das Bundesamt für Wehrtechnik und Beschaffung, der Endausrüstung des Einsatzgruppenversorgers BONN, der U-Bootsektionen für die Israelische und Deutsche Marine sowie den beiden Fregatten F125 kann der Standort Emden im Vergleich zu anderen Schiffbaustandorten in Deutschland durchaus hoffnungsvoll in die Zukunft blicken.

Das bei Blohm + Voss verbleibende Geschäft, das schwerpunktmäßig auf Megayachten ausgerichtet ist, wird zusammen mit der HDW Gaarden, die ebenfalls schwerpunktmäßig auf den Bau von Yachten konzentriert ist, unter eine einheitliche Führung, gestellt. Die so entstehende Einheit von Blohm + Voss und HDW Gaarden soll am Markt unter dem Namen Blohm + Voss Shipyards auftreten. Rechtlich bleibt HDW Gaarden als eigenständige Gesellschaft weiter bestehen, ebenso wie die Blohm + Voss Repair, die weiterhin unabhängig operiert.

Alle drei Gesellschaften kommen unter die einheitliche Leitung der neu gegründeten Blohm + Voss Shipyards & Services in der Funktion einer Holding, der zusätzlich noch die Führung der B + V Industries zugeordnet wird. Diese Gesellschaft ersetzt die vormaligen Leitungen der Division Customized Ships und Marine Services.

Als ein wesentliches Element für den mit dem Umbau der Unternehmensstruktur angestrebten Erfolg wird das vom ThyssenKrupp-Konzern initiierte Programm „best PROGRESS" gesehen. Innerhalb von TKMS handelt es sich dabei um ein „Programm zur Effizienzsteigerung & Sicherheit im Schiffbau". Gemeint sind damit die auf allen Ebenen einzuleitenden Maßnahmen zur Effizienzverbesserung, Reduzierung des Engineering-Aufwands, zur Fehlervermeidung und zur Unfallverhütung, also zu einer durchgreifenden Qualitäts- und Effizienzverbesserung.

Alle drei Gesellschaften kommen unter die einheitliche Leitung der neu gegründeten Blohm + Voss Shipyards & Services in der Funktion einer Holding, der zusätzlich noch die Führung der B + V Industries zugeordnet wird. Diese Gesellschaft ersetzt die vormaligen Leitungen der Division Customized Ships und Marine Services.

Als ein wesentliches Element für den mit dem Umbau der Unternehmensstruktur angestrebten Erfolg wird das vom ThyssenKrupp Konzern initiierte Programm „best PROGRESS" gesehen. Innerhalb von TKMS handelt es sich dabei um ein „Programm zur Effizienzsteigerung & Sicherheit im Schiffbau". Gemeint sind damit die auf allen Ebenen einzuleitenden Maßnahmen zur Effizienzverbesserung, Reduzierung des Engineering-Aufwands, zur Fehlervermeidung und zur Unfallverhütung, also zu einer durchgreifenden Qualitäts- und Effizienzverbesserung.

Das Aufsetzen des Deckshauses auf den Schiffsrumpf (Hochzeit) des Einsatzgruppenversorgers BONN, der in Emden endausgerüstet, erprobt und an das Bundesamt für Wehrtechnik und Beschaffung übergeben wird, markiert einen besonderen Meilenstein.

Der Yachtbau:
Ein eigenständiges Geschäftsmodell

Die 1929 bestellte und 1931 abgelieferte SAVARONA. Auch nach mehr als 80 Jahren noch immer in Fahrt.

Die Anfänge des Yachtbaus

Beim Bau exklusiver Yachten für höchste Ansprüche kann Blohm + Voss auf eine lange Tradition zurückblicken. Es ist sicherlich angemessen, wenn der Beginn auf das Jahr 1900 datiert wird, in dem die so bezeichnete „Lustyacht" PRINZESSIN VICTORIA LUISE vom Stapel lief. Dieser für die Hamburg-Amerika Linie gebaute, mit 4.419 BRT vermessene Neubau war für maximal 180 Passagiere ausgelegt und gilt als das erste rein für Kreuzfahrten gebaute Schiff der Welt. Auch der für die Reichsmarine gebaute 3.430 ts verdrängende AVISIO GRILLE geht schon allein von seinem Äußeren als Yacht durch, und auch von seiner Aufgabenstellung her passt es. Neben anderen Zwecken diente er nämlich auch als Staatsyacht. Die eleganten Linien der Grille sprechen für sich.

Den ersten Yachtbau, so wie die Klassifizierung heute verstanden wird, lieferte Blohm + Voss bereits im Juli 1931, mit einer Megayacht, die mit einer Vermessung von 4.581 BRT und einer Länge von 134 Metern schon damals Maßstäbe setzte. Es handelte sich dabei um die SAVARONA, deren von zwei Schornsteinen gekrönter formschöner Rumpf ebenso außergewöhnlich war wie die Bestellung des Schiffes. Sie erfolgte von dem amerikanischen Ehepaar Cadwalader von New York aus per Telefon. Der Yachtbau, vor allem der von Megayachten, hatte eben schon immer etwas Besonderes an sich. Zwar war die SAVARONA ebenso groß wie die oben erwähnte PRINZESSIN VICTORIA LUISE, war aber nur für die Unterbringung von höchstens 33 Personen eingerichtet. Die SAVARONA ist übrigens noch heute, acht Jahrzehnte nach ihrem Bau, in Fahrt. Ein überzeugendes Beispiel der Schiffbaukunst und Qualität „Made by Blohm + Voss".

Aber auch die Anfang der neunziger Jahre auf Steinwerder gebauten LADY MOURA und ENIGMA, (vormals ECO) gelten bereits als Ikonen im Megayachtbau. Wer einmal vom Place de Paris aus einen Blick auf den nächtlichen Hafen von Monaco geworfen hat, wird sich schwerlich der Faszination der zeitlos schönen LADY MOURA entziehen können, die dort in ihrem Heimathafen als glamouröses Zentrum einer grandiosen Kulisse wahrzunehmen ist. Die Tatsache, dass dieses Schiff bis heute noch in den Händen ihres ersten Eigners ist, sagt mehr aus als viele Worte.

Ein wesentliches Merkmal der Blohm + Voss Yachten ist, dass sie als Unikate in allen Details, die von den Kunden und ihren Designern formulierten Ideen konsequent umsetzen. So gilt bis heute, dass Blohm + Voss diejenige Werft unter den großen Yachtbauadressen ist, die den mit Abstand größten Umsetzungsgrad auch speziellster Kundenwünsche vorweisen kann. Nicht zuletzt deswegen tat einmal ein mit der Szene bestens bekannter englischer Designer kund: „Blohm + Voss – if they can't do it, no one can!"

Obwohl die Yachten von Blohm + Voss, wie z. B. die Enigma als erste in dieser Größenklasse mit Gasturbinen und einem Wasserstrahlantrieb ausgerüstete Megayacht der Welt, zahlreiche neuartige technologische Innovationen einführten, war der Markt in dem für Blohm + Voss interessanten Größensegment zu der Zeit noch sehr schwach ausgeprägt. Hierin liegt sicher einer der Gründe, warum Blohm + Voss erst 2004 nach langer Pause mit dem Projekt SAFARI (MAYAN QUEEN IV) einen Folgeauftrag gewinnen konnte.

Zum Glück hat der Name Blohm + Voss seinen hervorragenden Ruf im Markt nicht verloren.

Staatsyacht AVISIO GRILLE, abgeliefert im Mai 1935.

PRINZESSIN VICTORIA LUISE, 1900 – die erste „Yacht" aus dem Hause Blohm + Voss.

Die 76 m lange
GOLDEN ODYSSEY –
abgeliefert 1990.

Der Wiedereintritt
in den Yachtbau

Erst zeitgleich mit der Gründung der TKMS und der damit einhergehenden Verdichtung maßgeblicher deutscher Schiffbaukapazitäten unter einem Dach gelingt der Wiedereintritt in dieses anspruchsvolle Marktsegment. Als ein sichtbares Zeichen des neuen Stellenwertes, der dem Yachtbau nun innerhalb der TKMS zugedacht ist, wird ein auf dem Blohm + Voss-Gelände befindliches schmuckes ehemaliges Lotsengebäude aus der Gründerzeit stilgerecht zu einem repräsentativen, modernen Yachtzentrum umgebaut und schon im August 2005 bezogen.

Die Auftragssituation im Marineschiffbau hat bis dahin die Auftragslücke bei den Megayachten verdeckt. Hinzu kommt, dass Ende der neunziger Jahre wegen politischer Krisen im Nahen Osten als Hauptabnehmer für Megayachten nur wenige Megayachtprojekte akquiriert werden können, wie nachfolgend noch erläutert wird. Umso wichtiger ist, dass mit steigender Nachfrage nach der Jahrtausendwende Blohm + Voss mit großen Anstrengungen versucht, in dieses Marktsegment wieder einzusteigen.

Im Grunde ist dieser Schritt alternativlos und die Entwicklung des Weltschiffbaus im Zusammenhang mit den Auswirkungen der Finanzkrise 2008 bestätigt die Entscheidung für einen Wiedereintritt in das Yachtgeschäft im Nachhinein noch einmal deutlich. Denn bereits in 2005, dem Gründungsjahr von TKMS,

wären Strategien, eine Kompensation für den schwachen Marinemarkt in den so genannten Massenmärkten, etwa mit dem Bau von Containerschiffen, Tankern oder Bulkern zu suchen, von vornherein zum Scheitern verurteilt gewesen. Mit ihrem relativ hohen Stahlanteil sind bereits damals derartige Schiffstypen auf deutschen Werften im globalen Wettbewerb nicht mehr konkurrenzfähig herzustellen. Diese einst erfolgreich betriebenen Bauleistungen gehören spätestens seit den staatlich geförderten Schiffbauentwicklungsprogrammen zunächst in Korea und später dann auch in China der Vergangenheit an. Es reift hierzulande zunehmend die Erkenntnis, dass sich der Schiffbau in Deutschland allein auf ausrüstungsintensive Schiffe hoher Komplexität konzentrieren und – schmerzlich – sich auch beschränken müsse. Zu solchen Schiffen gehören neben Marinefahrzeugen eben auch Megayachten.

Insofern hat die TKMS-Entscheidung, sich wieder verstärkt diesem Marktsegment zu widmen, lange vor dem Zusammenbruch der Schiffbaumärkte in den traditionellen Schiffbauländern eine nachhaltige strategische Komponente. Ihren Ausdruck findet dies auch darin, dass im Konzept der TKMS das Unternehmen Blohm + Voss als strategisches Zentrum für den Bau von Megayachten auserkoren wird und weiterentwickelt werden soll.

Die langjährige Abstinenz in der Yachtakquisition ist natürlich nicht folgenlos geblieben. Zum einen hat die Konkurrenz die Zurückhaltung von Blohm + Voss genutzt, das Marktgerücht eines Ausstiegs von

Blohm + Voss aus dem Yachtbau nach Kräften zu fördern, und zum anderen hat die Zurückhaltung von Blohm + Voss auf den Fachmessen zur Folge, dass sich die Werft bei ihrer Rückkehr auf die wichtigsten Yachtmessen, wie die „Monaco Boat Show" und die „Fort Lauderdale International Boat Show" zunächst wieder ganz hinten anstellen und sich anfangs mit unattraktiven, dem Status als berühmter Werft völlig unangemessenen Standplätzen vorlieb nehmen muss. Zudem hat die Konkurrenz inzwischen so weit nachgerüstet, dass nun mehrere Werften auf dem Markt für größte Yachteinheiten konkurrieren, der zuvor von Blohm + Voss nahezu exklusiv bedient worden ist.

Zu verzeichnen sind aber auch neue, positive Markttendenzen, die inzwischen eine erfolgreiche Megayacht-Akquisition unterstützen: Nach dem Zweiten Weltkrieg etwa bis zur Zeit der Jahrtausendwende hat sich der Markt für Megayachten bis auf wenige Ausnahmen auf einen beachtlichen Kundenkreis aus dem Mittleren Osten gestützt, der durch die sprudelnden Öleinahmen über die nötigen finanziellen Mittel verfügt. Aber diese zuvor feste Klientel hat sich in den Jahren danach wegen der vielen Krisen und Kriege in der Region, wie der Intifada sowie den Kriegen im Libanon, um Kuwait und im Irak etc., und den damit verbundenen Unsicherheiten weitgehend zurückgehalten. Gleichzeitig bildet sich aber eine neue, umfangreiche und potente Yachtklientel nach der Ablösung des Kommunismus in der Sowjetunion. In der danach nahezu unkontrollierten Wirtschaft des Riesenlandes mit seinem ungeheuren Rohstoffreichtum häufen sich in kurzer Zeit so genannte Oligarchen teilweise ungeheuren Reichtum an und treten selbstbewusst auch als Besteller von Megayachten auf. Hinzu kommen als Kunden auf der westlichen Seite die Gewinner der New Economy, die rasches Geld durch enorme Börsengewinne gemacht haben.

Die sich daraus ergebenden Chancen hat Blohm + Voss in Marktanalysen klar erkannt und geschickt für den Wiedereintritt in den Megayachtbau genutzt. Eine neue Imagekampagne „UNIQUE" wird kreiert und durch gezielten Einsatz von lokalen Agenten in London, dem neuen wirtschaftlichen Zentrum der russischen Oligarchen, und den USA als Zentrum der New Economy gestützt. Diese Maßnahmen erleichtern den erfolgreichen Wiedereintritt in den Markt, der zudem im Wesentlichen auf dem Mythos des Namens Blohm + Voss und der aufsehenerregenden Qualität der drei bei Blohm + Voss entstandenen Superyachten LADY MOURA, GOLDEN ODYSSEY und ENIGMA aus den achtziger Jahren aufbaut.

105 m zeitlose Eleganz – die im Mai 1990 abgelieferte LADY MOURA.

Neue Standards im Yachtbau

Die ECLIPSE auf Probefahrt vor den Landungsbrücken in Hamburg.

Es überrascht anfangs nicht wirklich, dass zunächst ein schon sicher geglaubtes Projekt einer großen Yacht für einen Kunden aus dem Mittleren Osten – also der „alten" Klientel – im letzten Moment dann doch an die Konkurrenz verloren geht. Aber schon kurz darauf zeigen die intensivierten Akquisitionsbemühungen Erfolge. Nicht weniger als drei Megayachtaufträge, alle von der „neuen" Klientel kommend, können praktisch simultan und innerhalb kürzester Zeit zur Auftragsreife entwickelt und kontrahiert werden.

Wie schon bei der Yachtserie der achtziger Jahre sind auch die drei neuen Yachtprojekte aufsehenerregend und höchst anspruchsvoll: Die 93-m-Yacht SAFARI (MAYAN QUEEN IV) mit ihrem wunderschönen Tim-Heywood-Design und ihrem außergewöhnlichen Drei-Farben-Anstrich, die innen wie außen futuristisch gestylte 119-m-Megayacht A des französischen Stardesigners Phillippe Starck sowie die größte Yacht der Welt ECLIPSE im Terrence-Disdale-Design und stolzen 163 Metern Länge.

Alle drei Yachten werden noch von Blohm + Voss akquiriert und unter Vertrag genommen; die Vertragsverhandlungen und letztlich die Verträge stehen aber bereits massiv im Zeichen des Wechsels in der Geschäftsführung der ThyssenKrupp-Werften und der Neuordnung dieser Werften durch die Fusion mit den HDW, die sich überraschend in 2004 angebahnt hat und in kürzester Zeit zum Jahresanfang 2005 umgesetzt wird.

Während das Yachtprojekt SAFARI (MAYAN QUEEN IV) exklusiv von Blohm + Voss verfolgt wird, steht die Werft bei den beiden anderen Projekten SF99/SIGMA (A) und der ECLIPSE zunächst in direkter und harter Konkurrenz zur HDW-Werft. Nach einer langen Pause im Yachtbaugeschäft ist HDW im Unterauftrag der Lürssen-Werft wieder in den Megayachtbau eingestiegen und baut so spektakuläre Yachten wie 2000 die MIPOS, heute als AL SALAMAH in Fahrt, und in 2004 die OCTOPUS. Ähnlich wie HDW hat auch deren Tochterunternehmen Nobiskrug das Potenzial der Megayachten im Spezialschiffbau erkannt und dieses Geschäftsfeld beständig weiter ausgebaut. Die Werft bringt damit ein ständig gewachsenes Auftragspolster mit in die

Die TRIPLE SEVEN. Die erste Megayacht im Werftenverbund TKMS – abgeliefert 2006 von Nobiskrug.

Fusion ein und stärkt den Yachtbau von TKMS dadurch zusätzlich.

Mit der Ende 2004 beschlossenen Verschmelzung können die Kräfte nun für die beiden großen Yachtprojekte SF99/SIGMA (A) und ECLIPSE gebündelt werden, indem die Projekt- und Konstruktionsteams in Kiel und Hamburg entsprechend dem neuen „Industriellen Konzept" zusammengelegt werden. Dieses Konzept sieht eine Bündelung der bisher bei den beiden Werften gleichermaßen bearbeiteten Geschäftsfelder zur Hebung von Kosteneffekten vor. Der Megayachtbau soll künftig unter Nutzung der Konstruktionskapazitäten beider Häuser in Hamburg angesiedelt bleiben, während Kiel sich mit seiner schon länger separaten U-Boot-Konstruktion ausschließlich auf den Bau von U-Booten konzentrieren soll. Die Nobiskrug-Werft soll auf dem Gebiet der mittelgroßen Yachten weiter unabhängig operieren und wird lediglich in ein gemeinsames Vertriebskonzept eingebunden.

Als klar wird, dass sowohl das Projekt SAFARI (MAYAN QUEEN IV) als auch die beiden Großyachten SF99/SIGMA (A) und ECLIPSE praktisch gleichzeitig zur Bauausführung kommen werden, wird das Industrielle Konzept dahingehend erweitert, dass der Standort Kiel mit der neuen ausgegliederten Gesellschaft HDW Gaarden weiterhin für zivile Schiffe produktiv bleiben und neben Containerschiffen auch Yachten im Auftrag von Blohm + Voss bauen soll. So wird im Frühjahr 2005 der Bau der Yacht SF99/SIGMA (A) nach Kiel an die HDW Gaarden-Werft zum Bau im dortigen überdachten Dock 8 vergeben, während die beiden Yachten SAFARI (MAYAN QUEEN IV) und ECLIPSE in den beiden überdachten Baudocks 12 und 5 in Hamburg entstehen.

Die neu fusionierte Werftenholding TKMS startet also Anfang 2005 mit nicht weniger als drei spektakulären Megayachtaufträgen, zu denen sich schon im folgenden Jahr das nicht weniger spektakuläre 96-m-Yachtprojekt ORCA (später PALLADIUM) gesellt. Dazu kommen weitere acht Yachtaufträge im 60- bis 70-m-Bereich bei der Nobiskrug-Werft, denen später noch ein Auftragspaket von sechs annähernd baugleichen Yachten dieser Größe folgt. Das Jahr 2005 stellt damit die neue Werftengruppe vor unerhörte Herausforderungen. Was zu diesem Zeitpunkt jedoch niemand vorhersehen kann, ist, dass diese Aufträge auch die wirtschaftlichen Ressourcen des Konzerns aufs Äußerste strapazieren werden.

Die 119 m lange Yacht A, welche den Projektnamen SF99/SIGMA trug, ist durch ihr futuristisches Design von Philippe Starck ein besonderer Blickfang.

Herausforderungen bei der Abwicklung

Rückblickend ist festzustellen, dass eines der Hauptprobleme, die als Ursache für diese Entwicklung gelten, die zu schnelle Abfolge der Auftragseingänge in dieser ersten Wiedereinstiegsphase in den Megayachtmarkt gewesen ist. Das führt zu einer zu hohen Belastung der Konstruktion in der für derartige Projekte alles entscheidenden Phase vor Fertigungsbeginn. Hinzu kommt, dass die Neuordnung der Kapazitäten von Unternehmen, die ehemals im Wettbewerb gegeneinander stehen, nämlich Blohm + Voss und HDW, unter dem nunmehrigen einen Dach von TKMS, zunächst nicht optimal funktioniert – auf Anhieb gar nicht funktionieren kann, weil die bislang von ihnen gepflegten Schiffbauphilosophien doch sehr unterschiedlich sind. Von Anfang an zu kurz angesetzte Fertigungstermine und erheblich zu niedrige Budgets als Folge der nach langer Abwesenheitszeit im Markt unterschätzten Komplexität setzen die Ausführung dieser Projekte zusätzlich unter massiven Druck. Dieser Druck wird durch erhebliche Änderungswünsche am Design der Schiffe von Seiten der Eigner nicht nur in der Konstruktions-, sondern schließlich sogar auch noch während der Bauphase zusätzlich verschärft.

Die drei Megayachtaufträge leiden in unterschiedlichem Maße unter einer wahrhaftigen Änderungsflut. So zählt das Änderungsregister bei einer der Yachten bei Ablieferung nicht weniger als 450 substantielle Positionen, darunter so anspruchsvolle Posten wie komplette Struktur- und Architekturänderungen.

Trotz aller dieser Änderungen wird aber von der Werft erwartet, dass in der schon von vornherein äußerst knapp bemessenen Bauzeit der Liefertermin eingehalten wird. Die ständigen Änderungen durch die Kunden und die teilweise erheblich verspäteten Zulieferungen der Unterlieferanten bringen auch den empfindlichen finalen Spachtel- und Lackierprozess der drei nahezu gleichzeitig fertig zu stellenden Großyachten in Hamburg und Kiel unter erheblichen Zeitdruck. Bei diesem Arbeitsschritt, für den es weltweit nur eine Handvoll Spezialfirmen gibt, wird rein handwerklich auf die riesigen und komplexen Oberflächen der Schiffe eine spiegelnde Beschichtung aufgebracht, und zwar in einer Qualität, die diejenige einer Autolackierung noch übertrifft.

Zusätzliche Herausforderungen ergeben sich aus dem Umstand, dass die drei parallel abzuarbeitenden Yachtaufträge in der Zeit eines weltweiten Yacht-Auftragsbooms kontrahiert worden sind. Dadurch ist der begrenzte Kreis der hochqualifizierten, für den anspruchsvollen Yachtbau geeigneten Unterlieferanten überlastet, und es kommt zu Lieferverzögerungen und sogar zu Lieferausfällen. Mehr als einmal sieht sich die Werft gezwungen, ausfallende Lieferungen durch zusätzliche komplexe Eigenfertigungen aufzufangen. So muss beispielsweise für die Megayacht SF99/SIGMA (A) die Konstruktion und Fertigung der nicht weniger als sieben großen Bootspforten im Heck des Schiffes in eigener Regie übernommen werden.

Diese Schwierigkeiten im Laufe der Abwicklung wären sicherlich noch zu meistern gewesen, wenn nicht, wie es bei ausrüstungsintensiven Schiffsneubauten der Fall ist, etwa drei Viertel der gesamten Wertschöpfung durch die Integration von

System- oder Komponentenzulieferungen auf Unterauftragnehmer entfallen würde. Die Erkenntnis einer kommerziellen Schieflage offenbart sich dadurch mitunter erst sehr spät, nämlich in der beginnenden Ausrüstungsphase. Zu diesem Zeitpunkt ist jedoch ein wirksames „Gegensteuern" kaum noch darstellbar. Vielmehr geht es für Blohm + Voss damals nur noch darum, Schlimmeres zu verhindern. Außerdem lässt die vertraglich geschuldete Qualität keine Kompromisse zu, und es bewahrheitet sich die alte Erkenntnis, wonach zu spät erkannte oder auftretende Probleme regelmäßig die teuersten sind.

Ähnlich anspruchsvoll wie die Zusammenführung der Yachtaktivitäten stellt sich die Neuformierung einer gemeinsamen Konstruktion im Handelsschiffbau und Marine-Überwasserschiffbau an den drei Standorten Hamburg, Emden und Kiel mit ihren traditionell durchaus unterschiedlichen Vorgehensweisen und ihrer inhomogenen Softwareausstattung unter nun einheitlicher Leitung dar. Dabei müssen für den Yachtbau entsprechend dem modifizierten Industriellen Konzept aus den zwei Standorten Hamburg und Kiel heraus auch jeweils die anderen Produktionsstandorte mit ihren unterschiedlichen Bestell- und Bauunterlagen bedient werden. Erschwerend kommt hinzu, dass der Standort Blohm + Voss zeitgleich die Inbetriebnahme seiner neuen Prozesssteuerung bewerkstelligen muss, die zwar auf den alten Prozessen aufbaut, aber mit einer völlig neuen Software.

Eine weitere Erkenntnis aus heutiger Sicht betrifft die Wahl einer für derartige Projekte geeigneten Managementstruktur. Wenn Yachten auch hinsichtlich ihrer Komplexität mit ausrüstungsintensiven Marineschiffen durchaus vergleichbar sind, unterscheiden sie sich von diesen durch die hohe Anzahl von Änderungen durch die Kunden und den extrem hohen Koordinierungsaufwand der vielen kleinen hoch

spezialisierten Unterauftragnehmer. Den Anforderungen, die sich hieraus für die erfolgreiche Abwicklung von Yachtprojekten ableiten lassen, kann mit der für Marinewerften üblichen Organisation ausgeprägter Linienkompetenzen wie Konstruktion, Einkauf oder Fertigung nicht hinreichend entsprochen werden. Hier gilt es anzusetzen, um eine sicherere Basis für die Zukunft zu schaffen.

Vor dem Hintergrund dieser Schwierigkeiten sind die knapp kalkulierten Geld- und Zeitbudgets nicht zu halten. Deshalb sieht sich der Mutterkonzern ThyssenKrupp AG zum Eingreifen gezwungen und wechselt das Topmanagement aus. Das neue Management beginnt umgehend und unter Hochdruck die Neuordnung, insbesondere der Strukturen des zivilen Schiffbaus der TKMS, die offenbar in der bis dahin verfolgten Form den sehr speziellen Anforderungen des Marktes nicht angemessen sind.

Die Fertigstellung der Yachten ist unter diesen Bedingungen alles andere als einfach. Im Endeffekt ist das Ergebnis jedoch einzigartig und findet bei den Kunden und in der Fachwelt höchste Anerkennung als erneuter Beweis der legendären Schiffbauqualität von Blohm + Voss. Als erste Yacht wird im Juni 2008 die avantgardistische Motoryacht mit dem prägnanten Kurznamen A (später SF99/SIGMA) in Kiel abgeliefert, gefolgt von der Yacht SAFARI (MAYAN QUEEN IV) im November des gleichen Jahres in Hamburg. Die zuletzt in Auftrag genommene, wunderschön geschwungen geformte Yacht mit dem provisorischen Projektnamen ORCA geht im September 2010 als PALLADIUM von Hamburg aus in Fahrt und im Dezember 2010 kommt die 163 Meter lange ECLIPSE ebenfalls von Hamburg aus zur Ablieferung. Wie bereits die ersten Blohm + Voss Yachten aus den achtziger Jahren, erhalten diese Neubauten ebenfalls zahlreiche internationale Auszeichnungen.

Mit der PALLADIUM verlässt im September 2010 eine weitere Megayacht Blohm + Voss.

Technologieträger: Fregatte Klasse 125

Ein durchweg neuer Schiffstyp

Die F125 – hinsichtlich Abmessung und Aufgabenstellung ein neuer und innovativer Fregattentyp.

Am 26. Juni 2007 wird zwischen dem Bundesamt für Wehrtechnik und Beschaffung (BWB) und der Arbeitsgemeinschaft Fregatte Klasse 125 (ARGE F125) der Bauvertrag über die Lieferung von vier Fregatten einer neuen Klasse, der Klasse 125, geschlossen. Die ARGE F125 besteht aus ThyssenKrupp Marine Systems (TKMS), die mit ca. 80 Prozent Anteil auch die Konsortialführerschaft hat, sowie der Fr. Lürssen Werft (FLW) in Bremen, auf die ein etwa 20-prozentiger Anteil des Auftragsvolumens entfällt. Die Blohm + Voss Naval GmbH, seinerzeit noch Blohm + Voss GmbH, wird von TKMS mit der Abwicklung des Auftragsanteils der TKMS beauftragt. Er umfasst sowohl Konstruktions- als auch Fertigungsleistungen.

Werkstattbeginn für das erste Schiff, dem Typschiff der neuen Klasse, ist Mai 2011. Dabei wird auch der für den Neubau vorgesehene Name offiziell erwähnt. Das Schiff wird BADEN-WÜRTTEMBERG heißen und damit der ganzen Klasse seinen Namen geben. Die Ablieferung ist, nach einer intensiven Erprobungsphase, für März 2016 geplant. Das vierte Schiff wird im Dezember 2018 übergeben.

Die F125 stellt die fünfte Fregattengeneration der Deutschen Marine dar. Dabei ist hervorzuheben, dass sie nicht wie bei ihren Vorgängern eine auf

Die Kiellegung der ersten Sektion der First of Class F125 am 2. November 2011 bei Blohm + Voss im Neubaudock in Dock 12.

den neuesten Stand gebrachte Weiterentwicklung darstellt, sondern dass sie sowohl vom Konzept, von der Konstruktion als auch von der Einsatzbestimmung ein durchweg neuer Schiffstyp ist. Er wird schon deswegen einerseits durchaus mit viel Skepsis betrachtet, andererseits erfährt er aber schon jetzt ebenso viel vorauseilende interessierte Bewunderung.

Bei einer Länge von 149,60 Metern, einer Breite von 18,80 Metern und einer Verdrängung von 7.000 t ist die F125 die bislang größte für die Deutsche Marine gebaute Fregatte. International erreichen lediglich die Fregatten der bis 1990 gebauten „Broadswood"-Klasse der britischen Royal Navy mit einer Länge von 148,1 Metern annähernd diese Größe. Ein wesentlicher Unterschied zu den Vorgängergenerationen ist, dass für den Betrieb der F125 eine deutlich geringere Besatzungsstärke erforderlich ist, während sie gleichzeitig ebenso deutlich mehr Raum für die Unterbringung von Spezialkräften bietet, die explizit Teil der kommenden Einsatzforderungen sind bzw. sein können.

Befähigung zu langfristigen globalen Einsätzen

Gemäß Konzeption der Bundeswehr sind die Fregatten 125 den Stabilisierungskräften zugeordnet. Kennzeichnend für Stabilisierungsoperationen sind weltweite Einsätze bei niedriger bis mittlerer Konfliktintensität über lange Zeiträume sowie das Zusammenwirken mit multinationalen Streitkräften oftmals gegen nicht militärisch organisierte Gegner. Aus diesem Aufgabenprofil werden folgende Kernforderungen an die F125 abgeleitet:

- Führung und Durchführung von maritimen Stabilisierungsoperationen
- Abwehr asymmetrischer Bedrohungen
- Fähigkeit zur Landzielbekämpfung
- Unterstützung des Einsatzes von Spezialkräften
- Steigerung der Verfügbarkeit im Einsatzgebiet, verbunden mit der Einsatzfähigkeit bei deutlich reduzierter Besatzung und Umsetzung des Zwei-Besatzungskonzeptes (Intensivnutzung).

Ein breites Spektrum, das es konstruktiv abzudecken gilt bzw. für das entsprechende Lösungen zu erarbeiten sind.

Die erwartungsgemäß zunehmende Anzahl langfristiger weltweiter Einsätze im Rahmen von Konfliktverhütung und Krisenbewältigung führen zu erheblichen Ansprüchen an die Intensivnutzbarkeit der neuen Klasse. Dies hat weitreichenden Einfluss auf den Schiffsentwurf sowie die Auswahl der Geräte und Systeme. So erfüllt die F125 folgende Vorgaben: Eine Stehzeit im Einsatzgebiet von bis zu zwei Jahren, die Auslegung auf 5.000 Seebetriebsstunden jährlich bei Intervallen von fünf Jahren zwischen den Hauptinstandsetzungen und Sicherstellung der weltweiten Einsatzfähigkeit auch unter extremen klimatischen Bedingungen. Im Vergleich mit der vorangegangenen Fregattengeneration F124 bedeuten diese Forderungen eine Verdoppelung der jährlichen Seebetriebsstunden, eine mehr als Verdoppelung der Einsatzdauer bei einer erheblichen Reduzierung der Werftliegezeiten sowie eine Halbierung der Besatzungsstärke.

Die von der Marine geforderte Intensivnutzbarkeit unter Berücksichtigung der erheblich reduzierten Besatzung wird konstruktiv durch folgende Maßnahmen unterstützt:

- Auswahl wartungsarmer Systeme mit hoher Verfügbarkeit
- deutliche Erhöhung des Automationsgrades sowohl im Einsatz- als auch im Plattformsystem im Vergleich zur Fregatte F124
- Realisierung eines auf hohem Standard basierenden Unterkunftsbereichs für die Besatzung, z.B. Kabinenbelegung mit max. vier Soldaten, Nasszelle in jeder Kabine
- Realisierung eines auf standardisierten Gitterboxpaletten basierenden Transportkonzeptes für Proviant, Ersatzteile und Abfall in zentral angeordneten Lasten
- wartungsarmes dieselelektrisches Antriebskonzept CODLAG (**CO**mbined **Diesele**Lectric **A**nd **G**asturbine). Vier Dieselmotoren liefern den Strom für die Elektromotoren, zur Erreichung der Höchstgeschwindigkeit wird die Gasturbine zugeschaltet.

Zusätzlich zu den normalen Prüfungen und Nachweisen wird die Erfüllung der Anforderungen an die Intensivnutzbarkeit von Beginn an durch ein von Industrie, BWB und Marine gemeinsam gebildetes „Projektteam Intensivnutzung" während der Konstruktionsphase und der Fertigung überprüft. Dies umfasst neben der Durchführung einer tiefgreifenden Fehlerursachenanalyse (FMEA/Failure Method and Effects Analysis) auch die Untersuchung und Optimierung von Betriebsabläufen sowie Simulation und Erprobungen.

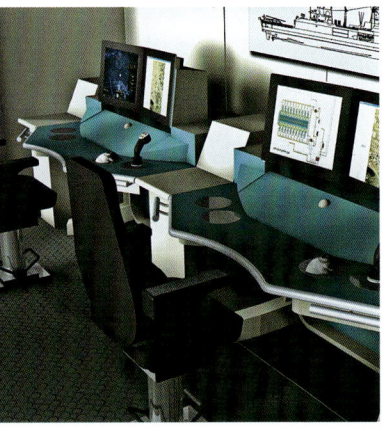

Zwei der vierzehn neuen Multifunktionskonsolen in der Operationszentrale der F125.

Links: Ein Vergleich der Parameter Seebetrieb, Einsatzdauer und Stammbesatzung zwischen den Fregatten F124 und F125 veranschaulicht den technologischen Fortschritt.

Rechts: Die Sektion der First of Class F125, die auf Kiel gelegt wurde.

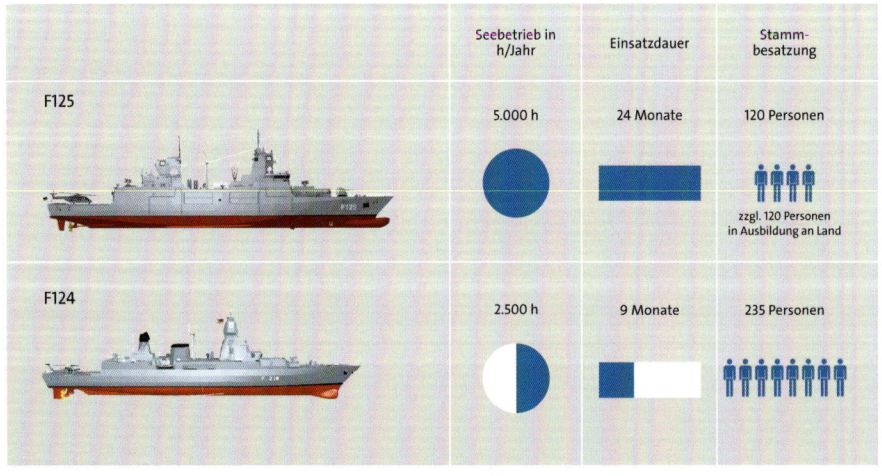

	Seebetrieb in h/Jahr	Einsatzdauer	Stammbesatzung
F125	5.000 h	24 Monate	120 Personen / zzgl. 120 Personen in Ausbildung an Land
F124	2.500 h	9 Monate	235 Personen

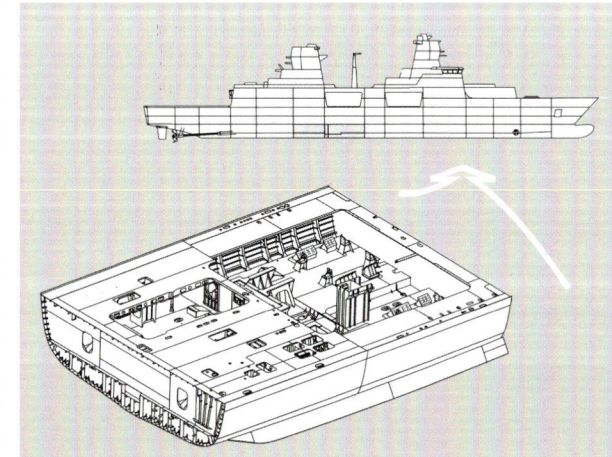

Flexibilität durch die Unter-
stützung von Spezialkräften

Die F125 verfügt, und auch das ist neu, über die komplette Infrastruktur, um zusätzlich zur Stammbesatzung von 120 Personen und der Hubschraubercrew von 20 Personen auch Spezialkräfte von bis zu 50 Soldaten mit Ausrüstung aufzunehmen. So bietet diese neue Fregattenklasse ein hohes Maß an Flexibilität, um den wechselnden Aufgabenstellungen während langfristiger Stabilisierungsoperationen entsprechen zu können.

Den Spezialkräften stehen gesonderte Unterkunftsbereiche und Funktionsräume sowie entsprechende Stauräume für die Unterbringung der Ausrüstung zur Verfügung. Alternativ ist die Nutzung dieser Bereiche für Evakuierungsoperationen oder für die Unterbringung eines Führungsstabes möglich, für den eine eigene Operationszentrale installiert ist,

deren Kommunikationstechnik die Integration in das Kommunikationssystem multinationaler Verbände ermöglicht. Dies ist eine wesentliche Voraussetzung für die Übernahme von Führungsaufgaben im Rahmen internationaler Operationen.

Den Spezialkräften stehen vier Einsatzboote und zwei Bordhubschrauber zur Verfügung. Die speziell für die F125 entwickelten Einsatzboote haben eine umfangreiche Kommunikationsausrüstung an Bord und dienen neben dem Verbringen der Spezialkräfte etwa zur Durchführung von Boarding-Operationen auch als Patrouillenboote oder schnelle Rettungsboote. Für jeden dieser Zwecke können die Boote mit der an Bord der Fregatte mitgeführten Ausrüstung entsprechend umgerüstet werden. So ist etwa bei Bedarf die Ausrüstung mit bis zu vier schweren 12,7-mm-Maschinengewehren oder Granatwerfern möglich. Eine Folge dieser Vielseitigkeit ist, dass die Boote mit einer Länge von etwas über zehn Metern deutlich größer als üblich sein werden.

Die Kiellegungssektion wird in das Baudock gesetzt.

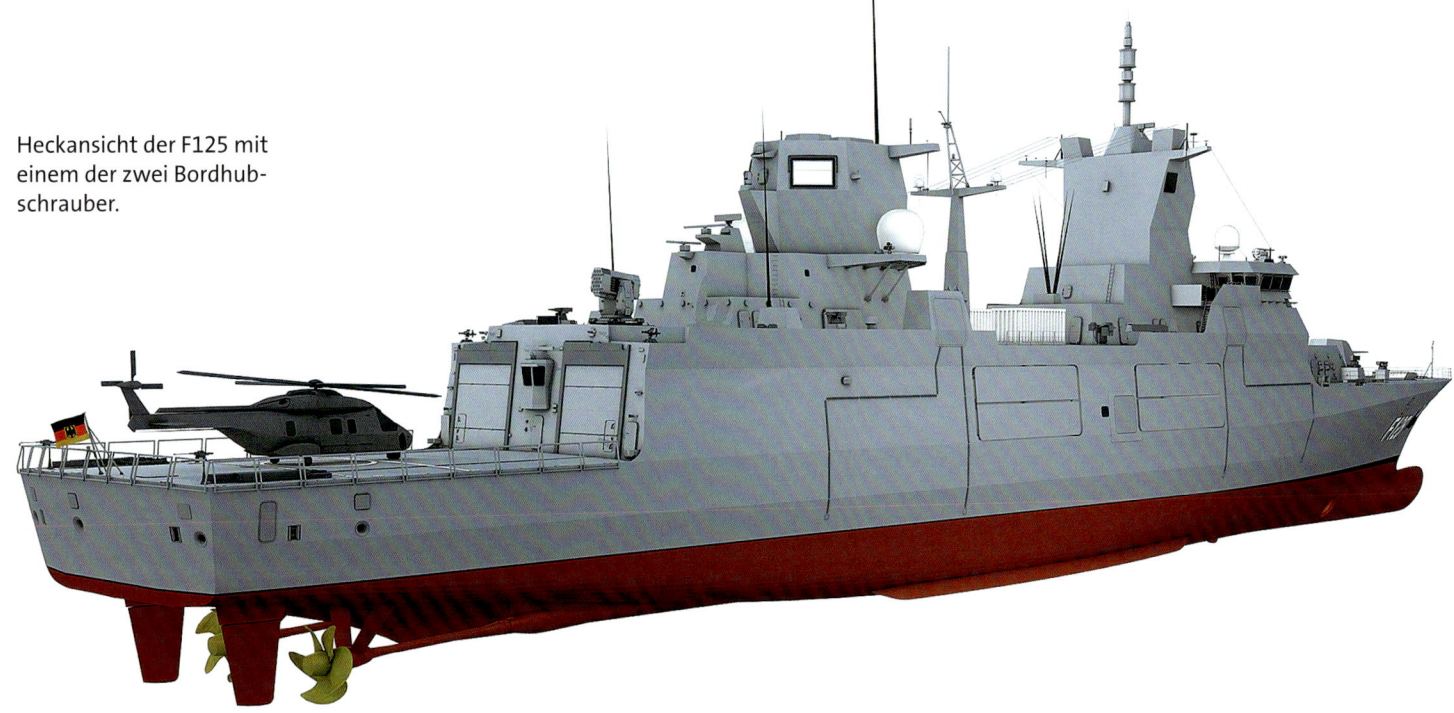

Heckansicht der F125 mit einem der zwei Bordhubschrauber.

Das innovative Rundum-Kamerasystem ermöglicht ein 360°-Panorama-Bild zur Nahbereichsüberwachung.

Das Einsatzsystem: Modernste Sensorik und Kommunikationstechnologie

In den letzten Jahren ist die Abwehr so genannter asymmetrischer Bedrohungen zunehmend in den Vordergrund getreten. Sie können beispielsweise von kleinen wendigen Booten oder Tauchern ausgehen, mit denen gerade bei Einsätzen zur Konfliktverhütung und Krisenbewältigung verstärkt zu rechnen ist. Diese asymmetrischen Bedrohungen zeichnen sich im Wesentlichen durch plötzliches und unerwartetes Auftreten in geringer Distanz, verbunden mit hoher Beweglichkeit bei geringer Größe der Objekte aus. Häufig kommt erschwerend hinzu, dass sich diese Bedrohungsszenarien im Umfeld starker ziviler Bewegungen abspielen.

Für eine Fregatte mit Stabilisierungsaufgaben ist daher die Fähigkeit zur frühestmöglichen Erkennung und Bekämpfung dieser Art von Bedrohungen überlebenswichtig und einsatzentscheidend. Die Faktoren „kurze Reaktionszeit" sowie „geringe Bekämpfungsentfernung" haben aus diesen Gründen erheblich an Bedeutung gewonnen. Integrierte Lösungen in den Bereichen Sensoren, Effektoren und Softwarefunktionalitäten des Einsatzsystems der F125 tragen diesem Umstand Rechnung.

Neben dem Multifunktionsradar mit einer erweiterten Nahbereichsauflösung unterstützen elektrooptische Zielverfolgungssysteme und ein neuartiges Rundum-Infrarot-Kamerasystem mit 14 auf dem gesamten Schiff angeordneten Kameras den Bediener bei der Erfassung, Zielverfolgung und Abwehr asymmetrischer Bedrohungen. Die Bilder dieses Kamerasystems werden in der Operationszentrale zu einem 360°-Panorama-Bild zusammengesetzt und ermöglichen die Überwachung im Nah- und Nächstbereich bis fast an die Bordwand heran.

Neuartige Systeme in Verbindung mit Zieldatenbanken sowie die Nutzung des elektrooptischen Trackers gewährleisten die schnelle Erfassung und Bewertung möglicher Ziele und die Übergabe der Informationen an die speziell zur weitgehend automatischen Abwehr asymmetrischer Bedrohungen an Bord der Fregatte rundum positionierten 27-mm-Marineleichtgeschütze und 12,7-mm-Maschinengewehre. Ergänzt werden diese Waffen durch weitere Systeme zur Land- und Seezielbekämpfung.

Das Ausbildungskonzept: Vorbereitung und Folgeausbildung

Das hochkomplexe System F125 erfordert ein umfangreiches Maßnahmenpaket auf dem Gebiet der Ausbildung. Vor allem das Zweibesatzungskonzept, die reduzierte Besatzung und der mögliche Aufenthalt der Schiffe über einen Zeitraum von bis zu zwei Jahren im Einsatzraum erhöhen die Anforderungen an Ausbildung und einsatzunterstützende Maßnahmen noch zusätzlich. Während der Bauphase der Schiffe werden daher die zukünftigen Ausbilder der Marine und die jeweilige Erstbesatzung durch umfangreiche

Schulungsmaßnahmen seitens der Industrie intensiv auf ihre jeweiligen Aufgaben vorbereitet.

Zur Sicherstellung der individuellen Folgeausbildung, der Inübunghaltung der Zweitbesatzungen und einsatzunterstützender Maßnahmen werden umfangreiche Infrastrukturmaßnahmen an den Ausbildungseinrichtungen der Marine durchgeführt. Die wichtigsten Ausbildungseinrichtungen sind in Wilhelmshaven, Bremerhaven und Parow angesiedelt.

In Wilhelmshaven befindet sich das Erprobungs- und Ausbildungszentrum. Dort findet die Systemausbildung statt, bei der Geräte und Systeme identisch der Bordkonfiguration, ergänzt durch entsprechende Simulatoren bzw. Stimulatoren eingesetzt werden. In Bremerhaven werden an der Marineoperationsschule für den Funktionsbereich Navigation ausbildungsrelevante Anlagen und Geräte mit ihren Zusatzeinrichtungen installiert. Dies ermöglicht es, die Besatzungen in wesentlichen Funktionen der Navigationsgeräte unter Zuhilfenahme von Simulatoren zu schulen, um den Brückenbesatzungen so das sichere Navigieren der F125 zu vermitteln. In der Marinetechnikschule Parow wird im Wesentlichen die Bedienerausbildung an der Schiffsautomation sichergestellt. Darüber hinaus werden für weitere schiffstechnische Systeme und Geräte Simulations- und Lernprogramme für die simulatorbasierte Ausbildung geliefert.

Was bringt das Programm Fregatte Klasse 125 nun für Blohm + Voss und die deutsche Marineindustrie. Zunächst ist es einmal wichtig, dass es mit einem Auftragsvolumen von insgesamt 2,3 Mrd. Euro erheblich zur Erhaltung von einigen hundert Arbeitsplätzen bei Blohm + Voss und der deutschen Zulieferindustrie beiträgt. 87 Prozent der Zulieferungen kommen von deutschen Firmen. Für die Industrie ergab sich bei diesem Projekt einmal mehr die Gelegenheit, erfolgreich ihre Fähigkeiten unter Beweis zu stellen, bei der Entwicklung von anspruchsvollen Konzepten mitwirken zu können und den sich aus diesen Konzepten ergebenden Herausforderungen mit kreativen Lösungen zu begegnen.

Sowohl aufgrund ihrer Größe als auch der Umsetzung einer großen Zahl an spezifischen Anforderungen der Deutschen Marine stellt die F125 insgesamt gesehen sicher kein Vorhaben dar, das eins zu eins im Export vermarktbar wäre. Jedoch stößt sie durch die Umsetzung der oben beschriebenen Grundkonzepte, wie beispielsweise Intensivnutzbarkeit und Abwehr asymmetrischer Bedrohungen, bereits auf reges internationales Interesse. Schon jetzt zeichnet sich ab, dass diese neue, in ihrer Konzeption ungewöhnliche Fregattenklasse, für Exporte der deutschen Marineindustrie durchaus positive Impulse generieren kann. Das gilt insbesondere für Blohm + Voss.

Die Kiellegungssektion wird auf die Pallung gelegt. Zwischen ihr und der Sektion befindet sich die traditionelle Münze als Glücksbringer.

Teil III

Kurs durch schwieriges Fahrwasser

,,Blohm + Voss, das klingt vertraut, seit Kindertagen. Diese Werft gehört zu Hamburg, fast so wie der Michel. Sie stehen sich gegenüber, weisen hin auf die weite Welt, die irdisch-meerige und die himmlische.

Mit Fregatten und Megayachten mag man gutes Geld verdienen, aber wäre es nicht besser, Frachtdampfer und Containerschiffe zu bauen und auch Yachten, die einigermaßen erschwinglich sind? Ist das eine zu einseitig soziale und pazifistische Vorstellung. Mag sein.

Nun denn, Blohm + Voss bleibt in Hamburg und wird, so hoffe ich, sich vom Image dieser liberalen Stadt nicht ganz entfernen. Das wünsche ich allen Männern und Frauen, die in diesem Unternehmen arbeiten, und der Freien und Hansestadt Hamburg.''

Maria Jepsen, Bischöfin i.R.

Kapazitätsanpassung und Neuausrichtung der Werftengruppe

Der Schiffbau nach der Finanzkrise: Ein Überblick

Die durch die Krise verursachte Stornierung von vier Containerschiffen bei den Nordseewerken war Auslöser für die Transformation des Standortes.

Die weltweite Finanz- und Wirtschaftskrise der Jahre 2008/2009 hat die deutsche Schiffbauindustrie besonders schwer getroffen. Mit aller Kraft stemmen sich die Unternehmen der Branche gegen die fatalen Auswirkungen des eingebrochenen Welthandels und der dramatisch gesunkenen Frachtraten, mit denen die Lust auf Bestellungen neuer Schiffe stark gedämpft wird. Hinzu kommen schärfere Kreditvorgaben, die auf Seiten der Auftraggeber zu massiven Zahlungsausfällen führen, und für die Werften die zum Teil extreme Zurückhaltung der Banken bei der Bauzeitfinanzierung.

In manchen Fällen müssen die Schiffbauer Preisabschläge von teilweise bis zu 50 Prozent einräumen, um die Stornierungsraten einzudämmen. Trotzdem können deutsche Werften nicht vermeiden, dass seit Anfang 2009 insgesamt 54 bestellte Schiffe aus ihren Auftragsbüchern gestrichen werden. Ab 2009 wird bei ihnen kein neues Containerschiff mehr bestellt. Die letzten beiden vormals stornierten Aufträge, die dann aber einen neuen Eigner finden, kommen 2011 in Fahrt. Die Anzahl neuer Aufträge für bestimmte größere Spezialschiffe, wie etwa Passagier- und Fährschiffe, hält sich in engen Grenzen.

In Anbetracht dieser fatalen Situation hat eine Reihe von Unternehmen die Segel streichen oder Insolvenz anmelden müssen. Tausende Mitarbeiter verlieren ihren Arbeitsplatz oder müssen in Kurzarbeit gehen. Die Unsicherheiten halten bis heute an.

Der Handelsschiffbau insgesamt befindet sich in einer tief greifenden Krise, der Containerschiffbau hat in Deutschland und damit auch bei Thyssen-Krupp Marine Systems (TKMS) keine Zukunft mehr. Weltweit stehen schon seit mehreren Jahren kostengünstigere und zum Teil staatlich subventionierte, immer noch wachsende Kapazitäten in Korea, China und Japan zur Verfügung. Auch das Offshore- und vor allem das Yachtgeschäft erleben durch die Krise eine tiefgreifende Flaute im Auftragseingang. Darüber hinaus erfahren auch die Budgets für militärische Programme vor dem Hintergrund der Bestrebungen, einen Beitrag zur Sanierung der öffentlichen Haushalte zu leisten, weitere Reduzierungen. Für TKMS kann die Ausgangssituation nicht schlimmer sein.

Konsequenzen für TKMS

Aus heutiger Sicht scheint das industrielle Konzept der im Jahre 2005 gegründeten TKMS stark auf Potenzialsicherung und Potenzialentwicklung ausgerichtet gewesen zu sein. Die Marktentwicklung stellt

Der Zahlungsausfall des Auftraggebers führte zum Baustopp der sechs Yachten bei HDW Gaarden.

sich jedoch in krisenhafter Zuspitzung anders als prognostiziert dar. Durch die im Herbst 2008 einsetzende Finanz- und Wirtschaftskrise und die damit einhergehenden Brüche gehen dem industriellen Konzept von 2005 entscheidende Grundlagen verloren. Trotz bereits erfolgter Kapazitätsanpassungen – ca. 600 Mitarbeiter in Hamburg, Kiel und Emden mussten das Unternehmen sozialverträglich verlassen – fehlt absehbar Beschäftigung im Neubau von Überwasserschiffen für weitere 1.000 Mitarbeiter.

Die Situation als unmittelbare Folge der Finanzkrise ist dramatisch:

- Baustopp von sechs Yachten bei HDW Gaarden durch Zahlungsausfall des Auftraggebers,
- Stornierung von zwei Containerschiffen der 3.400-TEU-Klasse am Standort HDW Gaarden,
- Stornierung von vier Containerschiffen der 3.400-TEU-Klasse am Standort Nordseewerke,
- kein Auftragseingang im Marineschiffbau und Yachtbau,
- Abnahmerisiko und damit Finanzrisiko von je zwei Containerschiffen an den Standorten Emden und Kiel.

So schmerzhaft die Erkenntnis ist: Mit der Krise muss eine tief greifende Weichenstellung erfolgen. Mit dem Wegbrechen der Containerschiffaufträge und dem weit in die Zukunft gerichteten Ausblick von Marineschiffbauexperten wird die Zuspitzung immer deutlicher: TKMS verfügt über exzellente Fertigungs-

kapazitäten im Überwasserschiffbau, die durch den Markt in diesem Umfang jedoch nicht mehr ausgelastet werden können.

Die Schließung von mindestens einem Standort im Neubaubereich Überwasserschiffe und die Konzentration des schiffbaulichen Produktprogramms auf die im Kern profitablen militärischen Produkte U-Boote und ausrüstungsintensive Marine-Überwasserschiffe ist eine der Antworten auf die Krise. Nur durch Anpassung der schiffbaulichen Fertigungskapazitäten an den deutschen Standorten auf die bei diesen beiden Produkten zu erwartende Nachfrage kann eine auskömmliche Profitabilität sowie eine Arbeitsplatzsicherung für TKMS erreicht werden. Die Hereinnahme von Aufträgen im Handelsschiffbau allein zur Erzielung eines Deckungsbeitrages wird aufgrund der schwierigen wirtschaftlichen Gesamtsituation erwogen, aber nicht weiter verfolgt.

Diese sich zuspitzende Situation erfordert schnelles Handeln, um nicht weitere Hunderte von Arbeitsplätzen an allen TKMS-Standorten zu gefährden. Es wird nach Möglichkeiten gesucht, Überkapazitäten so schonend wie möglich abzubauen. Die wichtigste Herausforderung dabei ist, die Beschäftigung im ehemaligen zivilen und Marineschiffbau in Emden durch neue zukunftsträchtige Produkte außerhalb des Schiffbaus zu ermöglichen sowie den Erhalt von Beschäftigung an allen drei deutschen Standorten gegebenenfalls auch durch Outsourcing oder Partnerschaften zu sichern.

Auch am TKMS-Standort Kiel musste HDW Gaarden die Stornierung von zwei Containerschiffen hinnehmen.

91

Industrielle Transformation am Standort Emden

Vorgeschichte: Eine Krise bahnt sich an

Zur Erinnerung: Die ThyssenKrupp Marine Systems (TKMS) stellte sich zum 1. April 2008 neu auf. In einer Aufsichtsratssitzung war beschlossen worden, die Bereiche Marine-Überwasserschiffbau und den zivilen Schiffsneubau der Blohm + Voss in zwei gesellschaftsrechtlich eigenständige Gesellschaften aufzuteilen. So wurden der Marinebereich der Blohm + Voss, Hamburg, und die Nordseewerke, Emden, unter dem Dach der TKMS Blohm + Voss Nordseewerke gebündelt, um in Emden den Bau von Marine-Überwasserschiffen zu konzentrieren. Der zivile Bereich der Blohm + Voss firmierte seitdem als Blohm + Voss Shipyards. Ihm wurde zugleich die unternehmerische Führung der HDW Gaarden in Kiel zugeordnet. Beide Gesellschaften konzentrierten sich auf das zivile Neubaugeschäft.

Die Situation bei den ThyssenKrupp Blohm + Voss Nordseewerken am Standort Emden war Anfang 2008 exzellent. Die Containerschiffe, U-Boote und die K130 lasteten die Werft voll aus. Die Zusammenführung erforderte Integrationsmaßnahmen, die sich in Emden nicht nur auf die technischen und prozessualen Aspekte beschränkten, sondern sich zur Steigerung der Akzeptanz bei den Mitarbeitern insbesondere auch auf die Harmonisierung der unterschiedlichen Unternehmenskulturen erstreckten. Unter dem Motto „BVN 2012" wurden die gemeinsamen Ziele der Integration der Belegschaft vorgestellt. Hierzu hatte die Geschäftsführung der TKMS Blohm + Voss Nordseewerke zusammen mit den Leitenden Angestellten in einer Klausurtagung Ende April 2008 ein Papier erarbeitet, mit dem ein Entwurf der gemeinsamen Ziele formuliert wurde. Zusammen mit insgesamt 300 Mitarbeiterinnen und Mitarbeitern, den so genannten Multiplikatoren, wurden damals die Ziele und Fragen, wie zum Beispiel „Was sind die Kernaufgaben unseres Unternehmens?" und „Wo sehen wir unsere Stärken und Kompetenzen?" mit der Geschäftsführung und den Führungskräften diskutiert und hinterfragt. Dieses fand in insgesamt 15 Integrations-Workshops statt, die an beiden Standorten durchgeführt wurden.

Zusammengefasst: Bis zum Durchschlagen der Krise auf den Schiffbau Anfang 2009 kann Emden durch einen hohen Auftragsbestand und erfolgreiche Abwicklung einer positiven Zukunft entgegensehen. Durch die Stornierung der Containerschiffe gerät der Standort jedoch in kürzester Zeit durch Wegfall von Beschäftigung in eine dramatische Verlustzone. Zudem wird klar, dass neben dem Wegbrechen der Containeraufträge im Schiffbau massive Überkapazitäten bewältigt werden müssen.

Unter den wirtschaftlichen Bedingungen der Krise ist es nahezu aussichtslos, neue Aufträge zu generieren. Die noch bestehenden Arbeiten an laufenden Aufträgen als Beschäftigungssicherung reichen nur noch für einen Teil der Belegschaft bis in die erste Hälfte des Jahres 2011. Die Hoffnung wird nicht aufgegeben, durch den massiven Einsatz von Kurzarbeit und kurzfristig hereinkommende neue Aufträge eine gewisse Grundauslastung für den Standort zu erreichen. Doch auch diese Hoffnung zerschlägt sich mit der Ausweitung der Schiffbaukrise. Damit wird auch klar, dass es nicht möglich sein wird, den Standort Emden bis zum Hochfahren des F125-Auftrags in vollem Umfang aufrechtzuerhalten. Deshalb entschließt sich die Geschäftsleitung, ein Programm zum freiwilligen Ausscheiden von Mitarbeitern aufzulegen. Es wird bis Ende September 2009 weitestgehend umgesetzt. Damit verringert sich die Belegschaft von 1.500 auf 1.200 Mitarbeiter. Das Unternehmen kann diesen sozialverträglichen Abbau vor allem dadurch realisieren, indem es zahlreiche Altersteilzeitverträge abschließt.

Emden – eine beispielhaft erfolgreiche industrielle Transformation

Die schwierige Auftragssituation in Emden als Folge der Finanz- und Wirtschaftskrise führt dazu, dass TKMS ihre Neubaukapazitäten in Deutschland reduzieren muss, um das Überleben der Gruppe insgesamt zu sichern. Als Alternativen bieten sich zu diesem Zeitpunkt an, entweder einen Fertigungsplatz in Deutschland, also Hamburg oder Emden, zu schließen oder zu veräußern. Dabei wird dem Verkauf an einen Erwerber mit einem industriellen Konzept eindeutig Vorrang eingeräumt. Im Spätsommer 2009 bietet sich überraschend eine chancenreiche Möglichkeit, die in dieser Konstellation an keinem anderen TKMS-Standort zu realisieren wäre. In Emden – und nur in Emden – ergibt sich die geradezu einmalige Ausnahmekonstellation, dass die kontinuierliche Rückführung der Neubaukapazitäten für den Überwasserschiffbau mit einem sukzessiven, stetigen Aufbau der Komponentenfertigung für die Offshore-Windkraftindustrie verknüpft werden kann. Der Vorstand entscheidet in Anbetracht dieser Überlegungen, sich von den Schiffbauaktivitäten in Emden durch Verkauf zu trennen.

So gibt der Vorstand der TKMS im September 2009 seine Entscheidung bekannt, die Schiffbaufertigung und den größten Teil der Anlagen in Emden an die SIAG Schaaf Industrie (kurz SIAG) zu veräußern. Die Reaktionen bei den betroffenen Mitarbeitern und Teilen der Öffentlichkeit sowie politischen Vertretern der Region sind zunächst deutlich negativ. Die enge traditionelle Bindung an den Marineschiffbaustandort führt zu erheblichen Protestaktionen in der Region.

Bei der SIAG Schaaf Industrie handelt es sich um einen etablierten und führenden Hersteller stahlbaulicher Komponenten für Windkraftanlagen. Finanzierungskraft und wirtschaftliche Perspektiven sind zu diesem Zeitpunkt aussichtsreich. Insbesondere in dem zu erwartenden aus dem Bau von Offshore-Windkraftanlagen generierten Geschäft sieht das Unternehmen eine große Chance. Seine bisher genutzten Fertigungsanlagen reichen für das Offshore-Geschäft aber nicht aus. Deshalb ist die SIAG auf der Suche nach einem geeigneten, möglichst wassernahen Standort für die Ausweitung ihrer diesbezüglichen Fertigung. Die Infrastruktur mit ihren zeitgemäßen Produktionsanlagen und vor allem die qualifizierte Belegschaft der Blohm + Voss Nordseewerke in Emden bieten der SIAG ideale Voraussetzungen für ihre Pläne, in das Offshore-Geschäft einzusteigen. Vor diesem Hintergrund nehmen die Vorstände der TKMS und SIAG ihre Gespräche über den Erwerb der Nordseewerke auf. Im September 2009 unterzeichnen beide Parteien ein Eckpunktepapier, das die Rahmenbedingungen für den Übergang regelt. Bereits einige Tage später informiert die TKMS die gesamte Belegschaft der TKMS Blohm + Voss Nordseewerke auf einer außerordentlichen Betriebsversammlung über die geplante Veräußerung des Standortes an die SIAG. Der Aufsichtsrat der TKMS bestätigt Ende September die Entscheidung des Vorstandes.

Zur gleichen Zeit organisieren der Betriebsrat der TKMS Blohm + Voss Nordseewerke und die Gewerkschaft sowohl in Emden als auch in Hamburg zahlreiche Protestkundgebungen vor der TKMS-Zentrale. Bis in das Emder Rathaus reicht der Schulterschluss gegen die Entscheidung. Die niedersächsische Landesregierung und das Landesparlament geben ebenfalls entsprechende Kommentare ab. Von der Emder Zeitung, den Kieler Nachrichten bis hin zur Frankfurter Allgemeinen Zeitung begleitet die Presse fortan alle Aktivitäten um die TKMS Blohm + Voss Nordseewerke mit großem Interesse.

Der Betriebsrat und die IG Metall jedoch hoffen über entsprechende Vorträge bei der Landesregierung, die TKMS doch noch dazu bewegen zu können, die Entscheidung zurückzunehmen. In der zweiten Septemberhälfte führen dann die Vertreter der TKMS, der SIAG, der IG Metall und des Betriebsrats unter Moderation der niedersächsischen Landesregierung

Streiks und Proteste richten sich in erster Linie an den Erhalt der Arbeitsplätze und den Fortbestand des Schiffbaus.

Darstellung der Transformation der ehemaligen TKMS Blohm + Voss Nordseewerke in die neue Gesellschafterstruktur im Jahr 2010.

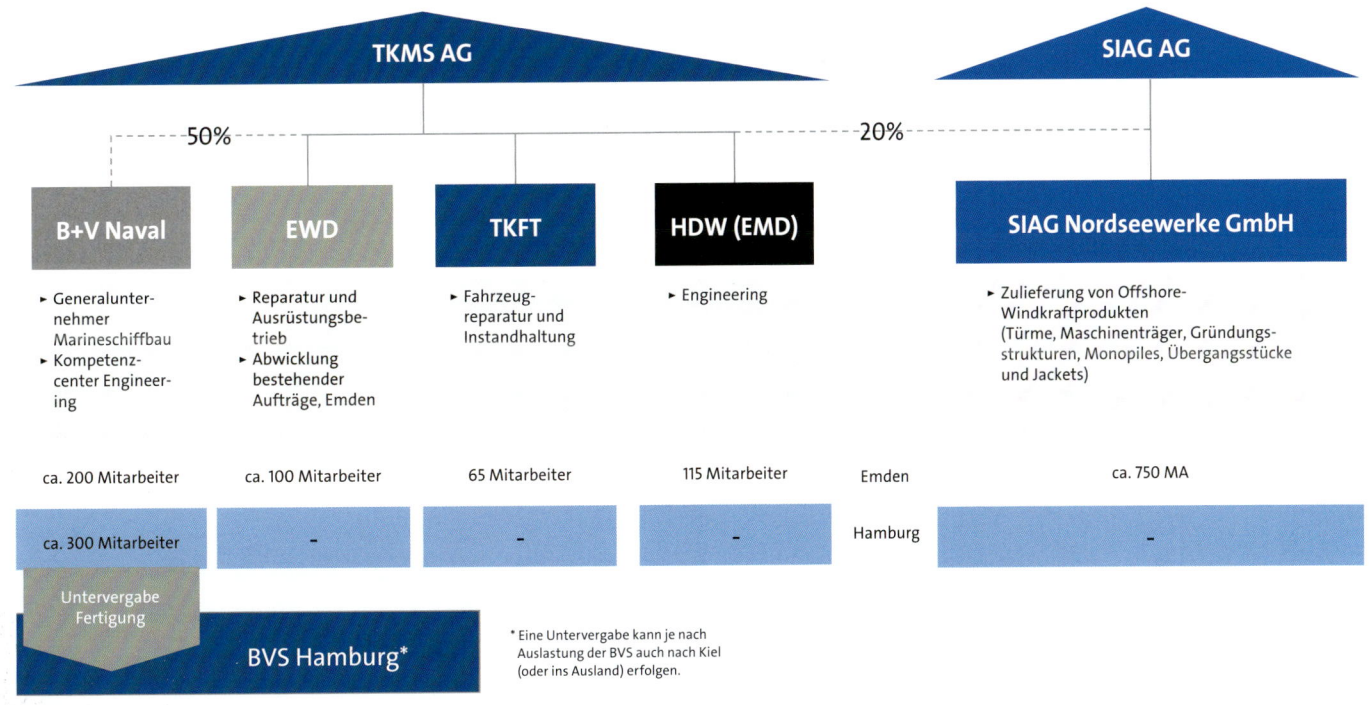

Mit dem Stapellauf der FRISIA COTTBUS läuft Ende 2009 das letzte Containerschiff bei den Nordseewerken vom Stapel. Mit der Transformation eröffnet sich für die Nordseewerke eine neue Zukunftsperspektive.

zahlreiche Gespräche. Diese münden Anfang Oktober in einen Zukunftsvertrag für den Standort Emden. Er wird von allen betroffenen Parteien sowie der niedersächsischen Landesregierung unterzeichnet. Der Vertrag bildet die Basis für eine einvernehmliche Umstrukturierung der Werft und beinhaltet zwei wesentliche Komponenten:

1. Die Sicherung der Zukunft des Standortes Emden: Die SIAG verpflichtet sich, eine Fertigung von Komponenten für Offshore-Windparks aufzubauen. Außerdem übernimmt die SIAG 721 Mitarbeiter aus der Fertigung und der Führungsebene der TKMS Blohm + Voss Nordseewerke. Darüber hinaus verlängert der Vertrag die Bestandsfrist nach § 613a Bürgerliches Gesetzbuch (BGB) für die übergehenden Beschäftigten von einem auf zwei Jahre.

2. Den Erhalt der Schiffbaukompetenz: Die TKMS Blohm + Voss Nordseewerke arbeiten die bestehenden Schiffbauaufträge bis zum Jahr 2011 ab. Sie erhalten ferner den schiffbaulichen Reparatur- und Ausrüstungsbetrieb aufrecht und bauen ihn aus. Das Gleiche gilt für das Überwasser Marine Engineering. Ferner beschäftigt das Unternehmen zunächst die Mitarbeiter des U-Boot Engineerings weiter und überführt dann schrittweise die Arbeitsplätze zur HDW nach Kiel.

Zusätzlich vereinbaren die Parteien, dass TKMS bei Überauslastung aller sonstigen Fertigungskapazitäten im Einzelfall prüfen werde, ob es sinnvoll sei, Schiffsneubauaufträge in Emden zu fertigen.

Durch das Wegbrechen des Containerschiffbaus das letzte Schiff läuft unter der Baunummer 559 im Dezember 2009 vom Stapel werden maßgebliche Fertigungsanteile von mehr als 50 Prozent eingebüßt. Mit einer Wiederbelebung des Geschäftes kann nicht mehr gerechnet werden. Für den Bereich Schiffbau findet ein „Ausphasen" für die bereits eingelasteten Aufträge, nämlich die Zulieferung der Endsektion U-Boot 212 A und Dolphin an HDW sowie die Endausrüstung, Erprobung und Ablieferung des Einsatzgruppenversorgers „Bonn" statt. Die Auftragsabwicklung wird durch die Emder Werft und Dockbetriebe übernommen. Nach damaliger Planung soll Emden in drei bis vier Jahren auf die Fertigung von Windkraftanlagen umgestellt werden. Neben Maschinenträgern und Türmen werden heute auch Fundamente für die Offshore-Windkraftanlagen, so genannte Monopiles und Jackets, sowie Umspannplattformen hergestellt. Durch die getroffenen Maßnahmen können im Ergebnis die Standorte Emden, Kiel und Hamburg ohne betriebsbedingte Kündigungen gesichert werden.

Nach Auslaufen der Fertigung von U-Bootendsektionen in Emden Ende 2011 ist der U-Bootbau in Kiel noch stärker geworden. Zur Beschäftigungssicherung am Standort Hamburg trägt die Fertigung nunmehr aller vier Fregatten F125 wesentlich bei.

Um die Transformation des Standortes Emden zu begleiten, einigen sich die Beteiligten darauf, einen Integrationsbeirat zu schaffen. Dieser setzt sich aus Vertretern der TKMS, der SIAG, des Betriebsrates, der IG Metall und der niedersächsischen Landesregierung zusammen. Seine Aufgabe ist es, den Transformationsprozess zu überwachen und zu begleiten sowie mögliche Integrationsprobleme im Rahmen des Strukturwandels sowie der Personalentwicklung, Qualifizierung und Ausbildung zu lösen.

Mit dem Zukunftsvertrag dokumentieren alle beteiligten Parteien ihre Verantwortung für die Gestaltung des Standortes und der Arbeitsplätze. Außerdem beginnt mit dem Abschluss eine Wende in der öffentlichen Wahrnehmung. Wo eben noch Entrüstung und Ablehnung im Vordergrund standen, sehen nun die Menschen ganz allmählich die sich bietenden Hoffnungen und Chancen.

Die Parteien schließen die Verhandlungen über den Kaufvertrag Mitte Oktober 2009 ab und unterzeichnen ihn am 23. Oktober 2009. Für den Vollzug gilt es, verschiedene Bedingungen zu erfüllen. Hierzu gehört u.a., einen Interessenausgleich und einen Sozialplan zum Übergang der Mitarbeiter abzuschließen. Ziel dabei ist es, die Übertragung des Betriebes und den damit einhergehenden Übergang der Mitarbeiter gemäß § 613a BGB zum 1. Januar 2010 zu gewährleisten. Dieser Zeitplan setzt alle Teilnehmer unter einen hohen Handlungsdruck.

Ende Oktober 2009 findet erneut ein Sondierungsgespräch zwischen Geschäftsleitung und Betriebsrat statt. Zwei Tage darauf beginnen die Verhandlungen zwischen der TKMS, TKMS Blohm + Voss Nordseewerke und SIAG auf der einen Seite sowie der IG Metall und dem Betriebsrat auf der anderen. Obwohl die Arbeitnehmervertretungen und die IG Metall auch hier keinen Hehl daraus machen, dass sie nach wie vor nicht hinter der Entscheidung stehen und lieber in Emden weiter Schiffe bauen möchten, verlaufen die Verhandlungen mit dem erforderlichen Ernst und Respekt vor der Zukunft der Beschäftigten.

Im Interessenausgleich/Sozialplan vereinbaren die Parteien folgende Eckpunkte:

- Bestätigung der wesentlichen Inhalte aus dem Zukunftsvertrag,
- Übernahme der Mitarbeiter durch die SIAG Schaaf Industrie AG,
- Verlängerung des Besitzstandschutzes nach § 613 BGB auf zwei Jahre,
- Tarifbindung und
- Abarbeitung bestehender Schiffbauaufträge.

Nach Abschluss des Verkaufs der Fertigung und des Betriebsgeländes an die SIAG wird die Restrukturierung der bei TKMS verbleibenden Betriebsteile in Angriff genommen. Im Einzelnen sind dies

■ die Abteilung U-Boot Engineering mit ca. 120 Mitarbeitern,
■ die Abteilung Engineering von Marine-Überwasserschiffen mit ca. 200 Mitarbeitern und
■ der Bereich Service, Reparaturen und Abwicklung der bestehenden Aufträge.

Für den Bereich U-Boot Engineering kann die Zukunft nur im Zentrum der U-Bootfertigung, bei der HDW in Kiel liegen. Auch für die hier betroffenen Mitarbeiter wird ein Interessenausgleich und Sozialplan ausgehandelt. So wird dieser Betriebsteil folgerichtig ab dem 1. Juli 2010 ein Betriebsteil der HDW. Bis zum 30. September 2011 werden die bestehenden Arbeitsplätze nach Kiel überführt. Obwohl allen Mitarbeitern Arbeitsplätze und großzügige Wechselkonditionen angeboten werden, nimmt nur ein kleiner Teil der Betroffenen dieses Arbeitsangebot in Kiel an. Ab dem 1. Oktober 2011 gehört damit das U-Boot-Engineering in Emden der Vergangenheit an, lebt aber innerhalb der HDW weiter und ist mittlerweile vollständig in die Kieler Organisation integriert.

Der Bereich Engineering Marine-Überwasserschiffe bleibt in Emden bestehen und ist seit der Umstrukturierung im Sommer 2010 ein Betriebsteil der Blohm + Voss Naval in Hamburg. Die dort angestellten Mitarbeiter werden alle weiter beschäftigt.

Die ebenfalls noch weiter bestehenden Schiffbauaktivitäten im Service und Reparaturbereich werden unter dem Namen Emder Werft und Dockbetriebe, kurz EWD, weitergeführt. Diese Gesellschaft mit ca. 130 eigenen Mitarbeitern bildet die noch verbliebenen Schiffbaukapazitäten der ehemaligen „Nordseewerke" ab und ist juristisch deren Rechts-

Nach Verkauf der Emder Nordseewerke an die SIAG, konzentrieren sich die Aktivitäten der TKMS weiterhin auf drei eigenständige Produktbereiche.

THYSSEN KRUPP

Submarine		Naval Su...
Kiel	Schweden	Hamburg
Howaldtswerke-Deutsche Werft	Kockums	Blohm...
		Emder Werft...
Bremen		Atlas

nachfolger. Nach Vollendung der letzten Arbeiten im Schiffsneubau durch die Endausrüstung und Ablieferung des Einsatzgruppenversorgers „Bonn" positioniert sich die EWD schwerpunktmäßig als kompetente Service- und Reparaturwerft im internationalen Markt.

Fazit dieser ebenso einmaligen wie außergewöhnlichen industriellen Transformation: Zu Beginn der zweiten Jahreshälfte 2009 sind die Führungskräfte und Mitarbeiter in großer Sorge bezüglich der Schließung des Standortes Emden. Dem Einsatz vieler Beteiligter ist es zu verdanken, dass stattdessen eine Alternative gefunden wird, mit der die Industriearbeitsplätze in der strukturschwachen Region erhalten bleiben. Ohne den vorstehend beschriebenen Transferakt wären betriebsbedingte Kündigungen in großem Umfang unausweichlich gewesen. Dies hätte in der Region Ostfriesland ungleich stärkere Auswirkungen gehabt als in vielen anderen Teilen Deutschlands. So aber ist es möglich,

das Ziel „Umbau statt Entlassung" zu erreichen. Die Transformation eines Traditionsunternehmens mit über hundertjähriger Schiffbauerfahrung in einen Zulieferbetrieb für zukunftsträchtige Energieerzeuger sowie die Aufteilung der anderen Betriebsteile in eigenständige Organisationseinheiten ist eine große Chance für den Standort Emden, die letztlich von allen Beteiligten wahrgenommen wird. Und außerdem soll noch einmal betont werden, dass es TKMS erstmals in der Geschichte des deutschen Schiffbaus gelungen ist, einen Fertigungsstandort für den Schiffbau komplett mit allen Mitarbeitern einer neuen Nutzung zuzuführen.

Dabei wird in den ersten Monaten des Jahres 2012 noch einmal schmerzlich bewusst: Der Erfolg der Transformation in Emden hängt letztlich auch an den Fortschritten der Energiewende. Verzögerungen hier werden auch durch Engpässe in der Kreditzusage von Banken für das laufende Geschäft verstärkt.

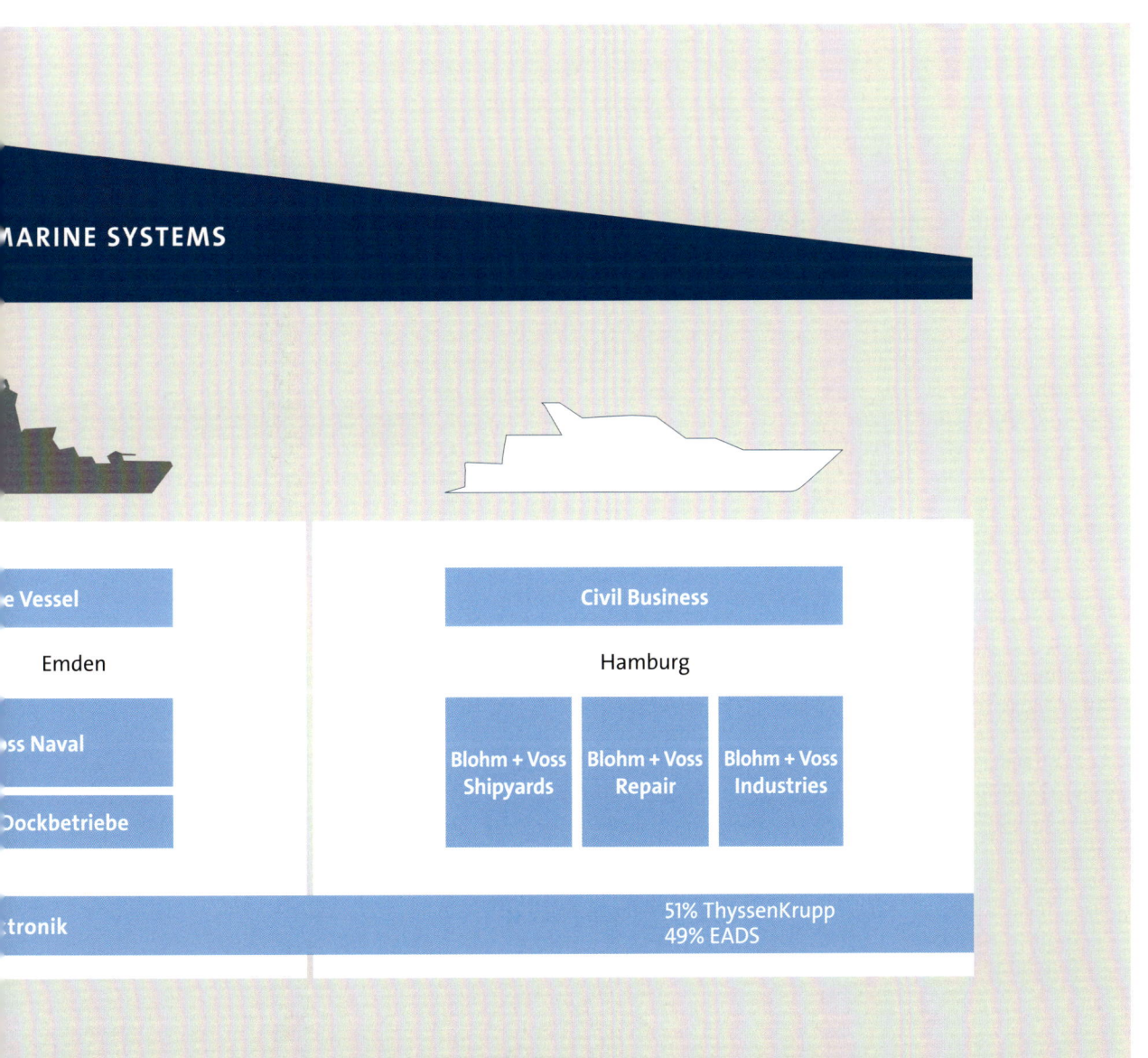

Ansatzpunkte einer strategischen Allianz in der Wachstumsregion MENA

Ob die revolutionären Wirren 1918/1919, die drohende Zerschlagung nach dem Ende des Zweiten Weltkrieges, die Werftenkrise in den siebziger Jahren, die Konkurrenz von Staatswerften im Marineschiffbau oder der 1990 einsetzende Verdrängungswettbewerb durch den ungehemmten Ausbau der massiv staatlich subventionierten Werften, zunächst in Korea und dann auch in China – im Laufe seiner langen Unternehmensgeschichte ist Blohm + Voss immer wieder auch in schwieriges Fahrwasser geraten.

Im Jahr 2008 schließlich reiht sich die weltweite Finanzkrise in die Kette jener bedrohlichen Ereignisse ein. Sie bringt nicht nur ThyssenKrupp Marine Systems AG (TKMS) und damit auch Blohm + Voss an den Rand des Zusammenbruchs, sondern viele andere Schiffbaubetriebe in vielen Teilen der Welt ebenfalls. In Folge des stark rückläufigen Welthandels sinkt der Bedarf an Frachtvolumen. Die Welthandelsflotte ist in den meisten Segmenten überdimensioniert, vor allem in der Containerschifffahrt. Viele Schiffe liegen auf, und trotz zahlreicher Stornierungen und Ablieferungsverschiebungen laufen immer noch weitere Neubauten zu.

Auch im Yachtbau ist ein empfindlicher Nachfrage- und Auftragsrückgang zu spüren. Darüber hinaus verschieben viele internationale Marinen geplante Neubauprogramme in eine fernere Zukunft. Hinzu kommen nicht vorhersehbare Zahlungsausfälle auf Seiten der Auftraggeber. Und noch immer ist die Situation angespannt, trotz Erholung der Konjunktur. In allen Segmenten der Schiffbauindustrie ist die Lage durch härter werdende Preiskämpfe und Schwierigkeiten bei der Vorfinanzierung aufgrund schärferer Kreditvorgaben der Banken gekennzeichnet. Die Folge: Experten gehen davon aus, dass sich bis 2015 allein die deutsche Werftindustrie mit großer Wahrscheinlichkeit halbieren wird – im günstigsten Fall.

Auch wenn Viele es nicht wahrhaben wollen oder die sich dramatisch entwickelnde Situation unterschätzen, auch für die Standorte von TKMS sind im Verlauf der Krise die Aussichten stetig düsterer geworden. Nur ein konsequentes Gegensteuern kann, soweit vorhersehbar, eine dauerhaft greifende Überlebenschance bringen. In Frage kommt dafür nur ein zuverlässi-ger Partner mit ausgewiesener Schiffbaukompetenz, welchen man mit der Werftengruppe Abu Dhabi MAR (ADM) aus dem gleichnamigen arabischen Emirat glaubt gefunden zu haben. Diese Holding aus den Vereinigten Arabischen Emiraten genießt nicht nur einen guten Ruf in der Schiffbau-Community in der MENA-Region und darüber hinaus, sondern verfügt gleichfalls über sehr gute Kontakte in die so genannte MENA-Region – Middle East und Nordafrika, also in jene Länder, deren Märkte TKMS bislang weitgehend verschlossen waren.

So bedeutet zunächst die Übernahme der Nobiskrug Werft durch ADM im Juli 2009 die beste Chance für den dauerhaften Fortbestand dieser Werft. Diesem Erfolg kann anschließend noch ein weiteres Kapitel hinzugefügt werden, denn auch für den Standort Kiel gelingt es TKMS, eine Lösung zu finden, mit der sich die Zukunft eines weiteren traditionsreichen Unternehmens der Gruppe sichern lässt. Im September 2011 übernimmt Abu Dhabi MAR auch die Werft HDW Gaarden mit allen 172 Mitarbeitern, Anlagen und Betriebsmitteln. Die in Abu Dhabi MAR Kiel (ADMK) umbenannte Werft richtet sich seitdem auf die Zielmärkte Offshore, Megayachten und Spezialschiffbau aus. Erste Aufträge können bei Nobiskrug und ADMK bereits kurzfristig hereingenommen und damit Beschäftigung gesichert und der Region eine neue wirtschaftliche Perspektive geboten werden.

Nach dem erfolgreichen Einstieg bei Nobiskrug und HDW Gaarden geht es dann als nächsten Schritt um den Verkauf der zivilen Schiffbaugeschäfte von Blohm + Voss in Hamburg. Dafür haben TKMS und Abu Dhabi MAR bereits im Oktober 2009 eine Absichtserklärung bekannt gegeben und im April 2010 einen Übernahmevertrag unterzeichnet. Er beinhaltet den Erwerb von Blohm + Voss Shipyards in Hamburg sowie (wie genannt) der Fertigungseinrichtungen für den zivilen Schiffbau der ehemaligen HDW Gaarden. Zudem übernimmt Abu Dhabi MAR laut Vertrag jeweils 80 Prozent an den Hamburger Gesellschaften Blohm + Voss Repair und Blohm + Voss Industries. Die beiden Parteien einigen sich außerdem auf eine enge strategische Partnerschaft, die die Gründung eines 50 : 50-Joint Ventures für den Bereich Design und Projekt-Management im Überwasser-Marineschiffbau von Blohm + Voss Naval beinhaltet. Diese Transaktion bedarf allerdings noch der fusionsrechtlichen Freigabe. Für den Marinebereich handelt es sich um einen genehmigungspflichtigen Vorgang gemäß Außenwirtschaftsgesetz (AWG). Der Vollzug der Transaktion mit dem so genannten Closing ist für Ende 2010 geplant.

Es kommt jedoch anders. Nach zwei Jahren intensiv geführter Gespräche und Verhandlungen einigen sich beide Seiten, TKMS und Abu Dhabi MAR darauf, ihre Bemühungen zur Schaffung der beabsichtigten Partnerschaft im Naval-Bereich sowie den Erwerb der

Blohm + Voss Shipyards, der Blohm + Voss Repair und der Blohm + Voss Industries einzustellen. Beide Seiten gehen dabei davon aus, dass sich die kommerziellen Anreize für die Transaktion aus verschiedenen Gründen in einer Weise abgeschwächt haben, dass anfänglich erwartete Geschäftschancen nicht mehr tragfähig erscheinen.

Die Einstellung der Verhandlungen löst bei den Belegschaften Enttäuschung, aber auch neue Sorgen über die Zukunft des Standortes Hamburg und damit verbunden über die Sicherheit der Arbeitsplätze aus. Sie sollen sich als unbegründet erweisen, weil bald ein neuer interessierter Partner gefunden werden kann.

Als eine der wachstumsstärksten Regionen, bildet MENA einen zentralen Ankerpunkt auf der Suche nach einem strategischen Partner.

Neue Kunden für Megayachten

Sicherheitslösungen für unsichere Küsten

Abu Dhabi

Teil IV

Neue Horizonte

„ *Immer direkt, die Leute in den Docks und Büros, die Vorstände und Betriebsräte. Immer auch scheu –*
die Blohm und Vosser! Zu viele Fragen, zu oft unsichere Zukunft.

30 Jahre habe ich Blohm + Voss begleitet. Bin zwischen den zahllosen Hallen, Werkstätten und
auf den Freiflächen herumgelaufen, habe das Entstehen, Wachsen und Verändern von Schiffen
beobachtet. Hunderte Gespräche und Interviews geführt. Aber auch genauso die Freude über neue
Aufträge miterlebt wie bittere, steinerne Mienen, wenn wieder einmal Abbau, Umbau, neue
Zeiten verkündet wurden. Alle Chefs, Betriebsräte, Schweißer und Sekretärinnen waren mit ihren
Schiffen verbunden. Sie waren und sind stolz auf ihre Arbeit und haben mich damit beeindruckt.
Die Docks von Blohm + Voss … das ist Hamburg. Das sichtbare, greifbare Symbol der maritimen
Tradition der Stadt, der Küste.

Bei aller nötigen Distanz als Journalist habe ich dieses Haus gerne und engagiert durch brutale und
hoffnungsvolle Zeiten begleitet. Und jetzt – in der nächsten neuen Phase – wünsche ich
Blohm + Voss fare well. Die Werft braucht jetzt Aufträge und glasklare Konzepte. Und die Stadt
braucht den Schiffbau und der Hafen die Docks in der Elbe. Zu viel industrielle Substanz ging schon
in Hamburg verloren.

Ich kann bis heute nicht begreifen, warum die deutsche Automobilindustrie weltweit Spitzenpositio-
nen halten und ausbauen kann, während der Schiffbau immer wieder abgeschmolzen wird.
Schiffbau in Deutschland, in Hamburg bot einmal Zehntausenden Arbeit und impfte der ganzen
Stadt Stolz ein. Der alte Glanz und die Faszination der monatlichen Stapelläufe sind längst vorbei.
Der neue Anfang möge nun ein Start in kraftvolle produktive Zeiten werden! „

Erwin May, Journalist

Blohm + Voss:
Die Unternehmensfamilie stellt sich neu auf

Blohm + Voss Shipyards: Technische Exzellenz mit Perspektive

Die Aufspaltung von Blohm + Voss, Hamburgs größter Werft am 1. April 2008 in drei Führungsgesellschaften für den Betrieb des operativen Geschäfts unter der Leitung von ThyssenKrupp Marine Systems als Holding war nur der vorerst letzte Schritt auf dem Wege zu einer Neuordnung des Unternehmens. Der wesentliche Punkt bei der organisatorischen Änderung war, dass die Blohm + Voss GmbH in zwei eigenständige Unternehmen aufgeteilt wurde:

Die TKMS Blohm + Voss Nordseewerke GmbH (später Blohm + Voss Naval GmbH) mit dem Schwerpunkt Marine-Überwasserschiffbau an den Standorten Emden und Hamburg, und die Blohm + Voss Shipyards mit dem Schwerpunkt Yachtbau an den Standorten Kiel (HDW Gaarden) und Hamburg. Von da an wurde bei Blohm + Voss zwischen der „Grauen Seite" und der „Weißen Seite" unterschieden. Während die „Graue Seite" für das Marine-Überwassergeschäft steht, werden unter der „Weißen Seite" die schon seit Mitte der neunziger Jahre in separaten Gesellschaften geführten Geschäfte der Blohm + Voss Industries, der Blohm + Voss Repair und der Blohm + Voss Shipyards verstanden.

Diese Entwicklung erfolgte hinsichtlich der großen Unterschiede in den Absatzmärkten (Marine/Yachten), aufgrund unterschiedlicher Geschäftsprozesse (Neubau/Reparatur) oder völlig anderer Produkte (Maschinenbau). Sie bedurften, und das war die zugrunde liegende Erkenntnis, unterschiedlicher Strukturen, um sich jeweils optimal ausrichten und am Markt positionieren zu können.

Mit dem Fertigungsstart der ersten der insgesamt vier Fregatten der Klasse 125 genau zwei Jahre später, am 1. April 2010, gilt dann allerdings ein neues Rollenverständnis: Blohm + Voss Naval tritt als Auftraggeber auf, während Blohm + Voss Shipyards der Auftragnehmer für den Bau der Schiffe wird. Aber bis dahin gibt es noch einiges zu tun, denn unter anderem hat Blohm + Voss Shipyards schließlich noch vier Yachtaufträge in den Büchern, die trotz aller kommerziellen Nackenschläge abgewickelt werden müssen.

In einer Betriebsversammlung am 9. Oktober 2008 gibt die Geschäftsführung von Blohm + Voss Shipyards die künftige Marschroute bekannt:

1. Der Abwicklung der laufenden Yachtprojekte wird oberste Priorität zugeordnet. Andernfalls sei keine Genehmigung für eine Fortsetzung dieses Geschäftes seitens ThyssenKrupp zu erwarten.

2. Für einen Folgeauftrag müssen drei Kriterien erfüllt sein, nämlich eine auskömmliche Bauzeit, eine hinreichend durchdrungene Konstruktion bei Fertigungsbeginn für ein abgesichertes Budget und Prozess-Sicherheit durch die absolute Konzentration auf das Projektmanagement.

3. Werden 1. und 2. erfüllt, sei eine künftige Ausdehnung auch auf andere schiffbauliche Nischenprodukte nicht ausgeschlossen, wenn nicht, werde der zivile Schiffsneubau eingestellt.

Die Botschaft ist simpel und der Schock sitzt tief. Aber er ist heilsam, da der Belegschaft die Konsequenzen offen und ungeschönt dargelegt werden. Es folgen zwei Jahre intensiver Restrukturierungsarbeit, während der alle erforderlichen Prozesse auf den Prüfstand kommen und, wo nötig, neu aufgesetzt werden. Im Zuge des erfolgreichen Umsetzens der prozessualen Veränderungen gilt es jedoch, gleichzeitig eine eher noch schwierigere Aufgabe zu bewältigen, nämlich die Schaffung einer offenen Unternehmenskommunikation als Voraussetzung für Transparenz. Ohne Transparenz und den offenen Umgang mit internen Problemen hätte aus „schuldzuweisungs-orientierten" Verhaltensmustern niemals eine „lösungsorientierte" Organisation entstehen können. Eine Frage veränderter Unternehmenskultur? Ohne Zweifel, ja!

In den Jahren 2009 und 2010 werden dann alle vier Yachten mit beeindruckender Resonanz im Markt abgeliefert. Drei der Neubauten, ORCA (PALLADIUM), SF99/SIGMA (A) und ECLIPSE erhalten gleich mehrfach internationale Auszeichnungen. Zwar hat man diese schönen Erfolge auch bei ThyssenKrupp anerkannt, jedoch will man das Geschäft mit dem Yachtbau und damit den verbliebenen zivilen Schiffsneubau nicht mehr unter eigener Regie fortsetzen und begibt sich auf Partnersuche. Sie führt zunächst erfolgversprechend nach Abu Dhabi. Das Ergebnis ist bekannt.

Da aber das Geschäftsmodell der „Weißen Seite" weiterhin bei Investoren auf großes Interesse trifft, werden die Gespräche zur Veräußerung mit anderen potenziellen Unternehmen Partnern fortgeführt. Dabei kommen Unternehmen aus der Schiffbaubranche wegen der weltweit völlig überdimensionierten und nun durch die Finanzkrise in schwere Bedrängnis geratenen Schiffbaukapazitäten als strategische Investoren nicht mehr in Betracht. Da es sich bei den beiden betroffenen Blohm + Voss-Unternehmen indes um ausgeprägte Spezialschiffbaubetriebe mit Wachstumsperspektiven handelt und bei Blohm + Voss Industries um ein solide aufgestelltes und krisenfestes Maschinenbau-Unternehmen, ist besonders das Interesse von Finanzinvestoren geweckt.

Einer dieser Investoren ist das britische Private Equity Gesellschaft Star Capital Partners mit Sitz in London. Infolge früherer Kontakte mit dem Management sind die Briten sehr schnell in der Lage, in Verhandlungen mit ThyssenKrupp einzutreten und bereits am 4. August 2011 eine Absichtserklärung über den Verkauf der kompletten „Weißen Seite" zu unterzeichnen.

Der Umstand, dass nun nach den langen Jahren unter der Führung von ThyssenKrupp ausgerechnet ein britischer Finanzinvestor Blohm + Voss übernehmen soll, stößt zunächst auf Bedenken, im weiteren Verlauf aber auf immer mehr Zustimmung und Wohlwollen von Belegschaft und Betriebsrat. Der Investor kann überzeugend vermitteln, dass er zwar nicht an einem auf Dauer angelegten Engagement interessiert sei und plane, die Gesellschaften irgendwann wieder zu veräußern, dieses aber grundsätzlich mit einer Weiterentwicklung der erworbenen Gesellschaften und womöglich mit deren Wertsteigerung verbinden wolle.

Am Beispiel von Blohm + Voss Shipyards leuchtet dies allen Betroffenen unmittelbar ein, denn bereits mit diesem Bekenntnis und entsprechenden Investitionsverpflichtungen zum Weiterbetrieb des Yacht-Neubaus ist die Perspektive der Werft abgesichert. Dies wäre mit einem Verbleib bei ThyssenKrupp nicht mehr sehr wahrscheinlich und auch das zwischenzeitlich eingegangene, viel diskutierte Angebot der Bremer Lürssen-Werft hätte konsequenterweise vorgesehen, den zivilen Schiffsneubau, speziell den Yachtbau, in Hamburg aufzugeben. Der Konstruktionsbereich von Blohm + Voss Shipyards, der mit über 100 Mitarbeitern als ehemaliger Bestandteil der HDW in Kiel angesiedelt ist, wäre einer solchen Verbindung unmittelbar zum Opfer gefallen.

Zum Erstaunen einer breiten Öffentlichkeit ziehen Belegschaften, Betriebsräte, Management und IG Metall Küste an einem Strang und unterstützen den Verkaufsprozess. Auch gelegentliche Diffamierungsversuche, den Käufer als „Heuschrecke" darzustellen, konnten dies nicht verhindern. Das Vertrauen in die gemeinsame Vorwärtsstrategie von Management und Investor und die damit verbundene Hoffnung auf den Erhalt der Arbeitsplätze auf Steinwerder wiegen schwer, so dass alle Betroffenen gleichermaßen das Konzept mittragen. Selbst die Bundesregierung, die wegen der Unterbeauftragung des Baus der neuen Fregatten der Klasse 125 an Blohm + Voss Shipyards ein Vetorecht hätte, schenkt dem vorgestellten Konzept Vertrauen und genehmigt den Verkauf an Star Capital Partners.

Am 9. Dezember 2011 stimmt auch der Aufsichtsrat der ThyssenKrupp Marine Systems dem Verkauf zu, und die entsprechenden Verträge werden zwei Tage später beurkundet. Dieses Mal soll es auch mit deren Vollzug klappen. Die Verträge werden am 31. Januar 2012 wirksam. Damit wird fast vier Jahre nach der Entscheidung von TKMS, Blohm + Voss, den zivilen und dem militärischen Schiffsneubau, in zwei getrennten Gesellschaften zukunftsfähig zu machen, ein für den Erhalt der Schiffbauaktivitäten wichtiger Meilenstein erreicht. Es ist ein langer und schwieriger Weg dorthin und für die Belegschaften ein ständiges Wechselbad der Gefühle zwischen Sorge und Zukunftsängsten, bis schließlich die Hoffnung die Oberhand gewinnt. Diese gemeinsam mit Bravour, Einsatzwillen und Teamgeist gemeisterten Jahre zeigen den gesunden, starken Kern des Unternehmens, so dass an der Zukunftsfähigkeit keine Zweifel bestehen.

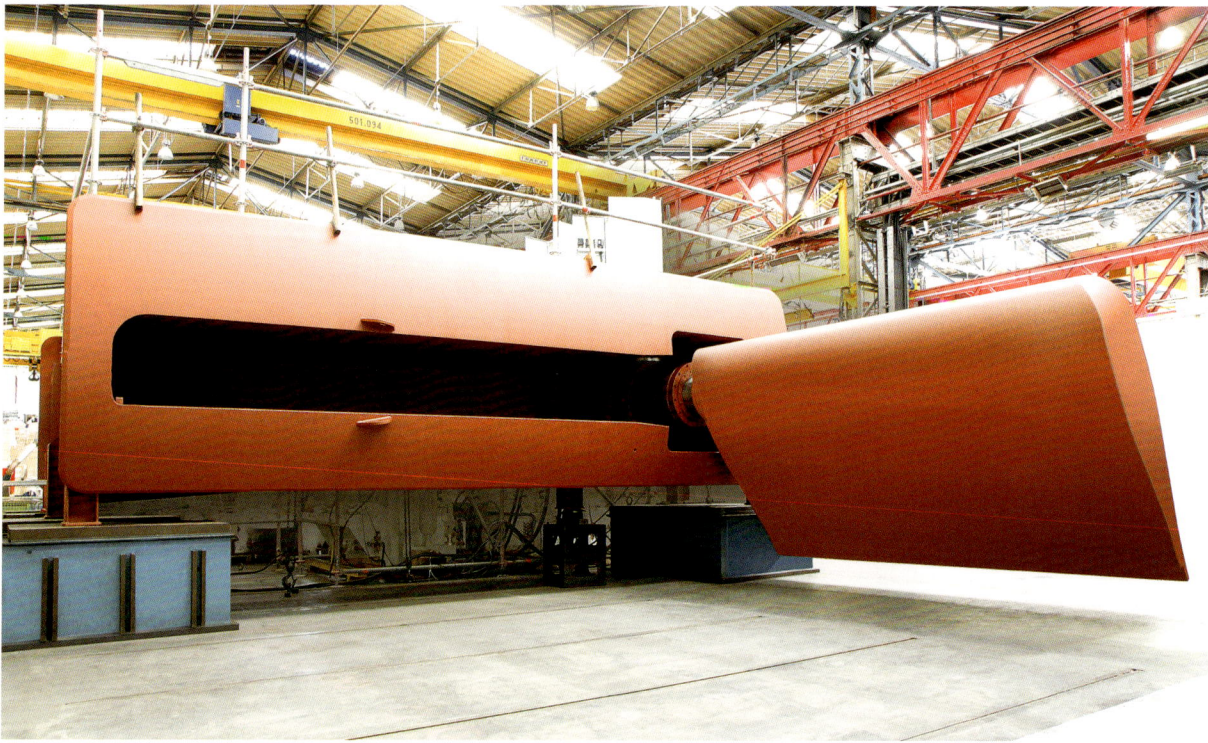

Airspace-Abdichtung:
Ein Vier-Ring-Abdichtungssystem mit einer speziellen
Luftkammer zur Trennung
von Stevenrohröl und See-
wasser von Blohm + Voss
Industries.

Modul einer Zero-Speed-
Stabilisatoren-Anlage in
der Maschinebauhalle der
Blohm + Voss Industries.

Blohm + Voss Industries: Komponenten auf Weltniveau

Blohm + Voss Industries kommt in diesem Zusammenhang und in der Geschichte von Blohm + Voss eine besondere Stellung zu. Denn anders als bei den beiden Werftbetrieben „Repair" für Schiffsreparatur und -umbauten sowie „Shipyards" für Schiffsneubau und Yachten ergeben sich praktisch keine Synergien oder Verwandtschaften zwischen Blohm + Voss Industries und den beiden Schwestergesellschaften. Eine Ausnahme allerdings gilt, denn wie auf ganz Steinwerder fühlt man sich auch bei Blohm + Voss Industries als „Blohmer" und blickt mit Stolz auf die gemeinsamen Wurzeln zurück, die wie bei der Werft insgesamt bis in das Gründungsjahr 1877 zurückreichen. Schließlich wurde Blohm + Voss ja als Schiffswerft und Maschinenfabrik gegründet.

Zum Zeitpunkt der Trennung des Maschinenbaus von der Werft 1996 besaß B+V Industrietechnik noch ein umfangreiches Produktportfolio. Dazu zählten ganz wesentlich der Motorenbau sowie der Dampfturbinen- und Kesselbau. Daneben gab es weitere Produktlinien wie die der SIMPLEX-Familie, die mit der Übernahme des Werks Ross der Hamburger HDW zu Blohm + Voss Industries gekommen war. Dabei handelte es sich um schiffsmaschinentypische Komponenten wie Wellenabdichtungen, Flossenstabilisatoren und Bilgenwasserentöler. Aber es gab auch Produkte, die mit der Schifffahrt gar nichts zu tun hatten, beispielsweise Spiralrohrschweißanlagen, Pelettieranlagen, Flugzeugmontagestraßen und viele Jahre lang als einträgliches Geschäft den Bau von Panzerwannen und -türmen. Dieses breite Produktportfolio diente neben der Diversifizierung im Wesentlichen der Auslastung der eigenen Fertigungskapazitäten und ließ sich bei dem zunehmend globalen Wettbewerb nicht mehr aufrechterhalten. So verschwanden denn auch viele seit Jahren hergestellte Produkte nach und nach aus dem Angebot von Blohm + Voss Industries.

In 2002, dem Jahr des 125-jährigen Jubiläums, finden sich schließlich nur noch der Turbinenbau, ein mehr und mehr auf Serviceleistungen reduzierter Motorenbau, die Wehrtechnik mit dem Bau gepanzerter Gehäuse und die Schiffstechnik bei Blohm + Voss Industries, die seinerzeit noch B+V Industrietechnik heißt. Wenig später, 2004, wird der Motorenneubau ganz eingestellt. Blohm + Voss hat als Lizenznehmer von Pielstick viele Jahre sehr erfolgreich mittelschnelllaufende Motoren mit der Besonderheit einer Dual-Fuel-Feuerung gebaut, mit der diese Motoren interessant für den Einsatz in dezentralen Blockheizkraftwerken sind. In der „Nachwendezeit" ab 1990 hat diese Kraftwerksart wegen des hohen Bedarfes in den neuen Bundesländern sogar noch einmal eine Renaissance erlebt. Gegen Ende der neunziger Jahre sorgte dann der mit der Liberalisierung der Strommärkte einhergehende Verdrängungswettbewerb für erhebliche wirtschaftliche Probleme bei den Betreibern dezentraler Eigenerzeugungskapazitäten und damit für massive Investitionsbremsen. Die Auswirkungen auf die Fertigung bei Blohm + Voss Industries waren entsprechend.

Anders sieht es bei den Dampfturbinen von Blohm + Voss aus. Mit ihren hocheffizienten Reaktionsturbinen gerade bei kleineren Leistungen bis etwa 20 MW haben sie sich eine unangefochtene Führungsposition in Europa erarbeitet, und zwar überall dort, wo spezielle Förderprogramme eine hohe Stromvergütung für auf Biomasse basierende Heizkraftwerke versprechen. Zahlreiche Sägewerke und Möbelfabriken investieren in derartige dezentrale Anlagen, und dabei sind vor allem die Dampfturbinen von Blohm + Voss gefragt. Dennoch wächst die Erkenntnis, dass dieser Erfolgszug möglicherweise nicht von Dauer sein kann. Deshalb lässt das Management von Blohm +Voss Industries 2005 eine weitreichende strategische Umstrukturierung vorbereiten. Das Unternehmen wird in Profit-Center aufgeteilt, wobei jedes der verbliebenen Produktsegmente – Dampfturbinen, Wehrtechnik und Schiffstechnik – mit einer eigenen, integrierten Wertschöpfungskette versehen wird. Im Jahre 2006 kann die Turbinensparte an die MAN Turbo verkauft werden, die in den Hamburger Turbinen eine willkommene Ergänzung ihres eigenen Produktportfolios sieht und sie mit den komplett übernommenen rund 250 Mitarbeitern weiter am Standort Steinwerder baut.

Ähnliches lässt sich nur ein Jahr später mit dem Verkauf der Sparte Wehrtechnik an die Krauss-Maffei-Wegmann (KMW)-Gruppe auch erreichen. Durch den Verkauf können weiterhin gepanzerte Gehäuse auf Steinwerder produziert werden.

Blohm + Voss Industrie sieht sich nach den Verkäufen schlanker aufgestellt und ganz auf das Geschäft mit schiffstechnischen Komponenten und Anlagen konzentriert, also auf seine Kernkompetenzen, welche aus den Produktsparten Wellenkomponenten, Flossenstabilisatoren, Rudermaschinen und Bilgenwasserentöler bestehen. Diese Produkte bilden das Rückgrat für die Neuausrichtung. Sogar während der Finanz- und Wirtschaftskrise 2008/09 gelingt es, im Gegensatz zu den meisten anderen Maschinenbauunternehmen, die Geschäfte fortzuführen, ohne für die Mitarbeiter Kurzarbeit anmelden zu müssen.

Die Trennung in Produktbereiche, in der Forschung und Entwicklung, Konstruktion, Auftragsabwicklung, Fertigung/Montage und Service gleichberechtigt nebeneinander stehen, ist der nächste

Rush-Hour in den Docks: Im
Dezember 2009 dockten die
Kreuzfahrtschiffe AMADEA
und ALBATROS zeitgleich im
Trockendock ELBE 17.

Entwicklungsschritt, der zurückgelegt wird. Er ist nicht zuletzt deshalb sinnvoll, weil je nach Produkt neben regionalen Unterschieden auch die Bedürfnisse der Kunden sehr unterschiedlicher Art sind. Am deutlichsten tritt dies beim Service zutage. Allen Produktbereichen ist gemein, dass sie sowohl die Fertigung und Montage als auch den After-Sales Service anbieten. Diese Kombination ist die zentrale Komponente des Unternehmenserfolges.

Die organisatorische Umstrukturierung findet 2009 ihren vorläufigen Abschluss. Sie verlangt von allen Beteiligten viel ab, denn neben der Bereitschaft, sich auf neue Dinge einzustellen, bedarf es viel Geduld und Ausdauer, bis diese Prozesse funktionieren. Natürlich ist es dabei ebenso wichtig, Erfolge nach außen melden zu können. So erfüllt es alle Mitarbeiter mit gewissem Stolz, als 2007 die 50.000. Abdichtung und das 250. FlexiTube-Stevenrohr sowie ein Jahr später die 555. Flossenstabilisatorenanlage ausgeliefert wird.

Noch wichtiger ist jedoch die Neueinführung von Produkten, denn sie stehen für die Zukunft eines Unternehmens. Herausragend für Blohm + Voss Industries ist dabei 2008 sicher die Vorstellung des neuen Zero-Speed-Stabilizers, der auch Schiffe stabilisiert, wenn sie vor Anker liegen – eine Anwendung, die im Markt für Megayachten auf eine hohe Nachfrage stößt. Im Bereich Wellenkomponenten sind es weniger echte Neuprodukte als Lösungen für besondere Anforderungen. So liefert Blohm + Voss Industries beispielsweise 2006 eine modifizierte Airspace-Abdichtung für Yachten, die durch ihren im Vergleich zu anderen Schiffen geringen Tiefgang notwendig geworden ist. Hierzu einmal eine nähere Erklärung: Bei einer Airspace-Abdichtung, die zur Reihe der Simplex-Compact-Abdichtungen gehört, handelt es sich um ein Vier-Ring-Abdichtungssystem mit einer speziellen Luftkammer zur perfekten Trennung von Stevenrohröl und Seewasser. Die Lebensdauer der Stevenrohrlager wird beim Einsatz einer Airspace-Abdichtung durch das Verhindern jeglicher Möglichkeit von eindringendem Seewasser in das Stevenrohrsystem verlängert. Außerdem kann kein Öl in das Seewasser austreten.

In der Zeit nach 2009 beginnt nun die Phase, in der das Management die als Basis für die Zukunft eingeführte Struktur auch über die einzelnen Produktbereiche hinaus gestalten muss. Ziel ist es, die Zusammenarbeit im Gesamtunternehmen zu verbessern und damit die Geschäftsprozesse insgesamt stabiler zu gestalten.

In den Jahren 2008 und 2011 stärkt Blohm + Voss Industries mit den Gründungen von Tochtergesellschaften in Shanghai und Singapur nicht nur seine Präsenz in den wichtigsten asiatischen Schifffahrts- und Schiffbaumärkten, sondern holt gleichzeitig auch neue Geschäftsaktivitäten ins Haus. Die Entwicklung einer eigenen Steuerung von Flossenstabilisatoren, die zuvor von Zulieferern bezogen werden, sowie der Ausbau der Serviceabteilungen sind zusätzliche Maßnahmen, um dem Unternehmen auch langfristig eine höhere Wertschöpfung zu sichern und damit die Basis für weiterhin wirtschaftliche Erfolge zu legen.

Mit dem exzellenten Ruf seiner Produkte, dem weltweiten Service- und Vertriebsnetzwerk sowie der Möglichkeit, die bestehende Angebotspalette aus Wellenabdichtungen, Flossenstabilisatoren und Bilgenwasserentölern um weitere Produkte für die gleichen Kunden zu ergänzen, ist der Kurs der Gesellschaft unverändert auf Wachstum abgesteckt. Der soll mit dem neuen Eigner Star Capital Partners mit zusätzlichem Schwung beibehalten werden. In einem Kundenumfeld, in dem neben dem Schiffsneubau im wesentlichen Reeder und Schiffsmanagementunternehmen davon abhängig sind, dass neben soliden Produkten rund um die Uhr ein zuverlässiger Service geboten wird, sieht sich Blohm + Voss Industries in seiner Eigenständigkeit mit genau diesen Leistungen hervorragend und vielversprechend aufgestellt.

Blohm + Voss Repair: „We repair anything that floats – in time, in budget"

Als der Reparaturbereich 1996, wie auch Blohm + Voss Industries, unter dem Dach von ThyssenKrupp in die Selbständigkeit entlassen wurde, ging es der Werft schlecht. Hohe Verluste und ein harter Wettbewerb im umkämpften Markt für Schiffsreparaturen sorgten für leere Docks. Der einzige Ausweg und damit die letzte Chance, eine drohende Schließung zu vermeiden, war eine deutliche Senkung der Fixkosten, die sich nur mit einer Reduzierung der Personalstärke auf etwa ein Drittel des vorherigen Niveaus erreichen ließ. Es war eine bittere Zeit für die Werft und die Mitarbeiter, aber auch für die Vorgesetzten, die diese harten Schritte im Unternehmen zu vermitteln hatten.

Jedoch geht die Rechnung auf, zumindest für diejenigen, die an Bord verblieben sind. Dank eines neuen Geschäftsmodells mit vermehrtem Einsatz von Partnerunternehmen im Bedarfsfall und der so gewonnenen Flexibilität sieht sich Blohm + Voss Repair etwa ab der Jahrtausendwende wieder auf der Erfolgsspur. Der Umschwung ist geschafft. Nicht zuletzt trägt dazu auch eine deutlich verbesserte Marktentwicklung bei, und nach wie vor gilt das Motto „We repair anything that floats!". Es wird ergänzt durch „In time,

Die Verlängerung der BALMORAL (ex. NORWE-GIAN CROWN): Das Kreuzfahrtschiff der Fred. Olsen Cruise Line wird um eine Mid-Schiffsektion von ca. 30 Metern verlängert.

in budget". Hier sind Pragmatismus und Flexibilität gefragt, denn lange Vorplanungszeiten sind gerade im Reparaturgeschäft oft nicht möglich. Anders sieht es natürlich bei komplexen Umbauten aus, die im Gegensatz dazu besonders sorgfältig vorbereitet werden müssen. Die wohl bekanntesten Beispiele für eine ganze Reihe teilweise spektakulärer Aufträge sind sicherlich die Verlängerung der beiden Kreuzfahrtschiffe BALMORAL und BRAEMAR der norwegischen Fred. Olsen Cruise Line, für die eine enge Zeitvorgabe von jeweils nur zwei Monaten getroffen wird.

Am 16. November 2007 dockt die BALMORAL (ex NORWEGIAN CROWN) in das große Blohm + Voss Repair-Trockendock „ELBE 17" ein, um durch Einbau einer neuen Mittelschiffssektion verlängert zu werden. Damit werden zusätzlich 186 Passagier- und 53 Besatzungskabinen geschaffen. Weiterhin werden 60 neue Balkone installiert und diverse öffentliche Einrichtungen neu geschaffen bzw. überarbeitet. Die 30,20 Meter lange, 28,21 Meter breite und 1.800 Tonnen schwere Mittelschiffssektion ist zuvor schon bei der Schichau Seebeckwerft in Bremerhaven gefertigt und schwimmend nach Hamburg überführt worden. Nachdem die BALMORAL im Dock liegend in zwei Hälften auseinandergeschnitten ist, erfolgt

das Einpassen der neuen Mittelschiffssektion und anschließend das passgenaue Aneinanderfügen der drei Schiffsteile. Am 18. Januar 2008 verlässt die BALMORAL die Werft wieder zu einer Probefahrt in der Nordsee, um anschließend in Dover der Reederei übergeben zu werden. Am 13. Mai 2008 dockt dann die BRAEMAR (ex CROWN DYNASTY) in „ELBE 17" ein, um ebenfalls um eine neue Mittelschiffssektion verlängert zu werden. Am 30. Juni 2008 verlässt die Braemar die Werft pünktlich auf den Tag mit einer von 750 auf 950 Personen erhöhten Passagierkapazität. Für Blohm + Voss Repair werden derartige Arbeiten zu einer Spezialität.

Blohm + Voss Repair als eine der wenigen Werften in der Welt, die Schiffe fast jeder Größe docken kann, verfügt über vier Schwimmdocks und ein Trockendock mit Längen zwischen 162 und 351 Metern. Außerdem ist 2008 die längste Drehbank Europas in Betrieb genommen worden. Die 200 t schwere Maschine ruht auf einem 750-t-Fundament und erlaubt es, Werkstücke bis zu 20 Metern Länge und einem Gewicht von 140 t zu bearbeiten. Das verschafft die Möglichkeit, riesige Antriebsanlagen, wie etwa die der QUEEN MARY 2, zu reparieren. Entscheidend verbessert worden sind auch die Verfahren zur Entlackung und

Wiederbeschichtung der im Dock liegenden Schiffs-rümpfe durch die Entwicklung neuer Hochdruckwas-serstrahler. Damit werden nicht nur hinsichtlich der Geschwindigkeit bei der Auftragserledigung neue Standards gesetzt, sondern auch im Umweltschutz. In diesem Zusammenhang wird auf die Nachbehand-lung des Waschwassers besonderes Gewicht gelegt. Mit Hilfe eines Ionentauschers und nachgeschalteter UV-Bestrahlung werden die im Waschwasser nach Entfernung der Beschichtung enthaltenen Schwerme-talle so weit reduziert, dass es rückstandsfreier in den Fluss zurückgepumpt wird, als es entnommen wurde.

Vielen Hamburgern und Hamburg-Touristen be-schert Blohm + Voss Repair oftmals vor allem um die Weihnachtszeit eine unvergessliche Kulisse, wenn Kreuzfahrtschiffe eine Atempause zum Jahresende für eine Schönheitskur nutzen. Dass Blohm + Voss Repair zu keiner Zeit einen Kunden im Regen stehen bzw. liegen lässt, für den es terminlich einmal zu eng geworden ist, kann man im Winter 2010 beobachten, als zwei Kreuzfahrtschiffe gleichzeitig und parallel in einem Dock auf die Pallen gestellt werden.

Ein weiteres Beispiel bietet die QUEEN MARY 2. Riesige Menschenmengen von bis zu 100.000 „Seh"-Leuten säumen regelmäßig die Ufer der Elbe rund um die Hamburger Landungsbrücken und den Elbstrand weiter stromabwärts, wenn sich das Flaggschiff der Reederei Cunard zu Reparaturarbeiten in das Groß-dock „ELBE 17" begibt, um dort trocken gestellt zu werden. Da man sich bei der Reederei stets darauf verlassen kann, dass eine geplante Reparatur von 168 Stunden bei Blohm + Voss Repair auch nicht länger als 168 Stunden in Anspruch nehmen wird, bekommt die Werft gerade bei komplizierten Instandsetzun-gen auch dann schon einmal den Zuschlag, wenn für eine Anreise nach Hamburg ein Umweg in Kauf ge-nommen werden muss. Seitdem ist die QUEEN MARY 2 fünfmal bei Blohm + Voss und verlässt jedes Mal nach zum Teil sehr umfangreichen Reparaturen und Instandsetzungen pünktlich die Werft. Am 5. Dezem-ber 2011 geht es vorerst zum letzten Mal wieder elbab-wärts, aber sie wird wiederkommen, denn wenn die Anzahl der Besuche nicht für Kundenzufriedenheit spricht, was denn sonst?

In einer Marktanalyse, die Blohm + Voss Repair im Jahre 2009 zur Validierung der eigenen Unterneh-mensstrategie durchführen lässt, finden sich auch Kundenaussagen wie diese: „They, maybe, are double expensive than others, but they are at least as double as fast as their competitors!"

Ein anderer Bereich, in dem Blohm + Voss Repair sich besonders auszeichnet, ist der Offshore-Bereich. Die Verlagerung der Förderung in immer größere Wassertiefen und zu arktisch unwirtlichen Einsatz-bedingungen führt neben erheblichen Investitionen der dort tätigen Industrie in den notwendigen Ausbau der entsprechenden Infrastruktur und ebenso not-wendig zu Umbauten bestehender Tonnage, um sie zur Anpassung an die wachsenden Anforderungen zu ertüchtigen. Eine Alternative zu Neubauten, die sich rechnet. So vertraut die dänische Reederei Lau-ritzen Tankers 2007 den Umbau des ursprünglich als Kabelleger konzipierten, aber unfertig gebliebenen KASKOS KRAKA Blohm + Voss Repair zur Fertigstel-lung nunmehr als Accomodation Support Vessel an. Dazu muss das Schiff zunächst völlig entkernt und anschließend von Grund auf neu aufgebaut werden.

Nach Beendigung der Arbeiten heißt es dann auch nicht mehr KRAKA, sondern ist unter dem neuen Namen DAN SWIFT für völlig neue Aufgaben vorgese-hen, nämlich für die Unterstützung von Ölförder- und Verarbeitungseinheiten auf hoher See. Diese Offshore-Produktionen in bis zu 2.500 Meter tiefem Wasser zu versorgen und funktionsfähig zu halten, ist nicht nur ein schwieriges, sondern auch ein kostspieliges Unter-fangen. Genau an diesem Punkt setzt die 150 Meter lange und 22 Meter breite DAN SWIFT an. Der Umbau der KRAKA zur DAN SWIFT ist einer der komple-xesten Aufträge, den Blohm + Voss Repair seit seiner Gründung 1996 übernommen hat. Zum einen wegen der technischen Komplexität, dazu gehören auch Design und Konstruktion des Umbaus, und zum an-deren, weil es kein Vorbild gibt. So ist die speziell und ausschließlich für den Offshore-Einsatz konzipierte DAN SWIFT weltweit die erste Einheit ihrer Art. Dabei spricht es für das absolute Vertrauen des Auftragge-bers, dass die Dan Swift nach ihrer Fertigstellung ohne Probefahrt gleich von der Werft aus direkt Kurs auf Brasilien zu ihrem ersten Auftrag nimmt.

Die Entwicklung der weltweiten Suche und Förde-rung von Erdöl und Erdgas beschert Blohm + Voss Repair auch im Komponentengeschäft im Bereich „Oil Tools" seit Anfang des Jahrtausends erfreuliche Erfolge. Dieser als Profit Center geführte Bereich be-fasst sich mit der Konstruktion und der Herstellung einer breiten Palette von Rohrverbindungsgeräten für die Offshore- und Onshore-Ölförderindustrie. Als Nummer zwei ist er im Weltmarkt gut vertreten, nicht zuletzt durch die im Jahre 2008 erfolgte Übernahme eines amerikanischen auf Pipeline Equipment spezia-lisierten Unternehmens.

Und in noch einem weiteren Marktsegment genießt Blohm + Voss Repair ein hohes Ansehen, und zwar bei komplexen Yacht-Reparaturen und -umbauten bis hin zur Komplettierung von KASKOS.

Etwa ab 2005 beginnt sich wegen der unglaublich ge-stiegenen weltweiten Schiffsneubauproduktion und der damit rasch wachsenden Handelsflotten, vor allem in den Segmenten Containerschiffe und Bulker, ein „Jahr-zehnt der Schiffsreparatur" abzuzeichnen. Es können

sogar Engpässe bei den Reparaturkapazitäten schon allein im Hinblick auf die von den Klassifizierungsgesellschaften vorgeschriebenen Klasse-Dockungen erwartet werden. Eine durchaus erfreuliche Perspektive also, die aber bereits im Herbst 2008 mit den wegen der Finanzkrise sich stark rückläufig entwickelnden Schifffahrtsmärkten wieder in sich zusammenbricht. Der erwartete „Bietermarkt" kippt schlagartig um in einen „Käufermarkt", und der Wettbewerbsdruck nimmt seitdem ständig zu, zumal viele der nach Auslastung suchenden, vor allem asiatischen Neubauwerften diese nun in der Schiffsreparatur zu finden hoffen.

Obwohl der stark frequentierte Hamburger Hafen aufgrund seiner ausgezeichneten Hafeninfrastruktur und auch als „turning port" für Blohm + Voss sicherlich gewisse Vorteile bringt, wird sich das Unternehmen darauf einstellen müssen, dass das klassische Geschäft mit Standard-Reparaturen, im Werftjargon „Rasieren und Haare schneiden", für die eigene Auslastung eine immer geringere Rolle spielen wird. Wenn es sich einrichten lässt, suchen sich die Reedereien für die unvermeidlichen Dockaufenthalte ihrer Schiffe entsprechende Plätze in Asien. Das Angebot ist groß. Nur wenn die Reparaturen doch als komplizierter eingeschätzt werden und unbedingte Pünktlichkeit erfordern, hat Blohm + Voss eine Chance. Dies soll auch künftig genutzt werden, wie auch verstärkt die internationale Reputation für die Ausführung komplexer Umbauprojekte.

Mitbestimmung: Eine Basis für Beschäftigung und Zukunft

Weichenstellungen wie der Verkauf der „weißen Seite" an einen Finanzinvestor und die Fokussierung auf das Marinegeschäft stellen auch die Mitbestimmung im Unternehmen auf die Probe. Wie gehen die Akteure mit dieser Transformation und Neuausrichtung um?

Große Kapitalgesellschaften wie der Konzern ThyssenKrupp und seine großen Einzelgesellschaften sind wie vergleichbare andere Unternehmen auch der gesetzlichen Mitbestimmung in Deutschland unterworfen. Dafür maßgeblich ist vor allem das Mitbestimmungsgesetz von 1976. Viele Experten sehen in der Mitbestimmung in den Aufsichtsräten und auf Betriebsebene, wie sie durch das Betriebsverfassungsgesetz begründet ist, ein wesentliches Charakteristikum für den langfristigen Erfolg unserer Volkswirtschaft. Ja: Mitbestimmung verlangsamt manche Anpassungsprozesse einerseits aufgrund vielfältiger Legitimierungsschleifen, andererseits sorgt sie aber für sozialen Ausgleich im Anpassungsprozess und damit

auch für seine relativ hohe Akzeptanz. Und sie verhindert möglicherweise manche im Nachhinein als übereilt zu bewertende Entscheidung, indem sie sorgfältige Abwägungsprozesse begünstigt. Mitbestimmung kann diese positiven Ausprägungen allerdings nur dauerhaft gewährleisten, wenn Interessenwahrnehmung flankiert wird durch die Bereitschaft nicht nur zum Kompromiss, sondern zur Verantwortungsübernahme auch hinsichtlich unbequemer und unpopulärer Entscheidungen. Basis dafür ist wechselseitiges Vertrauen und Mut zur Verantwortungsübernahme.

Die Entscheidungsträger im ThyssenKrupp-Konzern, auf Kapital- und Arbeitgeberseite ebenso wie auf der Arbeitnehmerseite, haben in vielfältigen freiwilligen Vereinbarungen die gesetzliche Mitbestimmung in besonderer Weise geprägt und so eine starke Vertrauenskultur geschaffen. Die so genannte „Essener Erklärung" von 2009 konzentriert sich auf Leitplanken zur sozialverträglichen Ausprägung von notwendigen Anpassungen in der ersten großen Konzernreorganisation nach der Fusion. Die Vereinbarung „Zukunft und Beschäftigung" vom Mai 2011 wiederum formuliert Eckpunkte zur Umsetzung der Portfoliooptimierung, die es den Arbeitnehmern ermöglichen, wesentliche wirtschaftlich notwendige Umbauten mitzutragen. Dazu gehören der Ausschluss betriebsbedingter Kündigungen für eine Reihe im Einzelnen definierter Maßnahmen, die Begleitung von konkret geplanten Veräußerungen durch gemeinsame Kommissionen oder die Verpflichtung, bei der Veräußerung von Gesellschaften des Konzerns nach einem so genannten „Best owner" zu suchen.

Der Transformationsprozess, den ThyssenKrupp Marine Systems seit Mitte 2011 in Form der Konzentration auf das Marine-Geschäft und der Veräußerung der zivilen Bereiche von Blohm + Voss an einen britischen Investor durchlaufen ist, stand von Anfang an formal außerhalb der Reichweite der Essener Erklärung. Dennoch finden sich die wesentlichen Elemente des ThyssenKrupp-eigenen Wegs der offenen Gestaltung von umfangreichen Portfolioveränderungen auch in der Umsetzung dieser tiefgreifenden Transformation wieder.

Der Unternehmensleitung von ThyssenKrupp Marine Systems ebenso wie den Repräsentanten des Erwerbers war klar, dass sich eine traditionsreiche Marke wie Blohm + Voss nicht im Konflikt zwischen Management und Arbeitnehmern neu ausrichten lässt. Umgekehrt sahen auch die Vertreter der Arbeitnehmer, die Betriebsräte und Gewerkschafter, dass die Chancen eines neuen Wegs für das Marinegeschäft von ThyssenKrupp einerseits und das zivile Geschäft des Schiffneubaus, der Reparatur und des Maschinenbaus andererseits die Risiken übertreffen, wie sie unter anderem mit dem Verlust der jahrzehntelang schützenden Hand des Weltkonzerns ThyssenKrupp unzweifelhaft auch verbunden sind.

Die Arena der Mitbestimmung auf allen Ebenen ergänzte daher folgerichtig den wirtschaftlichen Des-
investitionsprozess, der sich in „due diligence", Da-
tenräumen und Vertragsverhandlungen ausdrückt.
Auch in diesem von der Entwicklung im Konzern
gewissermaßen separierten Prozess waren es mutige
Menschen auf Seiten aller beteiligten Parteien, die
bereit waren, Vertrauen zu gewähren und Verantwortung auch für z.B. in Teilen der Öffentlichkeit lange
Zeit unpopuläre Entscheidungen zu übernehmen.

Die Elemente dieses Prozesses, der im Juli 2011
mit der ersten Information über die Existenz eines
möglichen neuen Investors beginnt und mit dem
Inkrafttreten des Verkaufsvertrags am 31. Januar
2012 relativ schnell zu einem vorläufigen Abschluss

kommt, sind ebenso vielfältig wie ThyssenKrupp-
typisch: Von Anfang an gibt es eine dichte Infor-
mationskette über die verschiedenen Stadien der
Gespräche mit dem Investor. Sehr frühzeitig stellt
sich der Investor persönlich vor und sorgt damit für
eine positive Grundhaltung in der Belegschaft. Die
Mitarbeiter werden in einer Vielzahl von Betriebsversammlungen und Mitarbeiterbriefen über den Stand
der Gespräche, auch über die zwischenzeitlichen
Krisen, durch Management und Arbeitnehmerver-
treter auf dem Laufenden gehalten. Betriebswirt-
schaftliche Einzelfragen werden in direkten Gesprä-
chen erläutert. In einer Vereinbarung zur Zukunft
der ThyssenKrupp-Gesellschaften auf Steinwerder
sichert ThyssenKrupp mehrere Wochen vor dem

erfolgreichen Abschluss der Gespräche mit dem Investor soziale Standards insbesondere für den Fall zu, dass die Veräußerung nicht erfolgreich gemeistert werden könnte. Damit ist der Boden für einen nach vorne gerichteten weiteren Verhandlungsprozess bereitet. Eine wesentliche Rolle kommt der Steinwerder Erklärung zu. In dieser ersten Vereinbarung, unterzeichnet von allen beteiligten Akteuren einschließlich Star Capital, werden das industrielle Konzept ebenso erläutert wie das personelle Konzept, gleichzeitig wird die Kommission eingerichtet, die die veräußerten Gesellschaften auf ihren ersten Schritten in die Zukunft begleitet. Der Integrationsbeirat hat bereits vor Inkrafttreten des Kaufvertrags ein erstes Mal getagt, mit dabei Vertreter von

Star Capital, ThyssenKrupp, der IG Metall und der Stadt Hamburg. Information und Beteiligung haben schließlich den Weg geebnet, dass die Aufsichtsräte von ThyssenKrupp wie von ThyssenKrupp Marine Systems der Transformation und dem Verkauf an einen Finanzinvestor zustimmen. Der verlässliche Umgang mit den zum Teil komplexen Fragestellungen im Vollzug der Transaktion hat wiederum den Investor in seinem Vertrauen in die Richtigkeit seiner Investitionsentscheidung bestärkt.

Die Mitbestimmung als formaler Beteiligungsprozess wie als Ausdruck von Mut und Vertrauen hat damit ihren Beitrag geleistet, dem Schiffbau auf Steinwerder eine Option auf eine gute Zukunft zu geben.

Blohm + Voss Naval als Generalunternehmer: Von der Werft zum Systemhaus

Blohm + Voss Naval: Ein innovatives Geschäftsmodell

Das Geschäftsmodell im Bereich der Marine-Überwasserschiffe verändert sich durch den Verkauf des Fertigungsstandortes Emden im März 2010 an SIAG Schaaf Industrie AG (SIAG), den ehemaligen Nordseewerken, fundamental. Der Verkauf der eigenen Fertigung ist in Bezug auf die sich seit Jahren abzeichnende Entwicklung im deutschen Schiffbau letztlich nur eine Frage der Zeit gewesen.

Trotz der relativ frühen Fokussierung auf Nischenprodukte wie Offshore-Plattformen, Cruiseliner, Yachten, Spezial- und Forschungsschiffe sowie den Marineschiffbau, können die deutschen Werften eine werftspezifische Eigenschaft nicht immer gewährleisten, die kontinuierliche Auslastung der bestehenden Fertigungskapazitäten aufgrund der Zyklizität des Marktes – dies betrifft auch Blohm + Voss. Zur Vermeidung einer Unterlast versucht Blohm + Voss, wie die meisten anderen Werften auch, ihr Know-how im Kerngeschäft über die temporäre Hereinnahme von Auslastungsprodukten zu erhalten.

Diese so genannten „Füllaufträge" kennzeichnen zumeist folgende Eigenschaften: Sie müssen kurzfristig im Markt akquirierbar sein und einen hohen Fertigungsanteil aufweisen. Ein solches Handeln unterliegt nicht zuletzt betriebswirtschaftlichen Zwängen, da hohe Lohnkosten und niedrige Deckungsbeiträge in den westlichen Industrienationen die Werften dazu zwingen, ihre Kapazitäten und Anlagen kontinuierlich auszulasten. Eine Folge davon ist die Notwendigkeit der Konsolidierung der Werftenindustrie, da sich nur über einen hohen Umsatz mit möglichst vielen Fertigungsstunden die Fixkosten decken lassen. Selbst die für solche Zwecke zusammen mit den Arbeitnehmervertretern entwickelten Werkzeuge der Kurzarbeit und der flexiblen Arbeitszeitkonten sind nicht immer ausreichend, um betriebsbedingte Kündigungen zu vermeiden.

Auch Blohm + Voss setzt in den Jahren seit 2002 diese Praxis fort und muss aufgrund der steigenden Wettbewerbssituation und fehlender Nachfrage im Marineexportgeschäft immer massiver auf die Möglichkeiten der Kurzarbeit bis hin zu betriebsbedingten Kündigungen in den Jahren 2003 und 2004 zurückgreifen. Die Hereinnahme von zwei Containerschiffen der Nordseewerke in den Jahren 2004/ 2005 können dauerhaft die Auslastung der eigenen Fertigung nicht sicherstellen.

Der Ausbau des Yachtgeschäfts innerhalb von TKMS, weg vom Kompensations- hin zum Kernprodukt,

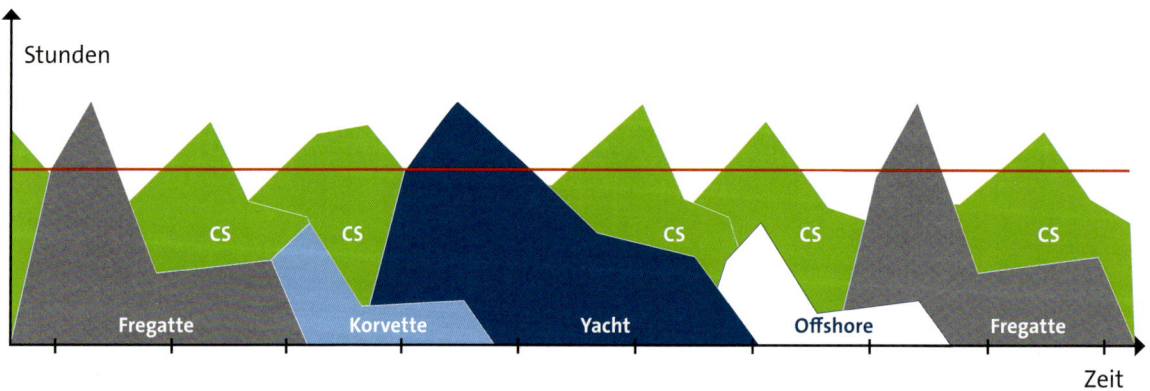

Die Schwierigkeit der Kapazitätsauslastung im Spezialschiffbau: Da er keine Serienfertigung beinhaltet, stellt sich das Erfordernis mit so genannten „Füllaufträgen" (hier CS = Containerschiffe) die Kapazitäten auszulasten.

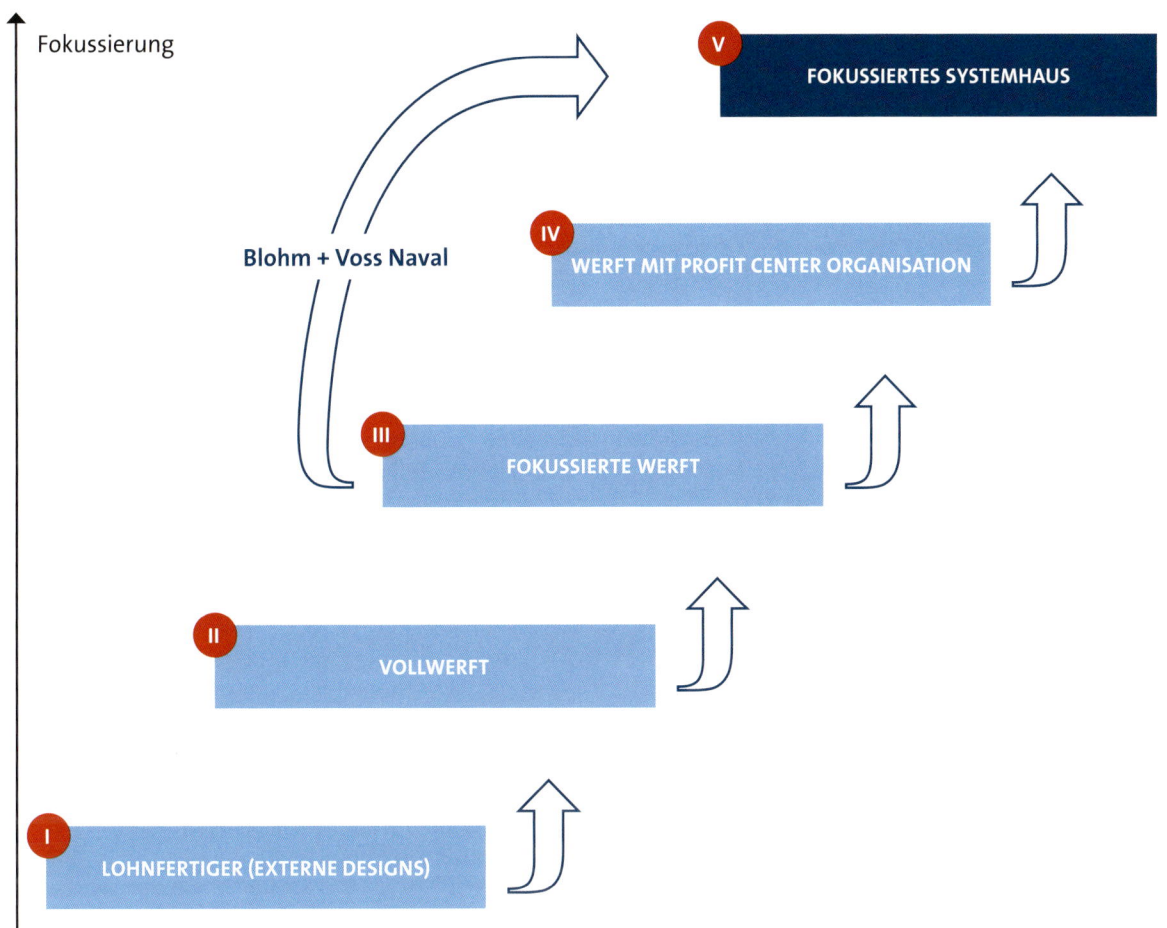

Fokussierung

V **FOKUSSIERTES SYSTEMHAUS**

Blohm + Voss Naval

IV **WERFT MIT PROFIT CENTER ORGANISATION**

III **FOKUSSIERTE WERFT**

II **VOLLWERFT**

I **LOHNFERTIGER (EXTERNE DESIGNS)**

Zeit

Die Darstellung der evolutionären Entwicklung von Blohm + Voss von einer Vollwerft zur Blohm + Voss Naval, einem fokussierten Systemhaus ohne eigene Fertigung.

welche mit der Teilung der Blohm + Voss im Jahre 2008 in Blohm + Voss Shipyards und TKMS Blohm + Voss Nordseewerke ihren Anfang nimmt, löst nur vorübergehend die Kapazitätsauslastung im Spezialschiffbau. Die Wirtschafts- und Finanzkrise ändert dies schlagartig.

Die im Zusammenhang mit der Krise erfolgte Stornierung von vier Containerschiffen allein am Fertigungsstandort Emden beschleunigt die begonnene Neuausrichtung in einem zuvor nicht geahnten Maße. Der Vorstand der TKMS beschließt im März 2009, den Fertigungsstandort Emden so schnell wie möglich einer neuen industriellen Perspektive zuzuführen.

Warum erschließt man sich zu dem Verkauf des Fertigungsstandortes Emden? Es könnte doch auch Hamburg sein, oder? Trotz einiger infrastruktureller Vorteile hat Emden und somit die Nordseewerke bis zu diesem Zeitpunkt in keinem nationalen Vorhaben

die industrielle Führerschaft und verfügt auch nicht über hinreichende Erfahrungen im Marine-Exportgeschäft. Trotz der günstigeren Lohnstruktur sowie der neueren Fertigungsanlagen sind die Kapazitäten und Anlagen eher auf den zivilen Massenschiffbau und nicht auf die individuellen Bedürfnisse der Marinen ausgerichtet. Dies zeigt sich unter anderem durch eine im Marineschiffbau veraltete Fertigungsmethode in Form des Baus auf dem Helgen sowie fehlender überdachter Dockkapazitäten. Es ist somit eine logische Konsequenz, sich für den Verkauf der Nordseewerke zu entscheiden. Für Blohm + Voss erfolgt damit lediglich ein nächster Entwicklungsschritt hin zu einem fokussierten Systemhaus.

Mit dem Verkauf des Fertigungsstandortes an SIAG werden alle übrigen für ein Systemhaus relevanten Bereiche, zum Beispiel das Projektmanagement, das Engineering, der Einkauf und die Projektierung, in eine

117

neue Gesellschaft, der Blohm + Voss Naval GmbH, überführt. Aufgrund der beschriebenen Markt- und Kundenbedürfnisse wird die Blohm + Voss Naval keine eigene Fertigung vorhalten. Wie auch bei den Lieferanten für Waffen- und Führungssysteme, die eigenverantwortlich Systeme und Komponenten entwickeln und fertigen, wird zukünftig auch die Plattformfertigung bei einem eigenverantwortlichen Unterlieferanten eingekauft.

Die für einen Systemintegrator erforderlichen Kompetenzen und Fähigkeiten werden in einem eigenständigen Funktionsbereich innerhalb der neugegründeten Gesellschaft gebündelt. Dieser Bereich umfasst alle Fähigkeiten, die zur Planung und Ansteuerung einer externen Fertigung benötigt werden, und konzentriert sich im Bereich Shipyard Management. In besonderer Ausprägung des „Geschäftsmodells grau" wächst diesem Bereich zusätzlich die Aufgabe zu, externe Werften zum Bau von Marineschiffen zu befähigen.

Blohm + Voss Naval ist mit dieser Neuausrichtung weiterhin und uneingeschränkt in der Lage, Fertigungsstandorte auf der ganzen Welt anzusteuern. Die Steuerung der Materialpakete, die Anleitung der Fertigung bis hin zu Teileelementen der Arbeitsvorbereitung werden nicht mehr aus der Fertigung heraus geleistet, sondern sie sind Teil eines eigenständigen Bereiches, des Shipyard Managements. Vorteil: Blohm + Voss Naval kann noch flexibler auf die Wünsche und Anforderungen von Kunden eingehen und auf die wirtschaftlichen Gegebenheiten reagieren.

Die Anforderungen der Marinekunden beschränken sich aber schon lange nicht mehr nur auf die Lieferung von schlüsselfertigen und im Kundenland

ViSTIS®: Computerbasierte Ausbildung, hier am Beispiel des MHD 200 (Multi-Helicopter Dockship) und der Fregatte MEKO® A-200, bilden eine kostengünstige, effektive und zielführende Alternative zu traditionellen Ausbildungskonzepten.

gebauten Produkten, sondern entwickeln zunehmend auch immer stärker einen Bedarf nach Schulung und Befähigung der eigenen Besatzungen, Bedienungs- und Instandsetzungspersonals. Eine hochwertige Ausbildung an den komplexen Systemen ist die Basis für einen erfolgreichen und effizienten Einsatz von Mensch und Material. Dies gilt im Besonderen für Marineschiffe und ihre Besatzungen. Dabei haben computerbasierte Ausbildungsmittel wie Simulationen und Computerlernprogramme bereits seit langem Einzug in den Lehrplan der Marineschulen gehalten. Im Gegenzug werden weniger Originalgeräte als Ausbildungsmittel beschafft.

Die Gründe dafür liegen auf der Hand: Computerbasierte Ausbildungsmittel sind kostengünstiger als Originalhardware, dabei beliebig oft reproduzierbar und stellen gleichzeitig die gleichbleibende Qualität der Ausbildung sicher. Dennoch werden gerade bei den Marinen immer noch große Ausbildungsanteile an Bord der Schiffe durchgeführt. Eine einheitliche Trainingsumgebung zur Ausbildung aller auf einem modernen Marineschiff anfallenden Aufgaben und auftretenden Situationen ist bisher nicht vorhanden. Damit ist eine Teamausbildung der gesamten Besatzung bisher nur auf dem Originalschiff möglich. Mit ViSTIS®, dem Virtual Ship Training and Information System, wird jedoch eine solche Teamausbildung künftig auch unabhängig von der Originalhardware bzw. vom Originalschiff möglich sein – nämlich auf einem „virtuellen Schiff".

ViSTIS® ermöglicht mit seinen integrierten Trainingsszenarien ein innovatives Individual- und Team-Training. In der virtuellen Simulationsumgebung lassen sich sowohl Routineaufgaben als auch

Not- und Gefechtssituationen realistisch nachstellen, ohne Mensch oder Material zu gefährden. Dabei werden dem Nutzer seine virtuelle Umwelt, die zu bedienenden Anlagen und Geräte sowie die anderen Crewmitglieder in Echtzeit in einer fotorealistischen 3D-Umgebung präsentiert. Dabei müssen die Nutzer noch nicht einmal am selben Ort sein, sondern können über Internet/Intranet an dem jeweiligen Trainingsszenario teilnehmen.

Das neue Geschäftsmodell von BVN stellt daher die Wertschöpfungshebel in den Vordergrund, die für den Industrie- und Hochtechnologiestandort Deutschland zukünftig prägend sind. Die BVN prägt ein Geschäftsmodell, das zunächst von der Abspaltung der Fertigung bestimmt ist und das sich auf Design und Konstruktion, Systemintegration und Projektmanagement sowie die Fähigkeit zur Ansteuerung der Fertigung und die Abwicklung von Materialpaketen weltweit konzentriert. Die BVN nimmt damit die stetig wachsenden Kundenwünsche einer Fertigung im eigenen Land auf und überwindet das Problem der zyklischen Unterauslastung der Fertigung sowie Probleme der Kostenstruktur im Stahlbau.

Mit der vollzogenen Neuausrichtung der TKMS können alle verbliebenen Unternehmen an den Standorten Kiel, Hamburg und Emden wieder auf ein solides industrielles Fundament gestellt werden.

Generalunternehmer und Systemhaus

Blohm + Voss hat im Laufe seiner 135-jährigen Geschichte nicht nur mit vielen seiner Schiffsneubauten Neuland betreten und technisch neue Standards gesetzt, sondern ebenfalls mit seinen immer wieder veränderten, der jeweiligen wirtschaftlichen Situation angepassten Geschäftsstrukturen bzw. Geschäftsmodellen. Was für Außenstehende in der Regel relativ unbedeutend erschien, wenn es überhaupt wahrgenommen wurde, war für das Unternehmen selbst und seinen Erfolg von höchster Wichtigkeit, ja sogar entscheidend. In jüngerer Zeit war es der Auftritt als Generalunternehmer, der Blohm + Voss gegenüber seinen Wettbewerbern zu erheblichen Vorteilen verhalf.

Dazu als Vorgeschichte: 1971, also nur zwei Jahre nach der Übernahme der Hamburger H.C. Stülcken Sohn Werft durch Blohm + Voss und dem damit verbundenen Wiedereinstieg in den Marineschiffbau, wurde vom Verteidigungsminister, damals Helmut Schmidt, nach einer Bestandsaufnahme der Bundeswehr der Rüstungsrahmenerlass – mit vollem Namen „Rahmenerlass zur Neuordnung des Rüstungsbereiches" – als einer der wesentlichen Reformprojekte neu herausgegeben. Mit diesem Rahmenerlass wurde für

119

Flight Deck Communication	Inmarsat C	Inverter	Navigation Radar S+X
Tactical Intercom System	Military Message Handling System	GPS (D)+II	Echo Sounder
Helicopter Telebrief System	VLF-HF Reciever Subsystem	Integrated Bridge System	Meteorological System
Self Powered Telephone System	Satellite Communication System	Multi Function Console	Handheld Signallight
Public Adress Sstern	Communication ESM	Distribution Unit	Magnetic Compass
Cordless Personal Communication System	HF Transceiver Subsystem	Navigation Network	Rudder Angle Indicator
Ships Telephone System	Communication Recorder	Route Planning Station	Compass Repeater
Administrative LAN		Voyage Data Recorder	Autopilot
Entertainment & Training System		Searchlight	Ship`s Time System
VHF/UFH MIL Radio M3SR		AIS	Electrical Steering System
GMDSS Subsystem		ECDIS	Vertical Reference System
		CCTV	

ROHDE & SCHWARZ

LAMBRECHT

L3 Nautronix Imtech WEMPE

Kommunikations-, Navigations- und Waffensysteme

COMMS · NAV · COMBAT SYSTEM · EK¹ · WKS²

Decoy Launching System
Laser Warning System
Radar Electronic Support Measures
Radar Electronic Counter Measures

Air Control Radar
Electro Optical Director
Target Designation Sights
WCS Processing Units
WCS Interface Servers

elt ELETTRONICA SAAB SAAB

ATLAS ELEKTRONIK EuroTorp

DIEHL BGT Defence THALES FN HERSTAL DENEL DYNAMICS

WASS OTO MELARA

Heavy Machine Gun	Torpedo Countermeasure System	CMS Interface Servers
Multi Function Consoles		Towed Array Sonar S+W
Short Range Gun	Hull Mounted Sonar	3D Surveillance Radar
CMS Software	Bathythermograph System	LINK-Y
CMS Processing Units	Saluting Gun	Identifications Friend-Foe
LPI Radar	Surface-Air Missile	Surface-Surface Missile
Torpedo Decoy System	Medium Range Gun	Torpedo Launching System
	CMS Network	

Die Steuerung von Unterauftragnehmern bei komplexen Marineaufträgen ist in dieser Grafik lediglich für den Bereich der Waffen- und Elektroniksysteme exemplarisch dargestellt.

alle Großprojekte der allein verantwortliche Hauptauftragnehmer, auch als Generalunternehmer (GU) bezeichnet, eingeführt. Hintergrund dieser Maßnahme war, dass bei allen Großprojekten, egal ob beim Heer, der Luftwaffe oder der Marine, bis dahin der vertraglich vereinbarte Preis sowie der vereinbarte Zeitrahmen fast immer, zum Teil sogar um das Doppelte überschritten worden waren. In der Bestandsaufnahme der Bundeswehr wurden als Grund dafür die unklaren Vertragsverhältnisse und unklare Verantwortlichkeiten erkannt. Die Gesamtverantwortung einschließlich des System-Engineerings lag damals allein in den Händen des Bundesamtes für Wehrtechnik und Beschaffung (BWB). Diese Bundesbehörde vertrat als Vertragspartner oder Auftraggeber die Interessen der jeweiligen Teilstreitkräfte und somit auch die der Marine bei allen Rüstungsvorhaben. Teilfunktionen der Gesamtverantwortung, wie die Fertigung der Schiffe, wurden zu jener Zeit aber den Werften übertragen. Dies führte ständig zu nicht eindeutig geklärten Zuständigkeiten und Verantwortlichkeiten. Zeitverzögerungen und damit Kostensteigerungen waren nahezu zwangsläufig die Folge.

Nach der Neuordnung des Rüstungsrahmenerlasses reduzierte sich die Anzahl der Vertragspartner für das BWB auf einen, nämlich den Hauptauftragnehmer bzw. Generalunternehmer. Die Übernahme der Generalunternehmerschaft für ein Projekt durch die Industrie bedeutet für das jeweilige Unternehmen, gegenüber dem Kunden, in diesem Fall also dem BWB, hinsichtlich der Abwicklung der Vorhaben/Projekte im vertraglich vereinbarten Zeit- und Kostenrahmen, mit den vertraglich vereinbarten Leistungsdaten sowie der

vertraglich vereinbarten Qualität alleinverantwortlich zu sein. Der Generalunternehmer entbindet das BWB oder die ausländische Kundenmarine von den mit der Auftragsdurchführung verbundenen Risiken.

Bei Blohm + Voss wurde diese Entwicklung aufmerksam verfolgt, und mit dem Wiedereinstieg in den Marineschiffbau entstand zunächst 1970/71 die Abteilung „Systemmanagement Marine". Kurz darauf, 1974, erhielt Blohm + Voss den Auftrag zur Modernisierung der Zerstörer der „Hamburg"-Klasse schon als Generalunternehmer. Es war einer der ersten, wenn nicht sogar der erste Auftrag des Öffentlichen Auftraggebers, der in dieser Form vergeben wurde. Erst 15 Jahre später sollte Blohm + Voss für den Bau der Fregatten der Klasse F123 den zweiten Auftrag als Generalunternehmer und Federführer erhalten. Die folgenden großen Beschaffungsprogramme der Deutschen Marine – F124, K130 und F125 – wurden bzw. werden ebenfalls unter dem Dach der Generalunternehmerschaft von Blohm + Voss abgewickelt. An allen Programmen war und ist Blohm + Voss als Federführer der jeweiligen Arbeitsgemeinschaft (ARGE) maßgeblich beteiligt.

Neben der Generalunternehmerschaft machte sich Blohm + Voss 1977 auch noch eine weitere Fähigkeit zu eigen, die es bei Werften zu der Zeit so noch nicht gegeben hatte. Das war der Aufbau der „Waffen- und Elektronik-Systemintegration" als eigenständige Hauptabteilung. Sie begründete die Fähigkeit von Blohm + Voss, als Systemhaus das „Gesamtsystem Schiff" auszulegen. Hieraus erwächst die Fähigkeit zur Systemintegration, insbesondere auch im Waffen- und Elektronikbereich. Dadurch war Blohm + Voss bei Integrationsleistungen nicht mehr auf Systemhäuser im Elektronikbereich angewiesen. Von da an konnte Blohm + Voss als flexibler Verkäufer agieren, jegliche Systeme selbst einbauen und als Kostenführer auftreten. Auf vom Auftraggeber zusätzlich zur Verfügung gestellte Systeme konnte deshalb verzichtet werden. Dieser so genannte „Turn-Key Approach" überzeugte schließlich auch die künftigen MEKO®-Kunden.

Den Generalunternehmer zeichnen folgende Kompetenzen aus:

■ Hier ist zu allererst die Fähigkeit, als Systemhaus zu fungieren, zu nennen. Sie umfasst das technische und abwicklungsrelevante Know-how von der Projektentwicklung über die Integration bis hin zur Durchführung des Bauprogramms. Besonders hervorzuheben ist hier die genannte Fähigkeit zur Systemintegration der Waffen- und Elektroniksysteme. Natürlich umfasst die Fähigkeit eines Systemhauses ebenso den Schiffbau mit den Bereichen Gesamtentwurf, Stahlschiffbau, Antriebsanlage, elektrische Anlage, Klima und Lüftung, Hilfsbetrieb sowie

Einrichtung und Ausrüstung. Auch im Bereich der Logistik erwartet die Kundenmarine zur Abrundung der Fähigkeiten einen kompetenten Gesprächspartner für die Bereiche Dokumentation, Ersatzteile und Besatzungstraining.

- Eine weitere wichtige Kompetenz ist die Kooperationsfähigkeit mit und die Steuerung von Unterauftragnehmern, denn der Anteil der Zulieferer am Gesamtpaket der Lieferungen und Leistungen im Zusammenhang mit einem Marineprojekt beträgt in der Regel ca. 75 Prozent. Der Erfolg des Bauprojektes hängt also maßgeblich sowohl von der Erfahrung und Qualität der Zulieferer als auch der Integrationsfähigkeit des Generalunternehmers ab.

- Nicht zuletzt ist ein systematisches Herangehen an die Planung und die Durchführung des Auftrages notwendig. Dabei ist es entscheidend, dass die angewandten Managementverfahren eine sinnvolle und effiziente Verbindung der Gebiete Systemintegration, Konstruktion, Fertigung, Erprobung und Qualitätssicherung herstellen. Qualifiziertes Management der Kosten- und Terminvorgaben sind unabdingbare Faktoren für den Erfolg des jeweiligen Programms.

Besonders hervorzuheben im Fall von Blohm + Voss Naval ist die zusätzliche Fähigkeit, fremde Werften anzusteuern und abhängig von der Ausgestaltung des Vertrages zum Bau von Marineschiffen zu befähigen.

Neben den genannten Kompetenzen gibt es noch weitere, unterstützende Fähigkeiten, über die ein Generalunternehmer verfügen sollte. Dazu zählt die Vermittlung von Kompensationsgeschäften, den so genannten Offset-Geschäften, die in den vergangenen zwei Jahrzehnten immer wichtiger geworden sind. Dabei werden für den erwartenden Auftrag Gegenleistungen vereinbart, damit der Kunde Devisen im eigenen Land behalten und in von ihm selbst bestimmten Bereichen Fortschritte erzielen kann. Diese Kompensationsgeschäfte haben oftmals sogar ein ähnlich hohes

Volumen wie das für den eigentlichen Bau der Schiffe. Für den Kunden liegen die Vorteile auf der Hand. Er kann Arbeitsplätze schaffen, beteiligt oder befähigt seine eigene Industrie, kann bestimmte Regionen oder Bevölkerungsgruppen fördern oder sogar seinen Export steigern.

Eine Art des Offset, die bei Marineprojekten besonders üblich ist, ist der Know-how-Transfer, bei dem Lizenzen zum Bau von Schiffen erworben werden und die Schiffe letzten Endes im Kundenland entstehen. Damit wird dessen eigene Industrie unterstützt und ein großer Teil der Wertschöpfung bleibt im eigenen Land. Ein Beispiel dafür ist die Planung und der Bau der Marinereparaturwerft in Malaysia 1982 bis 1985 durch Blohm + Voss sowie deren Modernisierung zum vollständigen Bau von Schiffen 1998/99. Hier entstanden Patrouillenfahrzeuge vom Typ MEKO® 100, von denen die ersten beiden Einheiten 2001/03 weitgehend in Hamburg gefertigt worden sind.

Bis 2012 wurden insgesamt 24 MEKO®-Schiffe in Kundenländern gebaut sowie durch technische Assistenz und mit der Lieferung von Materialpaketen begleitet.

Für die vielseitigen Kompensationsgeschäfte ist Blohm + Voss Naval mit seiner Zugehörigkeit zu ThyssenKrupp und dessen international ausgerichteten Geschäftsfeldern solide aufgestellt.

Mit dem neuen Geschäftsmodell ohne eigene Fertigung hat sich Blohm + Voss Naval noch einen Schritt weiterentwickelt, bleibt zwar weiterhin wie bisher Generalunternehmer, jedoch nicht mehr als Werft, sondern nun als Systemhaus.

Das neue Geschäftsmodell wird dadurch geprägt, dass Blohm + Voss Naval als Systemhaus und in der Rolle eines Generalunternehmers über keine eigene Fertigung mehr verfügt – ein Schritt, der aufgrund der veränderten Marktentwicklung als notwendig erachtet wird, um das Unternehmen auf eine solide Basis für die Zukunft zu stellen.

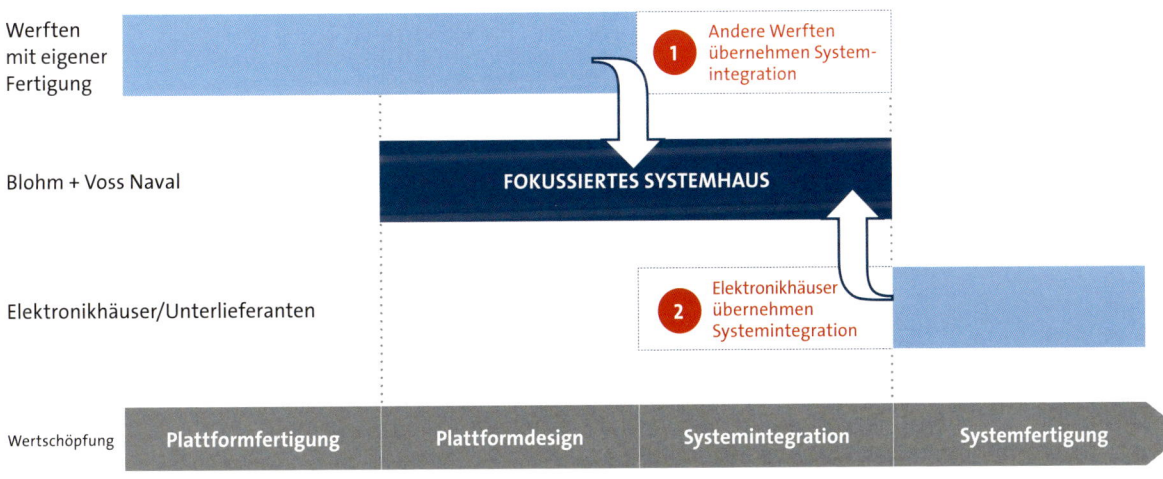

Blohm + Voss Naval verfügt als Systemhaus über die Fähigkeit, das „Gesamtsystem Schiff" auszulegen.

121

Konzeption zukünftiger Marineschiffe: Neue Anforderungen, neue Technologien

Die Beschaffungsprogramme der Korvetten-Klasse 130 und der Fregatten-Klasse 125 zeigen, wie sich die Fähigkeitsforderungen an Marineschiffe bereits während deren Realisierungsphase signifikant verändern können. Gerade vor dem Hintergrund einer angestrebten Nutzungsdauer von über 30 Jahren stellt sich die Konzeption von Marineschiffen als Trägersystem für militärische Fähigkeiten als Unternehmung mit variablen Zielen dar. Im Folgenden soll anhand einiger Beispiele beschrieben werden, wie einerseits veränderte Anforderungen zu Innovationstreibern avancieren und andererseits technologische Entwicklungen – globalen Leittrends folgend – zu einer Fähigkeitssteigerung beitragen können.

Die Forderung nach der Intensivnutzbarkeit des Materials und eines Zweibesatzungskonzeptes für Stabilisierungsoperationen, bei denen ein Marineschiff bis zu 24 Monate im Einsatzgebiet verbleibt, hat wesentlichen Einfluss auf die Gesamtkonzeption der Fregatte-Klasse 125. Mit der Realisierung des kombinierten diesel-elektrischen und Gasturbinen-Antriebs wurde ein erkennbarer Schritt zu einem vollelektrischen Marineschiff unternommen. Ein Vorteil dieser Konfiguration ist, dass durch Schaffung eines Energie-Pools für Antrieb, Schiffsbetriebs-, Waffen- und Führungssysteme die elektrischen Energieerzeuger nahe dem optimalen Betriebspunkt (hinsichtlich Wirkungsgrad und Verschleiß) betrieben werden können, was wiederum für verlängerte Wartungsintervalle genutzt werden kann.

Der Übergang zu einem vollelektrischen Antrieb (d. h. die gesamte zum Erreichen der Höchstgeschwindigkeit erforderliche Abtriebsleistung wird durch elektrische Energie bereitgestellt), wie er beispielsweise bei Kreuzfahrtschiffen bereits Realität ist, erscheint bei Marineschiffen erst mit zunehmendem Bedarf an elektrischer Energie der Waffen- und Führungssysteme sinnvoll. Der Einsatz von directed energy weapons, aber auch einer electromagnetic rail gun, erfordert über äußerst kurze Zeitintervalle sehr hohe elektrische Leistungen, welche von heutigen Plattformen noch nicht bereitgestellt werden können.

Der zunehmende Einsatz autonomer Systeme auf See (fliegend, schwimmend, tauchend) stellt einen zweiten wichtigen Innovationstreiber in der Entwicklung von Marineschiffen dar. Neben den geforderten Lösungen zur funktionalen und räumlichen Integration solcher Systeme stehen hier das sichere Starten und Landen von Drohnen auf Marineschiffen wie auch das Aussetzen und Aufnehmen von schwimmenden und tauchenden Systemen bei Seegang auf der Agenda der technischen Herausforderungen.

MEKO® 2030: Konzept eines zukünftigen Marineschiffes: Integration von Hochenergiewaffen und unbemannten Fahrzeugen; vollelektrisches Antriebssystem mit tiefgetauchten Waterjets und Zykloidalrudern.

Die Entwicklungen der Materialwissenschaften werden sich bei Marineschiffen primär in den zu integrierenden Systemen zeigen (micro systems, smart materials). Aber auch als Strukturwerkstoffe kommen für Marineschiffe zunehmend neue Werkstoffkombinationen zum Einsatz. Mit der Visby Class wurde eindrucksvoll demonstriert, dass Marineschiffe in Korvettengröße vollständig in Komposit-Bauweise hergestellt werden können. Hybrid-Bauweisen aus Stahlrumpf und Aufbauten, Decks, Innenwände aus anderen Werkstoffen werden aus heutiger Sicht jedoch die häufigere Ausprägung sein. So eröffnet sich die Möglichkeit einer tatsächlich anforderungsgerechten Materialauswahl: hohe isotrope Festigkeit (Stahl) der tragenden Verbände; hohe Steifigkeit und gutes Dämpfungsverhalten (Stahl-Aluminiumschaum-Sandwiches) für Maschinenfundamente; geringe Masse und gute akustische Eigenschaften (Kompositschalen) für nichttragende Schiffsinnenwände. Durch den Einsatz des Klebens als wesentlicher Fügetechnologie für unterschiedliche Werkstoffe eröffnen sich neue Konzepte der Produktion bzw. Fertigungsreihenfolge (z. B. für komplett vorausgerüstete Decks, die dann in eine Stahldoppelhülle eingebracht werden), aber auch bezogen auf Wartung und hinsichtlich der Ein- und Ausbauwege während der Betriebsphase.

Das bereits zitierte vollelektrische Marineschiff ist seit weit über einem Jahrzehnt Gegenstand vieler Studien und visionärer Publikationen. Die Kosten der mehrfachen Wandlung der Energieformen (chemisch – mechanisch – elektrisch – mechanisch) werden jedoch nur dann aufgewogen, wenn die Energieeffizienz des Gesamtsystems Schiff gesteigert werden kann, etwa wenn die gesamte installierte Leitung durch den oben beschriebenen Energiepool reduziert wird und hocheffiziente Systeme wie Brennstoffzellen zur Deckung der Grundlast integriert werden können. Die Entwicklung der Technologien zur Energiewandlung, Verteilung und Pufferung werden in diesem Jahrzehnt (getrieben durch die sich abzeichnende Verknappung fossiler Energieträger sowie die Emissionsthematik) jedoch einen Reifegrad erreichen, der die beschriebene Vision nicht nur umsetzbar, sondern auch ökonomisch sinnvoll werden lässt. An dieser Stelle seien Hochtemperatur-Supraleiter für Generatoren und Motoren sowie Lithiumionen-Polymer-Batterien genannt. Neben den Möglichkeiten einer besseren Raumausnutzung im Schiff durch eine höhere Flexibilität der Aufstellung der Komponenten kann durch die Realisierung einer Abteilungsautarkie hinsichtlich der Energieversorgung die Überlebensfähigkeit und Standkraft des Marineschiffs gesteigert werden. Von Interesse hinsichtlich der Signaturen ist, dass bei niedrigen Geschwindigkeiten auch ein Antrieb ohne Nutzung der Verbrennungskraftmaschinen erreicht werden kann.

Bei der Antriebstechnik zählt hinsichtlich Wirkungsgrad und Manövrierfähigkeit im küstennahen Einsatz eine Konfiguration aus tiefgetauchtem Waterjet und Zykloidalruder (Prinzip des Voith-Schneider-Propellers) zu den Kandidaten mit hohem Innovationspotential. Durch eine entsprechende Düsen- und Stator-Formgebung des tiefgetauchten Waterjets (Linearjets) kann ein Wirkungsgrad über den gesamten Betriebsbereich erzielt werden, der dem konventionellen Propeller (bei hohen Geschwindigkeiten) und Waterjet (bei geringen Geschwindigkeiten) überlegen ist. Neben einer hohen Manövrierbarkeit bei geringen Geschwindigkeiten bieten Zykloidalruder zusätzlich die Option eines redundanten Antriebs für niedrige bis mittlere Geschwindigkeiten. Die räumliche Trennung der Propulsoren trägt in erheblichem Umfang zu einer weiteren Steigerung der Standkraft und Überlebensfähigkeit der Schiffe bei.

Die Verfügbarkeit und der Reifegrad der beschriebenen Technologien sind Voraussetzung für die Realisierung innovativer Marineschiffe. Ergänzend hierzu nehmen Simulationsmethoden einen zunehmenden Stellenwert bei der Konzeption und Auslegung der Systeme ein. Zur numerischen Untersuchung physikalischer Vorgänge (Strömungs-, Strukturmechanik, Mehrkörperdynamik) haben die eingesetzten Methoden gute Fortschritte hinsichtlich Detailauflösung und Vorhersagegenauigkeit gemacht, so dass die Anzahl experimenteller Untersuchungen reduziert und eine größere Variantenzahl zur Optimierung betrachtet werden kann. Herausforderungen bei der Simulation mechatronischer Systeme stellt die Komplexität bereits in der Modellierung der Subsysteme dar, welche zusammengebracht werden müssen, um beispielsweise das Gesamtverhalten eines diesel-elektrischen Antriebssystems vom Dieselaggregat bis hin zum Propeller zu bewerten. Aber auch hier stützen die Entwicklungen bei den mathematischen Methoden zur Reduzierung der Komplexität (Ordnungsreduktionsverfahren) den Fortschritt.

Zusammenfassend ist festzustellen, dass der Einsatz eines virtuellen Prototyps zunehmend in alle Bereiche und Teilsysteme eines Marineschiffes vordringt. Dies unterstützt die Bewertung und Umsetzung innovativer Konzepte sowie die Integration neuer Technologien in erprobten Systemen mit kontrollierbarem Risiko. Jedoch sollte an dieser Stelle nicht unerwähnt bleiben, dass der Aufwand zur Erstellung und Untersuchung eines virtuellen Prototyps immer mit der Komplexität des realen Systems korreliert und die Ergebnisse genauso von der rechtzeitigen Verfügbarkeit verlässlicher Eingangsparameter abhängen.

Gemeinsame Wurzeln und erweiterte Perspektiven

Hatte die Werftenkrise 2008/2009 zunächst die Notwendigkeit verdeutlicht und im Folgenden die Voraussetzungen für die Konsolidierung durch die Zusammenfassung der Teile Blohm + Voss, Nordseewerke Emden und HDW (mit ihren ausländischen Töchtern) geschaffen, so zeigt sich zu Beginn des Jahres 2012 das zugespitzte Bild einer Neuausrichtung durch markt- und produktgetriebene Ausdifferenzierung.

Mit dem Verkauf der zivilen Blohm + Voss-Gesellschaften Blohm + Voss Industries, Blohm + Voss Repair und Blohm + Voss Shipyards an die britische Investmentgesellschaft Star Capital Partners wird für die zivile Seite des Mutterunternehmens Blohm + Voss eine neue Zukunftsperspektive eröffnet. Dies ist eine Symbiose mit Perspektive: Star Capital investiert in einen aussichtsreichen Unternehmensverbund und eine global erfolgreiche Marke Blohm + Voss. Dies gibt den Beschäftigten und dem Standort Sicherheit und Zukunft.

Insgesamt vollzieht sich in der ersten Jahreshälfte 2012 eine von Beginn der Werftenfusion im Jahre 2005 an angestoßene Logik. Die Zusammenführung der industriellen Werftenkapazität durch ThyssenKrupp Marine Systems (TKMS) erlaubte eine Konsolidierung der Standorte innerhalb der Gruppe, die sich an den Markt- und Produkttrends orientierte. Die Blohm + Voss-Gesellschaften befanden sich immer im Zentrum dieses Umbaus. Der strukturelle Wandel, die Transformation industrieller Aktivitäten, die globale Neuausrichtung des Marineschiffbaus wie der zivilen Seite führten schließlich zu der beschriebenen Ausdifferenzierung am Standort Hamburg und letztlich zu den erweiterten Perspektiven durch die Neuausrichtung.

Der Marinebereich mit seiner engen Verbindung von nationalen und/oder europäischen Referenzprojekten mit einer vielversprechenden Exportperspektive entwickelt sich bei ThyssenKrupp weiter. Dort ist er nun in konzentrierter Form durch die Spezialisierung auf den Marine Überwasser- und U-Boot-Bereich verankert und positioniert sich vor dem Hintergrund zukünftiger Herausforderungen mit einer möglichen integrierten Struktur neu. Der Marinebereich steuert mit seinem neuen Geschäftsmodell auf Erfolgskurs. 2012 werden die Korvetten K130 an die Marine übergeben. Der Bau der Fregatte F125 nimmt Fahrt auf. Schon jetzt zieht dieser Fregattentyp erhebliche internationale Aufmerksamkeit auf sich. Zudem bereitet sich Blohm + Voss Naval mit voller Kraft mit zukunftsweisenden Vorschlägen für Konstruktion und Design auf die Auslegung eines neuen Kampfschifftyps vor.

Das ist der Mythos von Blohm + Voss: sich auch unter veränderten Bedingungen immer wieder neu zu erfinden.

Zuerst hat die Werftenkonsolidierung durch Zusammenführung und Integration für eine nationale unternehmerische Ausrichtung gesorgt. Aus dieser Konsolidierung heraus konnte eine zielgerichtete Neuausrichtung auf die beiden Hauptmärkte und ihre jeweiligen besonders anspruchsvollen Kunden erfolgen. Es war eine tiefgreifende Entscheidung, die Marineschiffbauseite und die „zivile Seite" zu trennen. Mit dieser Entscheidung wurde jedoch strategische Souveränität unter neuen und veränderten Bedingungen gewonnen. Die teilweise Veränderung von Eigentümerverhältnissen ist dabei nur eine der Konsequenzen. Tradition ist kein Ballast, insbesondere, wenn sie durch Blohm + Voss begründet ist. Sie beflügelt und ermutigt – dies ist die Bedeutung der gemeinsamen Wurzeln für die Neuausrichtung und die jeweils eigenen Perspektiven.

Tradition und Fortschritt:
Das Hauptgebäude von Blohm + Voss beherbergt mit Blohm + Voss Naval und ThyssenKrupp Marine Systems sowie Blohm + Voss Shipyards und Star Capital Partners die unterschiedlich spezialisierten Firmen unter einem Dach.

Auch in Zukunft sind die Kräne von Blohm + Voss fester und lebendiger Bestandteil des Hamburger Stadtbildes.

710 023

VEB Baumechanik Barleben

127

Chronik

„Blohm + Voss gehört zu Hamburg wie der Michel. Das sage ich nicht nur, weil die Werft lange Zeit meine berufliche Heimat war. Niemand, der jemals an den Landungsbrücken in Hamburg war, vergisst den Blick auf die großen Docks der Werft. Zu einer echten Attraktion werden sie, wenn beispielsweise die QUEEN MARY 2 dort zur Reparatur liegt.

Die Werften in Deutschland befinden sich sprichwörtlich in schwerer See. Ich bin aber der festen Überzeugung, dass unsere Werften auch im internationalen Wettbewerb langfristig wegen ihrer herausragenden technischen Kompetenz bestehen werden.

Es gilt jedoch, diese Herausforderung mit aller Konsequenz anzunehmen und den technologischen Vorsprung in Marktanteile im Spezialschiffbau umzusetzen. Ich bin überzeugt, dass wir dann im internationalen Wettbewerb mit unseren Fähigkeiten und Tugenden bestehen können und uns so wichtige Alleinstellungsmerkmale sichern!

Ich bin sehr froh, dass wir auch Dank Blohm + Voss ein hohes Maß an Schiffbaukompetenz hier am Standort haben. Für die Hafenentwicklung und somit für den gesamten Wirtschaftsstandort ist das unverzichtbar!

Metropolen und Wirtschaftsräume wie Hamburg müssen sich in die Zukunft entwickeln. Ein Standort wie dieser, mit so vielen maritimen Merkmalen, muss sich neu orientieren und in der Zukunft beweisen. Blohm + Voss wird dabei eine wichtige Rolle spielen. Wer könnte sich Hamburg auch ohne diese Weltmarke vorstellen? Ich nicht, und darum wünsche ich der Werft alles Gute auf ihrem neuen Kurs in die Zukunft!"

Senator Frank Horch, Behörde für Wirtschaft, Verkehr und Innovation in Hamburg

Blohm + Voss Contract:
Ein einmaliges Zeugnis

Hermann Blohm und Ernst Voss – zwei willensstarke Männer vom Fach, zwei Unternehmer und zwei Freunde

Hermann Blohm und Ernst Voss hatten sich 1876 eher zufällig getroffen, als der von einer Englandreise zurückgekehrte Hermann Blohm den Zivilingenieur Ernst Voss in dessen Büro in der Hamburger Kleinen Reichenstraße aufsuchte, um ihm Grüße von Freunden in Glasgow zu überbringen. Die beiden waren sich nicht nur auf Anhieb sympathisch, sondern fanden auch auf der Basis des gemeinsamen Interesses am Schiffbau rasch auf ganz persönliche Weise zueinander. Sehr bald entstand bei dem immer häufiger gepflegten allgemeinen Fachsimpeln der Plan, in Hamburg eine Werft für den Bau eiserner Dampfer zu errichten, so wie sie es in England gesehen und gelernt hatten. Die Errichtung einer Maschinenfabrik sollte ebenfalls dazugehören. Beide, jeder für sich und mit anderen Partnern, hatten ja bereits vorher schon Versuche unternommen, eine Werft zu gründen. Diese Versuche waren zwar fehlgeschlagen, aber die dabei gesammelten Erfahrungen waren sicherlich nützlich. Hermann Blohm sollte jetzt mit Hilfe seiner Familie die Finanzen arrangieren und Eigentümer der Werft sein, während Ernst Voss als gleichberechtigter Partner in deren Leitung eintrat. Den beiden angehenden Unternehmern war durchaus bewusst, dass das Ganze ein Abenteuer werden würde, und das wurde es auch, von Anfang an.

Es begann schon bei der Suche nach einem geeigneten Gelände. Trotz eines Empfehlungsschreibens von Georg Blohm, dem Vater von Hermann Blohm, an den Hamburger Bürgermeister Dr. Petersen, gestalteten sich die Verhandlungen mit der Finanzdeputation der Hansestadt äußerst schwierig, bis eine Einigung über die Verpachtung eines sumpfigen Geländes auf Steinwärder mit 250 Metern Wasserfront zu einem Erfolg führte. Bei den Verhandlungen in Hamburg bekamen Hermann Blohm und Ernst Voss durchaus zu spüren, dass Industrie in der Hansestadt nicht unbedingt Priorität genoss. Hier an der Elbe regierte die Kaufmannschaft. Alles andere rangierte bestenfalls als Beiwerk, von den Herren in den ehrwürdigen Kontoren zwischen Hafen, Bank und Börse mehr oder weniger deutlich „von oben herab". Industrie war nicht hanseatisch, hanseatisch war nur der Kaufmann.

Davon ließen sie die beiden Gründer jedoch keinesfalls beeindrucken. Sie waren selbstbewusst genug, derartige Dünkel, wo sie dann zutage traten, souverän zu übergehen. So wurde zugepackt, am 5. April 1877 mit den Bauarbeiten auf Steinwärder begonnen und das Unternehmen in das Handelsregister unter dem Namen Blohm & Voss eingetragen. Trotz der Freundschaft, die beide für einander pflegten, waren sie doch realistisch genug, ihr künftiges Zusammenwirken in einem mehrseitigen, elf Paragraphen umfassenden „Contract" zu definieren und festzuschreiben. Auch das war ein Beispiel der Seriösität der beiden Herren, die sich damit selbst eine feste Basis schufen in dem Bewusstsein, dass vielerlei Unwegsamkeiten passieren und Dinge auf die Entwicklung Einfluss nehmen konnten, die nicht vorhersehbar waren. Auf den folgenden Seiten ist dieser „Contract", soweit bekannt erstmalig veröffentlicht, wiedergegeben. Er datiert vom 1. Oktober 1877, ist also erst Monate nach der eigentlichen Werftgründung abgefasst worden. Warum das so war, darüber könnte man spekulieren. Hier allerdings besteht dafür kein Bedarf, der Wortlaut spricht für sich.

Um es vorwegzunehmen: Die Freundschaft der Herren Hermann Blohm und Ernst Voss hielt beider Leben lang, und das, obwohl sich hier zwei ganz unterschiedliche Charaktere zusammengefunden haben. Da war auf der einen Seite der geniale Techniker, aber mit vielen „väterlichen" Gefühlen gesegnet – Ernst Voss. Sein gegenüber, Hermann Blohm, dessen hervorstechenden Eigenschaften Disziplin, Korrektheit und Pünktlichkeit waren, dem aber auch, was etliche Beispiele beweisen, menschliches Einfühlungsvermögen durchaus auch nicht fremd war. Die Symbiose dieser beiden Persönlichkeiten war ganz sicherlich der Grundstein für den Erfolg des Unternehmens auf seinem Weg zu Weltruhm. Ernsthafte Unstimmigkeiten zwischen den beiden Gründern, die es sicher irgendwann einmal gegeben hat, wurden, wie es sich für Freunde gehört, nicht nach außen getragen. Die unverbrüchliche Freundschaft dieser beiden Unternehmensgründer bleibt beispielhaft und ist so in der deutschen Wirtschafts- und Industriegeschichte nicht mehr wiederzufinden.

Ernst Voss zog sich auf eigenen Wunsch mit Ablauf des Geschäftsjahres 1912/13 im 72. Lebensjahr aus dem Geschäft zurück, verblieb aber auf Bitten von Hermann Blohm dem Unternehmen als Mitglied des Aufsichtsrates weiterhin verbunden. Natürlich ließ er es sich nicht nehmen, auch von da an fast täglich in dem Unternehmen vorbeizuschauen, das zu einem großen Teil sein Werk war. Er war der technische Genius des Unternehmens gewesen, der den ungeheuren Unternehmungsgeist und die mutig vorausschauenden Planungen Hermann Blohms auch bei den größten Entschlüssen durch sorglich abwägende technische Urteile ergänzte.

Selten wohl hat ein so großes Unternehmen wie Blohm + Voss das Glück gehabt, zwei solche Männer an der Spitze zu haben, deren sehr unterschiedliche Eigenschaften stets miteinander zum Wohle des Ganzen zum Tragen kamen. Beide verband trotz unterschiedlicher Herkunft eine tiefe Freundschaft, weil jeder die Rolle des anderen voll akzeptierte.

Nichts verdeutlichte das Verhältnis der beiden zueinander mehr als die Zeilen, die Ernst Voss im Jahre 1911 geschrieben hat: „Wenn Hermann Blohm und ich jetzt auf das in 34 Jahren gemeinschaftlicher Arbeit geschaffene Werk blicken, dann dürfen wir wohl mit unserem Schicksal zufrieden sein. Wir haben nie einen plötzlichen großen Gewinn zu verzeichnen gehabt, wie es ja in kaufmännischen Geschäften wohl vorkommt, wir haben auch nie und von keiner Seite uns einer besonderen Protektion

zu erfreuen gehabt, sondern der ganze Erfolg ist durch unentwegte, nicht rastende Arbeit errungen worden. Mein Freund Hermann Blohm und ich haben uns immer gut verstanden und uns auch gegenseitig ergänzt; dadurch wurde eine innige Zusammenarbeiten erst möglich. Ohne solch inniges gegenseitiges Verstehen und Wertschätzen wäre die Werft sicherlich nicht gelungen."

Ernst Voss verstarb am 1. August 1920, Hermann Blohm, zehn Jahre später, am 12. März 1930.

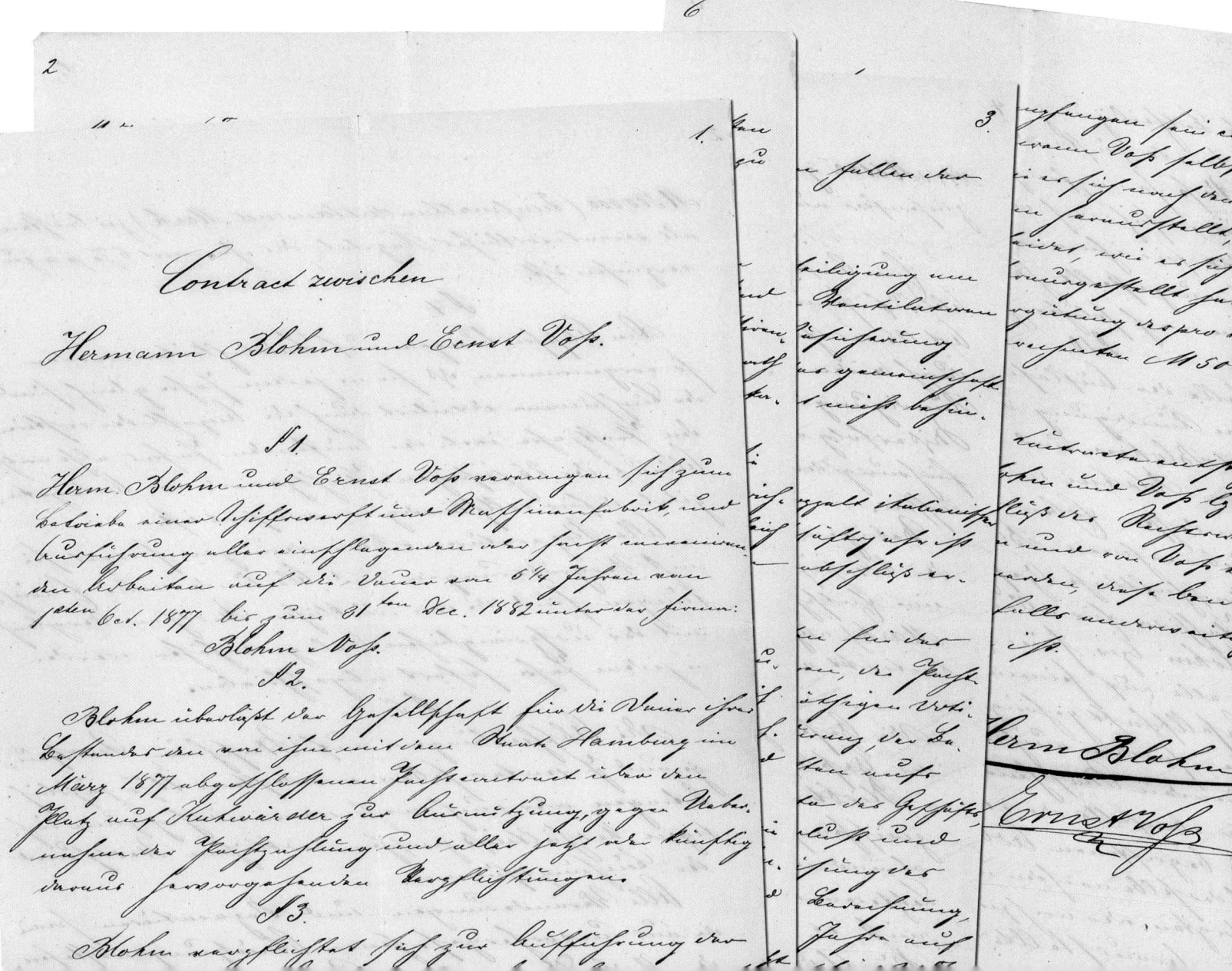

135 Jahre
Blohm + Voss
kurzgefasst

Das erste Schiff war nicht wie geplant ein Dampfer, sondern ein Segler, die Bark NATIONAL/FLORA.

Ein Dock zur Stärkung des Reparaturgeschäfts.

5. April 1877 Hermann Blohm und Ernst Voss gründen die Schiffswerft und Maschinenfabrik Blohm & Voss als Offene Handelsgesellschaft. Auf der Elbinsel Kuhwärder entsteht auf einem 15.000 qm großen Areal eine Werft mit 250 Metern Wasserfront und drei Helgen, von denen zwei für den Bau von Schiffen zu 100 m Länge ausgelegt sind.

1879 Als erster Neubau entsteht für eigene Rechnung die eiserne Bark NATIONAL (995 BRT). Sie kann nach ihrer Fertigstellung als FLORA an den Hamburger Reeder M.G. Amsinck verkauft werden.

2. Januar 1882 Inbetriebnahme des ersten Schwimmdocks mit 3.000 t Hebefähigkeit. Aufnahme des Reparaturgeschäftes. In diesem Jahr werden bereits sieben Schiffe abgeliefert.

26. Oktober 1882 Das Statut der von der Firma gegründeten Betriebskrankenkasse tritt in Kraft.

1884 Zur Stärkung des Reparaturgeschäftes wird nach eigenen Plänen mit dem Bau von DOCK II begonnen. Es wird am 4. Juli 1885 in Betrieb genommen.

1886 Mit der POLYMNIA wird die erste von Blohm & Voss gebaute Viermastbark abgeliefert.

1887 – 1891 Erweiterung des Werftgeländes auf fast 100.000 qm. Es werden bereits ca. 1.200 Personen beschäftigt. Bald sind es ca. 2.500.

1887 Beschaffung der ersten hydraulischen Niethämmer.

1889 Im Zuge der Werfterweiterung wird auch eine neue Maschinenfabrik eingerichtet. Sie ist in drei Hallen gegliedert und kann alle anfallenden Schiffsmaschinen bearbeiten und entsprechende Reparaturen ausführen.

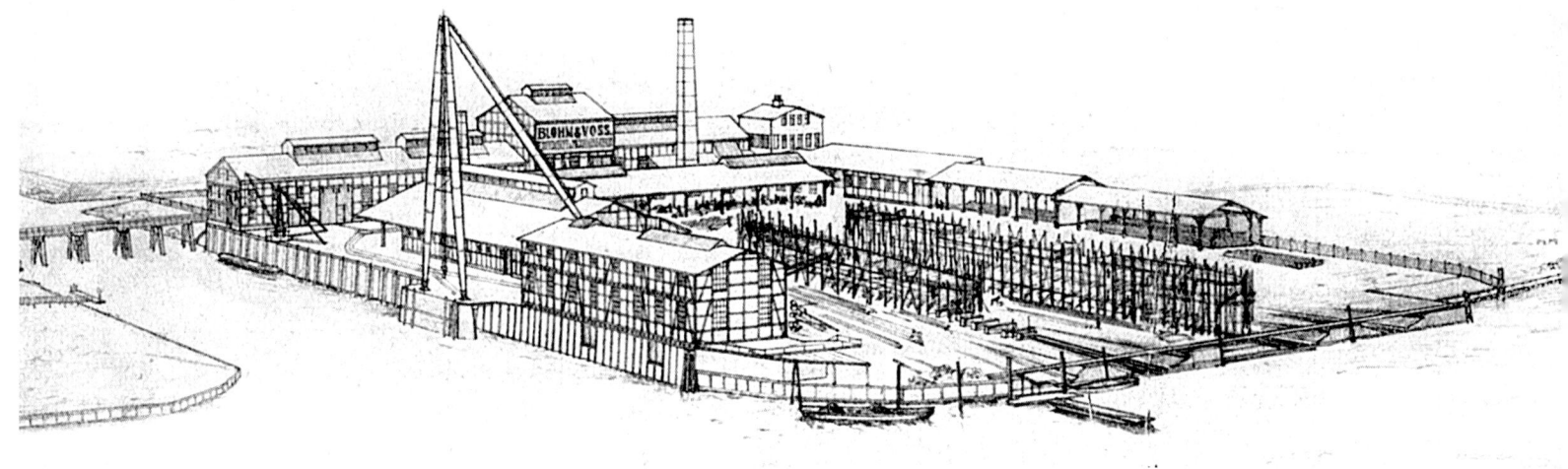

21. Februar 1889 Mit der CROATIA (2.052 BRT) wird der erste Neubau an die Hamburg-Amerika Linie abgeliefert. Das Schiff bleibt für wechselnde Eigner über sieben Jahrzehnte in Fahrt.

22. März 1890 Mit dem für die Hamburg-Calcutta-Linie unter der Baunummer 69 entstandenen D. BHOPAL (3.041 BRT) liefert die Werft ihren ersten über 100 Meter langen, genau sind es 103,63 Meter, Neubau ab.

1891 Die Offene Handelsgesellschaft wird in eine Kommanditgesellschaft auf Aktien mit einem Kapital von sechs Mio. Mark umgewandelt.

1892 In Hamburg wütet die Cholera. Der Dock- und Reparaturbetrieb ruht.

9. November 1892 Der Kleine Kreuzer CONDOR (1.864 t Verdrängung) geht auf Probefahrt. Es ist der erste Bau der bislang nur im Handelsschiffbau tätigen Werft für die Kaiserliche Marine.

1893/94 Der Norddeutsche Lloyd lässt seine Reichspostdampfer BAYERN, SACHSEN und PREUSSEN, später auch noch den D. PFALZ, verlängern, und zwar im Schwimmdock, was als technische Sensation gewertet wird.

8. April 1894 Ablieferung der Baunummer 100 als D. WITTEKIND (5.001 BRT) an den Norddeutschen Lloyd.

29. Dezember 1894 Ablieferung des D. PHOENICIA an die Hamburg-Amerika Linie. Der mit 7.155 BRT vermessene Doppelschraubendampfer gehört zur sog. P-Klasse der Reederei, die sich durch besondere Wirtschaftlichkeit auszeichnet.

1894 Helgen Nummer sieben wird für den Bau der ca. 160 Meter langen BARBAROSSA für den Norddeutschen Lloyd verlängert und im Zusammenhang damit nach Westen verschoben. Knapp anderthalb Jahre später werden die alten Helgen eins bis vier durch zwei neue Helgen von über 150 m Länge ersetzt und

Der kleine Kreuzer CONDOR, das erste für die Kaiserliche Marine gebaute Schiff.

Die BAYERN war eines der Schiffe, das für den Norddeutschen Lloyd 1893/94 bei Blohm & Voss verlängert wurde.

Der Hapag-Schnelldampfer Deutschland, eingedockt
im August 1902.

Das Linienschiff KAISER KARL DER GROSSE erhält an der Werft den
letzten Schliff.

anschließend der Helgen Nummer sechs für den Bau des Hapag-
D. BULGARIA (Baunummer 125) ebenfalls verlängert.

1895 Aufgrund einer kontraktlichen Verpflichtung der Hansestadt Hamburg gegenüber wird mit dem Bau eines weiteren
Schwimmdocks begonnen. Damit kommt die Werft gleichfalls
einem ausdrücklichen Wunsch der Kaiserlichen Marine nach,
die ein großes Dock wünscht, das im Bedarfsfall in die Elbmün-
dung nach Cuxhaven verlegt werden kann. Das neue Dock kann
am 1. April 1897 in Betrieb genommen werden. Es ist mit seiner
Tragfähigkeit von 17.000 t das größte Schwimmdock der Welt.

1896 Damit die Arbeiter ihre Mahlzeiten nicht im Freien einneh-
men müssen, richtet das Unternehmen für sie eine Speisehalle
ein.

1. Februar 1897 Das Unternehmen verfügt jetzt über einen eigenen Gleisanschluss an die Staatseisenbahn, was es beispielsweise möglich macht, etwa Lieferungen aus dem Ruhrgebiet direkt
auf der Werft in Empfang zu nehmen.

1898 Zu Beginn des Jahres vergrößert die Werft ihr Areal nach
Süden um ca. 25.000 qm. Die neuerliche Erweiterung war notwendig geworden, da die Helgen für die Abarbeitung eines
großen Auftrages der Kaiserlichen Marine, den Bau des Linienschiffes B, der später so genannten KAISER-Klasse, nicht
ausreichen.

29. August 1898 Mit der Ablieferung des Dampfers BOGOR
(3.620 BRT) an den Rotterdamsche Lloyd nimmt die Werft den
Exportschiffbau auf.

18. Oktober 1899 Glanzpunkt des Jahres ist der Stapellauf des
Linienschiffes B. Der Kaiser selbst hält die Taufrede, die Taufe
auf den Namen KAISER KARL DER GROSSE vollzieht Hamburgs
Erster Bürgermeister Dr. Mönckeberg.

1899 Im abgelaufenen Betriebsjahr wurden durchschnittlich
4.425 Beamte und Arbeiter beschäftigt.

5. Mai 1900 Ablieferung des für die Holland-Amerika Lijn er-
bauten Fracht- und Fahrgastschiffes POTSDAM. Dieser mit
12.606 BRT vermessene Doppelschraubendampfer ist der bislang größte auf einer deutschen Werft für den Export entstandene Neubau.

19. Dezember 1900 Ablieferung des Doppelschraubendampfers
PRINZESSIN VICTORIA LUISE (4.419 BRT) an die Hamburg-Amerika Linie. Bei dieser so genannten „Lustyacht" handelt es sich um
das erste rein für Kreuzfahrten konzipierte Schiff der Welt.

1902 Das insgesamt sehr ereignisreiche Jahr für die Werft beginnt am 9. Januar, als das Linienschiff KAISER KARL DER GROSSE
die Werft zur Probefahrt verlässt und anschließend an die Kaiserliche Marine abgeliefert wird. Der Bau dieses „Dickschiffes" war
eine besondere Herausforderung – der erste Neubau mit Drei-
schraubenantrieb und einer Maschinenleistung von 14.000 PS.

5. April 1902 Blohm & Voss begeht sein 25-jähriges Jubiläum.
Ein schon damals nicht nur für die Werft selbst, sondern auch für
Hamburg bedeutsames Ereignis.

Die stählerne Viermastbark PETSCHILI ist einer für die Reederei Laeisz gebauten Supersegler.

Das für die Woermann-Linie gebaute Schwimmdock im Betrieb in Duala, Kamerun.

21. Juni 1902 Der Große Kreuzer ERSATZ KÖNIG WILHELM läuft nach der Taufe auf den Namen FRIEDRICH CARL vom Stapel. Dieser Große Kreuzer ist der Beginn einer Reihe schwerer Einheiten für die Kaiserliche Marine, mit denen die Werft auch auf diesem Gebiet Weltruhm erlangt.

1903 Auch dieses Jahr bringt neben den „normalen" Tätigkeiten wieder einige besonders bemerkenswerte Fakten zur Werftgeschichte: die am 6. April erfolgt Ablieferung der 3.087 BRT großen PETSCHILI an die Reederei F. Laeisz. Damit beginnt eine Reihe von Blohm & Voss gebauter stählerner Viermastbarken, die wesentlich zum Ruhm dieser bedeutendsten deutschen Segelschiffsreederei und ihrer legendären „Flying-P-Liner" beitragen.

1903 kehrt der 1894 für die Hamburger Kingsin-Linie erbaute Frachter HERTHA (3.439 BRT), inzwischen von der Hapag übernommen und in SIBIRIA umbenannt, an seine Bauwerft zurück und wird dort zu dem ersten deutschen Kühlschiff umgebaut. Als solches tritt es am 19. Dezember seine erste Reise im Dienst für den Fruchttransport Mittelamerika in die USA an.

24. Oktober 1903 Vorzeitig abgeliefert wird der Große Kreuzer FRIEDRICH CARL (9.875 t Verdrängung). Bereits vor der Ablieferung hat die offensichtlich zur vollsten Zufriedenheit der Kaiserlichen Marine arbeitende Werft den Auftrag zum Bau eines weiteren Großen Kreuzers ERSATZ DEUTSCHLAND erhalten.

1904 Ein erstes nicht zur eigenen Nutzung bestimmtes Schwimmdock wird für die Hamburger Woermann-Linie, einen der treuesten Kunden im Neubaugeschäft, gebaut. Es ist für den Einsatz in Duala, dem Haupthafen der deutschen Kolonie Kamerun, bestimmt.

1905 Trotz der Bearbeitung vieler Projekte für Russland wird kaum etwas davon realisiert. Immerhin werden aber mit großem technischem Aufwand der brit. D. GORJISTAN und der Hapag-D. PHOENICIA zu Werkstattschiffen für die russische Marine umgebaut.

1906 Blohm & Voss beginnt in Verbindung mit der jungen Firma Turbinia A.-G., Mannheim, in Lizenz des britischen Herstellers Parson mit dem Turbinenbau. Die vorbereitenden Arbeiten werden beschleunigt durchgeführt, da die Kaiserliche Marine ihren bei der Werft bestellten Kleinen Kreuzer ERSATZ COMET, der späteren DRESDEN, mit einer Turbinenantriebsanlage ausgerüstet haben will.

1906 Begonnen wird auch mit dem Bau eines neuen Großdocks, mit dem Blohm & Voss seine führende Stellung im Dockbetrieb behaupten will. Dieses Dock wird auch notwendig mit Blick auf die zu erwartenden noch größeren Kriegsschiffe, deren Bau sich abzeichnet.

1907 Die Verhandlungen mit der Finanz-Deputation der Hansestadt über die Erweiterung des Betriebsgeländes werden abgeschlossen. Die Eingliederung der neuen Flächen, die insgesamt 22 ha umfassen, beginnt am 1. April und soll sich über zwölf Jahre erstrecken. Nach Zusammenführung des gesamten Terrains, das dann eine Fläche von 43 ha bedeckt, wird sich die dafür zu entrichtende Miete auf ca. 250.000 Mark stellen. 1936 soll sie auf ca. 310.000 Mark erhöht werden. Hinzu kommen 30.000

Stolze „Blohmer"

Nietreihen am Schiff.

Der Kleine Kreuzer DRESDEN ist das erste von der Werft gebaute Schiff mit Turbinenantrieb und das erste mit vier Schrauben.

Mark für den Dockliegeplatz und weitere 80.000 Mark bei Übernahme der Kais.

26. September 1907 Die Kaiserliche Marine erteilt ohne Ausschreibung den Auftrag zum Bau eines neuartigen GROSSEN KREUZERS F – des ersten deutschen Schlachtkreuzers als Antwort auf die britische INVINCIBLE-Klasse.

1. Oktober 1907 Die wöchentliche Arbeitszeit wird von 60 auf 56 Stunden herabgesetzt, bei vollem Lohnausgleich.

8. Oktober 1907 Ablieferung des Großen Kreuzers SCHARNHORST an die Kaiserliche Marine, die ihn am 24. Oktober in Dienst stellt. Der Neubau ist zwar stärker bewaffnet als seine Vorgänger, wird in seiner Bedeutung aber bald von den neuen britischen Schlachtkreuzern der INVINCIBLE-Klasse entwertet.

25. März 1908 Mit der Kiellegung des Panzerkreuzers F wird die neue Helgenkrananlage in Betrieb genommen.

20. Juni 1908 Kaiser Wilhelm II. besucht erneut die Werft und lässt sich eingehend die neuen Anlagen, insbesondere die Helgen und die Turbinenfabrik, erklären. Um ihm auch die Leistungen des Dockbetriebes zu demonstrieren, werden ihm an Hand von Fotografien Dockungen großer Schiffe gezeigt.

Mitte Oktober 1908 Beginn der Werftprobefahrten des Kleinen Kreuzers DRESDEN (ERSATZ COMET), des ersten Vierschraubenschiffes der Werft und das erste, das einen Turbinenantrieb erhalten hat. Mit der 15.000 PS leistenden Antriebsanlage wird eine Geschwindigkeit von 24 Knoten gemessen. Später werden in der Meile sogar 25,4 Knoten erreicht.

1908 Zwar fehlen bereits seit längerem Aufträge für den Bau großer und wertvoller Handelsschiffe, dafür entwickelt sich aber der Marineschiffbau sehr erfreulich. Als einen besonderen Vertrauensbeweis wertet es die Werft, dass ihr, wieder ohne Ausschreibung, auch der Bau des Nachfolgeschiffes, des Panzerkreuzers G, übertragen wird. Übertroffen wird dies nur noch dadurch, dass die Werft unter „strengster Geheimhaltung" vorbehaltlich der Etatgenehmigung 1909 auch das Schwesterschiff H bauen soll. Werftseitig ist dafür bereits die Baunummer 201 reserviert worden. Blohm & Voss wertet diesen Auftragssegen nicht zuletzt als Anerkennung für den Ausbau der Werft und das Vorgehen im Turbinenbau.

1908 Der 1897 gebaute, 14.349 BRT große Schnelldampfer KAISER WILHELM DER GROSSE kommt zur Durchführung umfangreicher Reparaturen an die Werft. Das Schiff hatte im Nordatlantik einen Teil des Hinterstevens und das Ruder verloren. Diese Teile werden im Schwimmdock in einem aufwendigen und Aufsehen erregenden Verfahren ersetzt.

1908 Die von Blohm & Voss-Direktor Hermann Frahm konstruierten und nach ihm benannten Schlingertanks werden von der

Kaiserlichen Marine getestet und nachträglich auf den je etwa 8.000 BRT großen Hapag-Dampfern YPIRANGA und CORCOVADO installiert. Interesse zeigt auch die russische Marine.

3. Februar 1909 Das neue Dock V verlegt zu seinem Liegeplatz im Kuhwärder Hafen. Dieser Platz war zuvor auf eine Wassertiefe von 28 m bei normalem Hochwasser ausgebaggert worden. Bereits am 13. des gleichen Monats kann mit der Dockung des D. CLEVELAND, des mit seiner Vermessung von 16.960 BRT, 185 m Länge, 20,78 m Breite und 14,73 m Tiefgang bisher größten von der Werft gebauten Schiffes, der Betrieb aufgenommen werden. Damit setzt das nunmehr größte Dock der Werft mit der Aufnahme dieses Neubaus auch ein Zeichen für die Kundschaft.

16. März 1909 Ablieferung des Fracht- und Passagier-Dampfers CLEVELAND an die Hamburg-Amerika Linie. Das Schiff kann bei einer Tragfähigkeit von 12.754 tdw außer seiner Ladung 239 Passagiere in der I., 224 in der II., 496 in III. Klasse sowie 1.882 im Zwischendeck befördern. 443 Mann Besatzung kommen dazu. Bei einer Antriebsleistung von 11.500 PSi wird eine Geschwindigkeit von 15,5 Knoten erreicht.

6. Juli 1909 Mit der Maschinenfabrik Augsburg-Nürnberg A.-G. (MAN) wird ein erster Lizenzvertrag für den Bau und die Entwicklung von doppeltwirkenden Zweitakt-Dieselmotoren für den Einsatz auf Handels- und Kriegsschiffen geschlossen. Um praktische Erfahrungen mit dem neuartigen Antriebssystem sammeln zu können, wird noch im gleichen Jahr auf eigene Rechnung ein Schiff auf Kiel gelegt (die spätere FRITZ/3083 BRT) und mit zwei „Ölmaschinen" ausgerüstet. Noch in der zweiten Jahreshälfte bestellt auch die Hamburg-Amerika Linie ein Schiff mit „Ölmaschinenantrieb" (die spätere SECUNDUS/4499 BRT)

4. April 1910 Den Aufsichtsratsmitgliedern wird verkündet, dass das Unternehmen nunmehr auch mit dem Bau des großen Panzerkreuzers J betraut worden ist. Weiter heißt es: „Mit dem Ende Mai zur Ablieferung gelangenden Panzerkreuzer VON DER TANN haben wir zurzeit also vier dieser großen Schiffe im Bau. Der Fall, dass vier derartig bedeutende und wertvolle Objekte bei einer Werft im Bau sind, dürfte in der Geschichte des Schiffbaus in der ganzen Welt einzig dastehen." Als Erstes wird der Schlachtkreuzer, das ist die später gewählte richtige Typenbezeichnung, VON DER TANN am 5. Mai an die Kaiserliche Marine abgeliefert und von ihr am 1. September in Dienst gestellt. Das 171,70 m lange Schiff verdrängt voll ausgerüstet 21.300 t. Acht 28-cm-Geschütze in vier Türmen bilden die Hauptbewaffnung. Der Antrieb besteht, erstmals bei einem Großkampfschiff, aus Turbinen mit einer maximalen Leistung von 79.007 PSw, die auf vier Schrauben wirken. Für diese Antriebsanlage hatten insgesamt 985.000 Turbinenschaufeln mit Längen zwischen 22 und 470 mm hergestellt werden müssen. Während der Probefahrten erreicht das neue Schiff eine Spitzenleistung von 28,124 Knoten. Damit ist die VON DER TANN das schnellste Großkampfschiff der Welt. Wenig später erfolgt noch dazu der Auftrag über ein Folgeschiff K. Es wurde die spätere HINDENBURG, die erst am 10. Mai

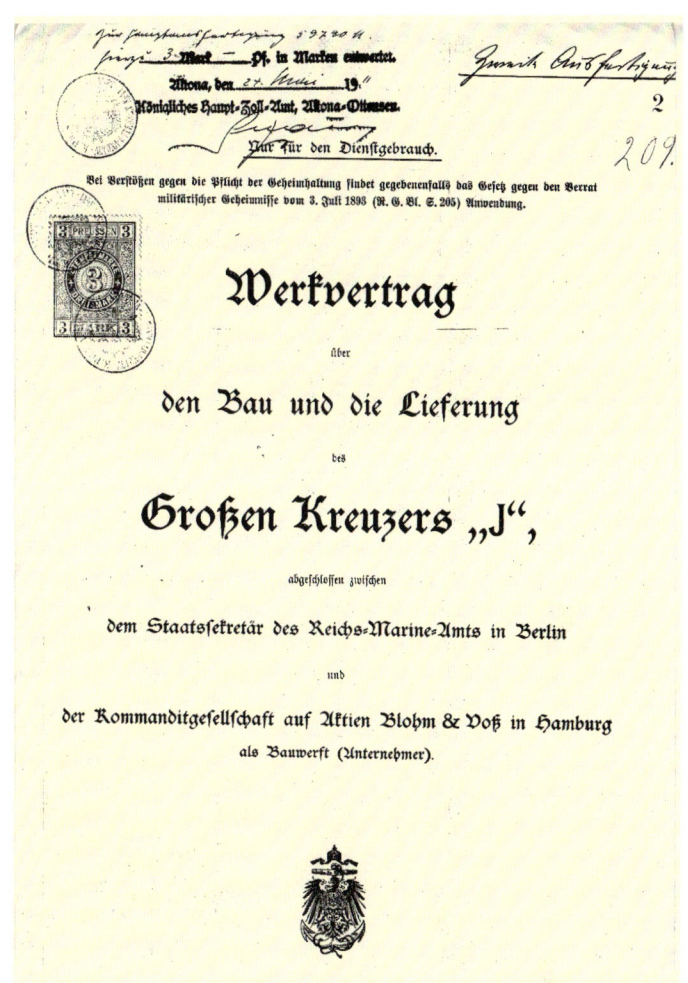

Die CLEVELAND, das bis dahin größte Schiff der Werft, wird am 16. März 1909 an die Hamburg-Amerika-Linie abgeliefert.

Die CAP FINISTERRE der Hamburg-Süd wird das Spitzenschiff auf der Südamerika-Route.

1861.

Aktien-Gesellschaft

DER

PUTILOW-WERKE

Verwaltung.

▫ ▫ ▫ ▫

St. Petersburg.

1872.   1896.

Der Schlachtkreuzer GOEBEN schreibt Geschichte.

1917 kriegsbedingt als letztes Großkampfschiff der Kaiserlichen Marine in Dienst gestellt werden konnte.

1911 Nach langem Hin und Her bestellt die Hamburg-Amerika Linie endlich ihren zweiten der drei von ihr geplanten „Riesendampfer". Der Vorbau, die spätere IMPERATOR, ist zu diesem Zeitpunkt immer noch bei der Konkurrenz im Bau.

1911 In Verhandlungen mit den russischen Putilov-Werken erklärt Blohm & Voss seine Bereitschaft, sich an dem Bau einer großen Werft in St. Petersburg zu beteiligen, der späteren Putilov-Werft.

18. November 1911 Die Ablieferung des Passagierdampfers CAP FINISTERRE (14.503 BRT) an den treuen Kunden Hamburg-Süd ist ein großer Erfolg für die Werft, wie auch für die Reederei, wie sich sogleich zeigt. Es wird in Konkurrenz mit britischen Linien das Spitzenschiff auf der Südamerika-Route. Seine Jungfernreise tritt der Neubau am 21. November von Cuxhaven aus an, und nach nur 13 ½ Tagen Überfahrt können die 1.350 Fahrgäste in Buenos Aires an Land gehen – es war die bislang schnellste Überreise auf dieser Route. Auf rund 17 Knoten Geschwindigkeit haben die insgesamt 10.600 PSi leistenden Vierfach-Expansionsmaschinen das 170,70 Meter lange Schiff gebracht. Es hatte allerdings noch mehr „in sich", u.a. einen zwei Decks hohen Speisesaal, einen Fahrstuhl und ein auf dem Bootsdeck angeordnetes Freibad.

1912 Mit der Trockensetzung des Hapag-D. BULGARIA (10.237 BRT) erfolgt die zehntausendste Dockung der Werft.

2. Juli 1912 Der Schlachtkreuzer GOEBEN wird von der Kaiserlichen Marine in Dienst gestellt. Die GOEBEN wird im Verlauf der folgenden geschichtlichen Ereignisse neben der späteren BISMARCK zu dem berühmtesten von der Werft gebautem Kriegsschiff.

1912 Ende des Jahres sind durchschnittlich etwa 9.000 Menschen auf der Werft beschäftigt. Es wird eine weitere Erhöhung angestrebt, um die vorhandenen Anlagen optimal nutzen zu können.

1912/1913 Der Mitbegründer der Werft, Ernst Voss, zieht sich in seinem 72. Lebensjahr aus dem aktiven Geschäft zurück, gibt jedoch auch danach auf Bitten von Hermann Blohm seine Erfahrungen als Mitglied des Aufsichtsrats weiter.

1914 Hermann Blohms ältester Sohn Rudolf, am 2. September 1885 in Hamburg geboren, tritt als persönlich haftender Gesellschafter in das Unternehmen ein.

1914 Der Betrieb hat eine Schiffbaukapazität erreicht, die die des Jahres 1900 um mehr als das doppelte übertrifft. Gleichzeitig wird im Geschäftsjahr 1913/14 der höchste Stand der Belegschaft erreicht. Durchschnittlich sind 11.368 Arbeiter beschäftigt, in der Spitze 11.905. Der Wechsel in der Belegschaft ist nach wie vor sehr hoch: 17.814 sind im Laufe des Geschäftsjahres eingestellt worden, 14.806 sind ausgeschieden.

1914 Gegen scharfe Konkurrenz vor allem englischer Werften gelingt es, den Auftrag zum Bau eines 21-Knoten-Schnelldampfers für die italienische Reederei Societa Italiana de Servizi Marittimi hereinzuholen.

1914 Von den Vulcan-Werken wird die Lizenz für die Nutzung des Föttinger-Transformators erworben und von der Schmidt'schen Heissdampf-Gesellschaft die für die Schmidt'schen Überhitzeranlagen.

1914 Im Frühjahr wird der fünfte von Blohm & Voss gebaute Schlachtkreuzer, DERFFLINGER, mit Werftbesatzung um Skagen herum zur Endausrüstung nach Kiel überführt. Der 31.200 t verdrängende, 210,40 Meter lange und 29,00 Meter breite Neubau ist das Typschiff einer Serie von drei Einheiten. Das Kaliber der Hauptartillerie ist auf 30,5 cm in vier überhöht aufgestellten Türmen mit jeweils zwei Rohren gesteigert worden. Auf der Antriebsseite besteht die Veränderung in der Einführung von Kesselfeuerung teilweise mit Ölspeisung.

24. Februar 1914 Stapellauf des seit 1909 auf eigene Rechnung im Bau befindlichen (Versuchs-) Motorschiffes/Ölmaschinenschiffes FRITZ (3.083 BRT). Während seines Baus hatte es antriebsseitig viele Probleme gegeben.

11. März 1914 Mit der SECUNDUS (4.499 BRT) wird das erste von Blohm & Voss gebaute Motorschiff bzw. Ölmaschinenschiff, wie es offiziell heißt, an die Hamburg-Amerika Linie übergeben. Der neue Antrieb bewährt sich ohne Probleme und schafft mit zwei Motoren von zusammen 2.600 PS 11,5 Knoten.

1. Mai 1914 Nach Erledigung der Probefahrten wird der Turbinenschnelldampfer VATERLAND an die Hamburg-Amerika Linie abgeliefert. Er ist mit seinen 54.282 BRT das größte Schiff der Welt. Wenig später läuft das Schwesterschiff nach der Taufe auf den Namen BISMARCK im Beisein des Kaisers vom Stapel. Sein Weiterbau wird bei Kriegsausbruch eingestellt.

1914 Anfang August bricht der später so genannte Erste Weltkrieg aus, der zu einem Einbruch in den gewohnten Betriebsablauf führt. Dock- und Reparaturaufträge werden von den Reedereien nicht mehr erteilt und die im Bau befindlichen Handelsschiffe, darunter der am 23. März für die Hamburg-Süd vom Stapel gelaufene Schnelldampfer CAP POLONIO, werden stillgelegt, annulliert oder nur so weit weitergebaut, bis sie zu Wasser gelassen werden können, um die Helgen für Marinebauten frei zu bekommen.

1915 Auf Drängen des Reichsmarineamtes wird mit dem Bau von U-Booten begonnen. Er bestimmt in den nächsten Jahren weitgehend das Geschehen auf der Werft, die für derartigen „Kleinbootbau" eigentlich gar nicht ausgelegt ist. Unter Nutzung der vorhandenen Docks wird ein Arbeitsverfahren entwickelt, mit dem der U-Bootbau dennoch erfolgreich betrieben werden kann. Am 18. Dezember kann als erstes Boot UB 18 übergeben werden.

Die DERFFLINGER ist der fünfte von Blohm & Voss gebaute Schlachtkreuzer.

Stapellauf des „Riesendampfers" VATERLAND für die Hapag am 3. April 1913.

Auf Drängen des Reichsmarineamtes konzentriert sich Blohm + Voss weitgehend auf den Bau von U-Booten.

U-Boot-Typ UB II, hier UB 18, auf Probefahrt.

1914/15 Der Geschäftsbericht 1914/15 vermerkt, dass bei Ausbruch des Krieges und in dessen weiterer Verlauf bis Mitte des Jahres 1915 etwa 5.800 Beschäftigte zum Militär einberufen worden sind. Dadurch sei die Aufrechterhaltung des Betriebes häufig recht schwierig gewesen.

1916 Um dem Arbeitskräftemangel zu begegnen, wird mit der Beschäftigung von Kriegsgefangenen und auch Frauen begonnen, um die zum Kriegsdienst einberufenen Mitarbeiter zu ersetzen.

1. Juli 1916 Walter Blohm, der am 25. Juli 1887 geborene jüngere Sohn von Hermann Blohm, tritt als persönlich haftender Gesellschafter in das Unternehmen ein.

3. August 1916 In Hamburg wird von Blohm & Voss gemeinsam mit den Werften AG „Weser", Bremen, Germaniawerft, Kiel, F. Schichau, Elbing und Vulcan-Werke, Hamburg, die Deutsch Osmanische Werften-Gesellschaft mit beschränkter Haftung (DOW) gegründet. Ziel „ist die Schaffung einer gemeinschaftlichen Stelle der Gesellschafter für alle auf dem Schiffbaugebiet liegenden Interessen, Geschäfte und Unternehmungen der Gesellschaft in der Türkei. Hierzu gehört insbesondere der Abschluss und die Durchführung von Verträgen für die Gesellschafter, namentlich von solchen Verträgen, welche die Gründung und den Betrieb osmanischer Schiffbau-Unternehmen betreffen. DOW-Geschäftsführer wird Hermann Blohm.

1917 Wegen einer strengen Frostperiode bei Jahresbeginn und die immer bedrohlicher werdende Kohlenknappheit kommt es zu Einschränkungen im Betrieb.

21. April 1917 Der erste der beiden bei Kriegsbeginn von der Kaiserlichen Marine in Auftrag gegebenen Schlachtkreuzer, für den

am 30. Januar 1915, der Kiel gestreckt worden war, wird nach der Taufe auf den Namen MACKENSEN zu Wasser gelassen.

1918 Das Jahr ist gekennzeichnet von großen Anstrengungen, vermehrt U-Boote fertig zu stellen, von Kohleknappheit, die sich immer weiter verschlimmert, von Material- und Arbeitskräftemangel.

Januar 1918 Beginn des Aufbaus einer Werftschule, um besonders qualifizierten Nachwuchs heranziehen zu können.

17. Januar 1918 Der am 5. Oktober 1916 vom Stapel gelaufene Kleine Kreuzer CÖLN wird in Dienst gestellt. Er ist, außer dem 1914 nach Kriegsausbruch beschleunigt fertiggestellten Schlachtkreuzer DERFFLINGER und einer Serie großer Torpedoboote 1915, das einzige Überwasser-Kriegsschiff, das Blohm & Voss während der Kriegsjahre abgeliefert hat. Der vollausgerüstet 7.486 t verdrängende Kreuzer hat Turbinenantrieb, mit dem eine Geschwindigkeit von 27,5 Knoten erreicht wird.

20. Januar 1918 Arbeiter von Blohm & Voss beteiligen sich an dem von Kiel „wegen sich verschlechternder Arbeits-und Lebensbedingungen" ausgegangenen „Januarstreik" und legen die Arbeit nieder. In der Folgezeit erreicht die Revolution in immer stärkerem Maße auch Blohm & Voss. Es wird immer wieder gestreikt, und es kommt durch die kommunistische Hetze zu teilweise schlimmen Ausschreitungen.

26. August 1918 Das Reichsmarineamt und Blohm & Voss schließen einen Vertrag, der besagt, dass Blohm & Voss bereit ist, das Reichsmarineamt bei dem Betrieb von Werften in der Ukraine technisch und geschäftlich zu beraten. Kriegsende und Revolutionswirren bereiten dem Ganzen aber rasch ein Ende. Am 5. November kann der Vertrag wieder gekündigt werden.

Der Dampfer BAKLAN kam als Wrack und verließ die Werft wieder „wie neu".

September 1918 Die Zahl der beschäftigten Arbeiter erreicht mit 12.635 einen neuen Höchststand. Hinzu kommen 1.500 Angestellte. Unter den Hilfen für die Belegschaft während des Krieges müssen vor allem der Betrieb der Speisehalle und die Unterstützungen für die Familien der zum Kriegsdienst eingezogenen Mitarbeiter gewürdigt werden. Die dafür zur Verfügung gestellten Summen sind beträchtlich. Beispiele: Mitte 1917 hat die Zahl der täglich in der Speisehalle ausgegebenen Mahlzeiten bis auf 18.000 zugenommen und für die Familien-Unterstützung werden allein 1918/19 2,5 Mio. Mark ausgezahlt.

1919 Der Waffenstillstand und das Kriegsende bringen für das Unternehmen einen tiefen Einschnitt. Die Arbeiterschaft bleibt unruhig und auch auf die Angestellten kann nicht mehr unbedingt gezählt werden. Mangelnde Beschäftigung und eine unsichere Versorgungslage sind wesentliche Gründe dafür. Der Spartakusaufstand in Berlin hat auch Auswirkungen auf die Belegschaft.

20. September 1919 Der 1916 bei einer Munitionsexplosion In Archangelsk schwer beschädigte russische Dampfer BAKLAN (4.453 BRT) trifft praktisch als Wrack an der Werft ein, um wiederhergestellt zu werden. Der Auftrag war durch Vermittlung des Auswärtigen Amtes zustande gekommen. Um für weitere Beschäftigung zu sorgen, bemüht sich Blohm & Voss um die Zuweisung von Lokomotivreparaturen. Auf diesem Gebiet ist die Werft noch bis 1925 tätig. Der Mangel an Kohle und Material hält an.

1920 Während einerseits die Werft weiterhin bevorzugtes Ziel der kommunistischen Agitation ist, mit zum Teil schlimmen Vorfällen, profitiert sie andererseits von dem mit großem Elan in die Wege geleiteten Wiederaufbau der deutschen Handelsflotte. Am Ende des Geschäftsjahres 1919/20 sind sämtliche Helgen mit insgesamt 22 Neubauten für deutsche Reedereien belegt.

Hinzu kommt die Fertigstellung des Hapag-„Riesendampfers" BISMARCK (56.551 BRT) nunmehr im Auftrag des Reiches, da das Schiff an England abgeliefert werden muss.

14. Juni 1920 Der ehemals russische Dampfer BAKLAN, der im Jahr zuvor praktisch als Wrack an die Werft gekommen war, geht, inzwischen als METTE JENSEN nach Dänemark verkauft, praktisch „wie neu" auf Probefahrt.

1. August 1920 Ernst Voss verstirbt nach kurzer Krankheit 78-jährig.

2. November 1920 Als erstes der nach dem Krieg bestellten Handelsschiffe wird die URUNDI 5.791 BRT) an die Deutsche Ost-Afrika-Linie (DOAL) abgeliefert. Dieser Neubau ist als erstes Turbinenschiff ohne „direkten Antrieb" mit einem neuartigen Untersetzungsgetriebe ausgestattet, dessen Konstruktion und Bau als bahnbrechende Leistung der Maschinenfabrik von Blohm & Voss angesehen wird.

1921 Der Reparaturbetrieb läuft auf vollen Touren. Vor allem ausländische Reedereien sorgen für kräftige Beschäftigungsimpulse. „Reparatur geht vor, Neubau darf nicht liegen bleiben", pflegt Hermann Blohm in solchen Zeiten zu sagen.

1921 Für die nach dem Krieg auf der Werft verbliebenen U-Bootmotoren, die vom Reichsverwertungsamt zu einem günstigen Preis übernommen worden waren, findet der herausragende Techniker, Direktor Hermann Frahm nach umfangreichen Berechnungen und Reihenversuchen eine Lösung, wie sie für den Handelsschiffbau nutzbar gemacht werden können. Mit einem erstmalig verwendeten Rädergetriebe und einer elastischen Kupplung lassen sie sich als Antrieb für Handelsschiffe verwenden. Erster Neubau mit einer derartigen Kraftübertragung wird der am 30. August 1921 abgelieferte

Der dritte der Hapag-Riesendampfer, hier die BISMARCK, muss nach seiner Fertigstellung nach Kriegsende an England abgeliefert werden.

Deutsche Passagierdampfer von **Hamburg** nach **Brasilien, Uruguay, Argentinien** (Anschluss nach Chile, Patagonien und Paraguay) **Hamburg-Südamerikanische Dampfschifffahrts-Gesellschaft** Passage-Abteilung, **Hamburg**, Holzbrücke 8

ALBERT BALLIN, das erste Schiff des berühmt gewordenen Nordatlantik-Quartetts der Hamburg-Amerika-Linie.

Hapag-Frachter HAVELLAND (6.334 BRT). Auch das 1922 folgende Schwesterschiff MÜNSTERLAND erhält einen derartigen Antrieb. Bei den beiden nahezu baugleichen Neubauten RHEINLAND und ERMLAND, die ebenfalls 1922 abgeliefert werden, sind die Hauptmotoren direkt mit den Propellerwellen gekuppelt.

März 1921 Nach blutigen Unruhen in Hamburg kommt es zu einer Betriebsbesetzung bei Blohm & Voss, die von Polizei, Sicherheitspolizei und vor allem von loyalen Belegschaftsmitgliedern beendet wird. Daraufhin schließt das Unternehmen für acht Tage und entlässt die gesamte Belegschaft. 500 Mann, die als Hetzer oder als sonst wie ungeeignet sind, werden nicht wieder eingestellt.

16. Februar 1922 Der Schnelldampfer CAP POLONIO (20.576 BRT), der seit seinem Stapellauf am 25. März 1914 bereits eine turbulente Geschichte hinter sich hat, tritt endlich seine Jungfernreise zum La Plata an. Sie wird ein triumphaler Erfolg.

28. März 1922 Der ehemalige Hapag-"Riesendampfer" BISMARCK (56.551 BRT) tritt seine erste Fahrt elbabwärts an, um anschließend nach Übernahme durch das Reich als Reparationsleistung an Großbritannien abgeliefert zu werden. Neuer Name MAJESTIC.

16. März 1923 An die Hamburg-Amerika Linie wird als erster von zwei Neubauten das Fracht- und Fahrgastschiff ALBERT BALLIN (20.815 BRT) abgeliefert. Mit ihm und seinem in der Ausrüstung befindlichen Schwesterschiff, das am 19. Dezember 1923 als DEUTSCHLAND abgeliefert wird, will die Reederei wieder an ihre Vorkriegserfolge im Nordatlantikverkehr anknüpfen. Dank der konstruktiv vorzüglich gelungenen Schiffe gelingt dies so überzeugend, dass 1925/26 noch zwei weitere Schiffe dieses Typs folgen. Dieses „Nordatlantik-Quartett" gewinnt international überaus große Anerkennung.

12. November 1924 Als größtes Motorschiff der Welt wird die mit 13.625 BRT vermessene MONTE SARMIENTO an die Hamburg-Süd abgeliefert. Es ist das erste Schiff der dann so genannten MONTE-Klasse, die in den Jahren bis 1931 mit vier weiteren von Blohm & Voss gelieferten Neubauten auf fünf Schiffe ergänzt wird. Sie alle sind als Einklassenschiffe (III. Klasse) konzipiert und bieten insgesamt jeweils 2.500 Fahrgästen in unterschiedlichen Kategorien (Mehrbettkabinen/Schlafsäle) Platz. Die zunächst vor allem für die Beförderung von Auswanderern und Saisonarbeitern ausgelegten Schiffe werden legendär im Südamerika-Verkehr, später bei ihrem Einsatz im Kreuzfahrtgeschäft. Der Antrieb besteht aus vier bei Blohm & Voss gebauten M.A.N.-6-Zyl.-Viertaktmotoren mit Rädergetriebe, die zusammen eine Leistung von max. 6800 PSe für eine Höchstgeschwindigkeit von 14,5 Knoten erbringen.

8. Dezember 1925 An die Deutsch-Australische Dampfschiffs-Gesellschaft wird das MS MAGDEBURG (6128 BRT) abgeliefert.

Bemerkenswert ist der Antrieb, der aus einem doppeltwirkenden Zweitakt-Motor mit einer Leistung von 4.000 PS besteht.

1926 Die bis dahin imposanteste Leistung auf dem Gebiet des Blohm & Voss-Motorenbaus stellt der für die Zentrale Neuhof der Hamburgischen Electricitäts-Werke gebaute doppeltwirkende Zweitakt-Motor des Typs M.A.N. D9Z 86/150 dar. Er bleibt mit seiner Leistung von 15.000 PSe bei 94 U/min für lange Zeit der größte Motor der Welt.

1927 Aus der Festschrift anlässlich des 50-jährigen Bestehens des Unternehmens geht hervor, dass vor der am 12. März 1927 erfolgten Ablieferung des Fracht- und Passagierschiffes NEW YORK, des vierten Schiffes der ALBERT-BALLIN-Klasse, 229 Handelsfahrzeuge von 1.096 314 BRT und Maschinenanlagen von 713.000 PS auf der Werft entstanden sind. Außerdem 200 Kriegsfahrzeuge von 376.021 t Deplacement und Maschinenanlagen von 1.621.000 PS sowie – einschließlich unvollendet gebliebener – 43 Docksektionen von 280.000 t Hebefähigkeit .

29. Oktober 1927 Nach nur 15 Monaten Bauzeit wird der Schnelldampfer CAP ARCONA (27.561 BRT) an die Hamburg-Süd abgeliefert. Mit 205 Metern Länge, 25,78 Metern Breite und 12,78 Metern Tiefgang wird es das größte, schönste und schnellste Schiff auf der Südamerika-Route. Acht Blohm & Voss-Getriebeturbinen leisten 24.000 PS für eine Geschwindigkeit von 21 Knoten. 630 Personen zählen zur Besatzung. Die Passagierkapazität umfasst 575 Plätze in der I., 275 in der II. und 465 in der III. Klasse. Die Einrichtungen und Ausstattungen berechtigen die Bezeichnung Luxusschiff. Hauptzweck ist insofern nicht die Beförderung möglichst vieler Passagiere, sondern es soll eher einer begrenzten Zahl von Reisenden ein möglichst hohes Maß an Bequemlichkeit und Komfort geboten werden. Der Zuspruch und der Erfolg waren dementsprechend überwältigend.

30. Mai 1928 Mit dem Fracht- und Fahrgastschiff WATUSSI (9.252 BRT) und der am 31. Juli 1928 folgenden UBENA erhalten die Deutschen Afrika-Linien ihre ersten Zweischornsteinschiffe. Beide Schiffe haben von Blohm & Voss gebaute Getriebeturbinen mit einer Leistung von 4.200 PSw für eine Geschwindigkeit von 13,5 Knoten erhalten.

15. August 1928 Nach der Taufe auf den Namen EUROPA läuft der für den Norddeutschen im Bau befindliche große Schnelldampfer (49.746 BRT) vom Stapel.

1. Oktober 1928 Sämtliche deutschen Seeschiffswerften werden durch einen viermonatigen Streik weitgehend lahmgelegt.

13. Oktober 1928 Trotz des Streiks kann der Passagierschiffsneubau KUNGSHOLM (20.223 BRT) an die Svenska Amerika Linjen abgeliefert werden. Dieser große Exportbau hatte bereits bei der Vertragsunterzeichnung für beträchtliches Aufsehen gesorgt.

Ehrung zum 50. Jubiläum im Jahr 1927.

Der größte Motor der Welt, gebaut für die Hamburgischen Electricitäts-Werke.

Die EUROPA brennt.

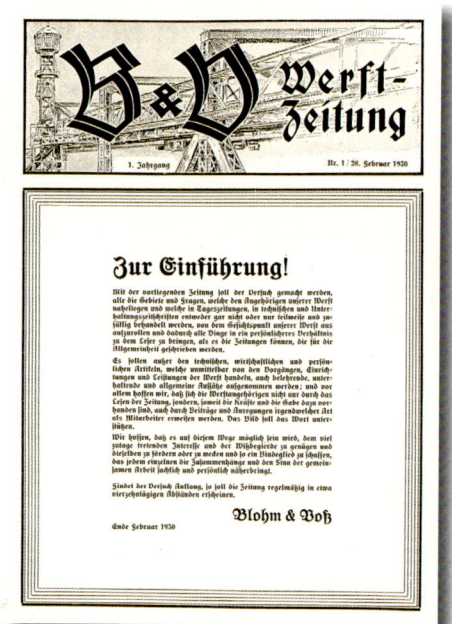

Die erste Werkszeitung.

25./26. März 1929 Auf dem Neubau EUROPA bricht ein Feuer aus, das sich rasch zu einem verheerenden Großbrand ausweitet und die Arbeit der vorangegangenen Monate weitgehend zerstört. Für die mit Blohm & Voss seit langem verbundene Maklerfirma M.W. Joost wird der Brand der größte jemals regulierte Fall. Sie stellt, gedeckt durch Rückversicherung, bereits am 25 Juli einen Scheck in Höhe von 18.222.564 Mark aus.

11. Juni 1929 Die MILWAUKEE (16.699 BRT) wird an die Hamburg-Amerika Linie abgeliefert. Sie ist eines der ersten Passagiermotorschiffe der Reederei. Ihr Einsatz erfolgt im Nordatlantikverkehr.

1. September 1929 Als erstes der vier von der Hapag im Nordatlantikverkehr eingesetzten Fracht- und Passagierschiffe macht die HAMBURG an der Werft von Blohm & Voss fest, um mit einer neuen Antriebsanlage versehen eine höhere Geschwindigkeit in Angleichung an die zu erwartende Schnelldampfer-Konkurrenz des Norddeutschen Lloyd zu erreichen. Nacheinander folgen auch die anderen drei Schiffe des „Nordatlantik-Quartetts", zuletzt die DEUTSCHLAND, die am 25. Mai ihre Werftprobefahrt erledigt.

24. Oktober 1929 In New York kommt es zu einem großen Bankenkrach, der eine lange andauernde Weltwirtschaftskrise auslöst.

26. Dezember 1929 Probefahrt des NDL-Schnelldampfers COLUMBUS (32.354 BRT), der bei Blohm & Voss einem Komplettumbau unterzogen worden ist, um ihn in Geschwindigkeit und Aussehen den beiden Schnelldampfern BREMEN und EUROPA anzugleichen. Dabei hat das Schiff u.a. eine vollkommen neue Antriebsanlag, bestehend aus zwei Sätzen von je vier Getriebeturbinen mit einer Gesamtleistung von 42.000 PSw wfür 22 Knoten, max. 49.000 PSw für 23 Knoten erhalten.

22. Februar 1930 Unter den Augen Hunderttausender Menschen, die die Elbufer säumen, verlässt der Vierschrauben-Schnelldampfer EUROPA (49.746 BRT) die Werft zur Erledigung von Probefahrten in der Nordsee. Der elegante Zweischornsteiner ist 285,52 Meter lang und erreicht mit seinen vier Getriebeturbinen mit zusammen max. 136.400 PSw eine Spitzengeschwindigkeit von 29 Knoten. 2.200 Passagiere in vier Klassen können auf ihm untergebracht werden. Am 17. März 1930 wird der Neubau vom Norddeutschen Lloyd übernommen. Schon auf seiner ersten Reise, die am 20. März 1930 von Cherbourg aus beginnt, wird mit 27,91 Knoten ein neuer Geschwindigkeitsrekord aufgestellt und dem ein Jahr vorher in Fahrt gekommenen Schwesterschiff das legendäre „Blaue Band" abgenommen, und das, obwohl schlechtere Wetterbedingungen herrschen, bei denen sich die EUROPA aber gleich als vorzügliches Seeschiff erweisen kann.

Ende Februar 1930 Mit der „B & V Werft-Zeitung" erscheint im Unternehmen erstmals eine Hauszeitschrift.

12. März 1930 nach dreiwöchigen Krankenlager verstirbt der Senior des Unternehmens, Dr.-Ing. h.c. Hermann Blohm.

12. September 1930 Auf dem an die Hamburg-Amerika Linie abgelieferten Neubau UCKERMARK (7.021 BRT) ist erstmals auf einem Frachtschiff, abgesehen von einem Versuchsschiff, eine Hochdruckdampfkesselanlage zum Einbau gekommen.

1931 Wegen akuten Beschäftigungsmangels bewirbt sich Blohm & Voss auch um Aufträge für den Abbruch von Schiffen.

24. Juli 1931 Nach rund einjähriger Bauzeit wird die am 24. Dezember des Vorjahres telefonisch georderte Luxusyacht SAVARONA an das amerikanische Milliardärs-Ehepaar Cadwalader abgeliefert. Das Schiff ist so außergewöhnlich, wie die Art seiner Bestellung. Es ist bei 133,96 Metern Länge, einer Vermessung

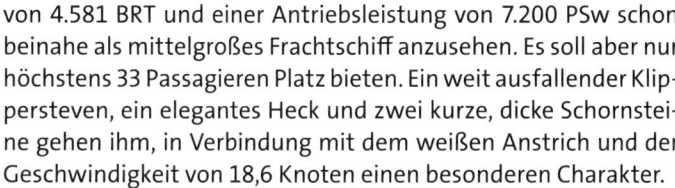

Die für die Reichsmarine gebaute GORCH FOCK ist der Urahn einer ganzen Reihe von Segelschulschiffen.

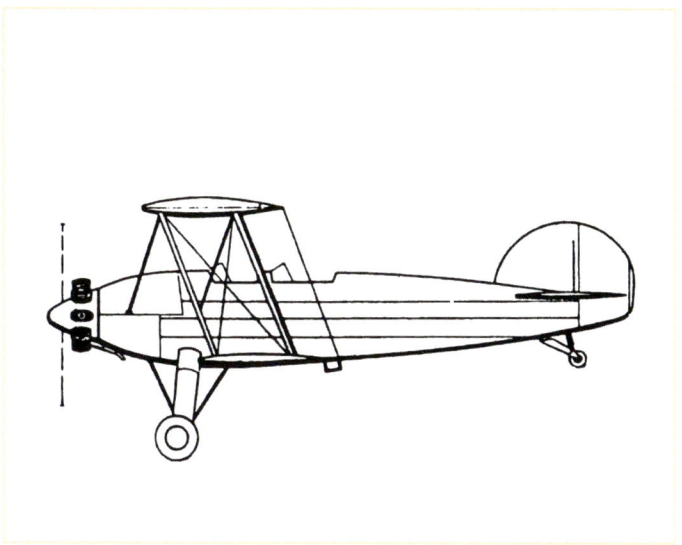

Das erste von der Blohm & Voss-Tochter Hamburger Flugzeugbau gebaute Flugzeug „Ha 134", ein Schulflugzeug.

von 4.581 BRT und einer Antriebsleistung von 7.200 PSw schon beinahe als mittelgroßes Frachtschiff anzusehen. Es soll aber nur höchstens 33 Passagieren Platz bieten. Ein weit ausfallender Klippersteven, ein elegantes Heck und zwei kurze, dicke Schornsteine gehen ihm, in Verbindung mit dem weißen Anstrich und der Geschwindigkeit von 18,6 Knoten einen besonderen Charakter.

1932 Trotz größter Anstrengungen kann in diesem Jahr kein einziger Neubauauftrag hereingenommen werden.

1933 Blohm & Voss erhält gegen starke Konkurrenz von der Reichsmarine den Auftrag zum Bau einer Hochdruck-Versuchsanlage, bestehend aus einem Benson-Kessel und einem Getriebe-Turbinen-Aggregat. Mitte kommenden Jahres soll mit den Versuchen begonnen werden, von deren Ergebnissen es abhängt, ob sich die Marineleitung bei bestimmten neuen Einheiten für Dampf- oder Motorenantrieb entscheidet.

5. Februar 1933 Ablieferung des Fracht- und Fahrgastschiffes CARIBIA (12.049 BRT) an die Hamburg-Amerika Linie, am 30. Juli 1933 folgt das Schwesterschiff CORDILLERA (12.055 BRT). Damit hat der zunächst letzte Handelsschiffneubau die Werft verlassen. Die beiden Schiffe werden im Westindiendienst eingesetzt und sind mit ihren 17 Knoten auf dieser Route die schnellsten.

Juni 1933 Wesentlich auf Betreiben Walther Blohms wird, um dem Unternehmen neben dem gegenwärtig stark schwächelnden Schiff- und Maschinenbau eine weiteres Standbein zu verschaffen und um an der Entwicklung des zukunftsträchtig erscheinenden Luftverkehrs teilnehmen zu können, die Hamburger Flugzeugbau GmbH (HFB) als Tochtergesellschaft gegründet.

27. Juni 1933 Für die Reichsmarine läuft nach der Taufe auf den Namen GORCH FOCK ein neues Segelschulschiff vom Stapel. Nach einer extrem kurzen Bauzeit tritt es bereits am 24. Juni

1933 die Übergabefahrt an und wird am 27. Juni 1933 in Kiel in Dienst gestellt. Die überaus gelungene Konstruktion des Schiffes führt dazu, dass es als „Urmutter" einer ganzen Reihe fast baugleicher Segelschulschiffe nicht nur einen besonderen Platz in der Werft-, sondern auch in der internationalen Marinegeschichte erhält.

2. Oktober 1933 Es wird damit begonnen, die vier Schiffe der ALBERT BALLIN-Klasse der Hamburg-Amerika Linie nacheinander einem erneuten Umbau zu unterziehen. Als erstes Schiff geht die HAMBURG an die Werft. Für jedes Schiff wird mit zwei Monaten Umbauzeit gerechnet. Wichtigste und augenfälligste Arbeiten sind dabei die Verlängerung des Vorschiffes um 12 Meter und die Veränderung der Bugform, um entweder den Treibstoffverbrauch zu senken oder die Geschwindigkeit zu erhöhen.

28. April 1934 Unter der Typenbezeichnung „Ha 135" erfolgt auf dem Flughafen Hamburg-Fuhlsbüttel der „Roll out" des ersten von der Blohm & Voss-Tochter Hamburger Flugzeugbau gebauten Flugzeuges.

22. September 1934 Blohm & Voss liefert mit der TSINGTAU die erste Einheit eines völlig neuen Schiffstyps ab. Er soll für die kürzlich aufgestellte 1. Schnellbootflottille als Begleitschiff dienen, das praktisch als „Mutter" für die kleinen Einheiten Versorger, Wohn- und Werkstattschiff, Torpedoklarmachschiff sowie bewaffneter Begleiter in einem ist. Der 87,46 Meter lange und 13,50 Meter breite Neubau hat eine Verdrängung von 2490 t, 4.100 PS Antriebsleistung für 17,5 Knoten und eine Bewaffnung von zwei 8,8-cm-Geschützen.

19. Mai 1935 Als besonders formschönes elegantes Schiff wird der Aviso GRILLE an die Reichsmarine (ab 21. Mai 1935 Kriegsmarine) abgeliefert. Der 142,90 Meter lange Neubau

Tankmotorschiff SEMIOLE – endlich wieder ein Schiff für den Export.

dient sowohl als Staatsyacht als auch als Versuchsschiff für die insbesondere für die neuen Zerstörer vorgesehenen Hochdruckheißdampf-Antriebsanlagen.

27./28. Juni 1935 Ablieferung des ursprünglich von der Hapag bestellten Fracht- und Fahrgastschiffes POTSDAM an den Norddeutschen Lloyd. Die POTSDAM hat bei 193,08 Metern Länge eine Vermessung von 17.528 BRT. Gut 250 Passagiere finden Platz an Bord. Es handelt sich um ein Zweischraubenschiff für den Ostasienverkehr mit einer Dienstgeschwindigkeit von 21 Knoten. Es ist als erstes Handelsschiff mit einer turbo-elektrischen Höchstdruckanlage ausgestattet – ein völlig neues Antriebssystem, das sich nach anfänglichen Schwierigkeiten später gut bewährt. Schiffbauliche Besonderheit ist ebenfalls, dass mit der POTSDAM das Ziel, ein Handelsschiff unter Verzicht auf Nietung ganz zu schweißen, fast erreicht worden ist. Angewandt wurde die Lichtbogentechnik. Allein für den Rumpf sind etwa 70 Kilometer Schweißnähte aufgetragen worden. Die Anzahl der durch die Schweißung ersetzten Nieten beträgt etwa 1,2 Mio. Stück, wodurch eine Gewichtsersparnis von rund 600 t erreicht werden konnte.

21. April 1936 Mit dem für die Panama Transport Company gebauten Tankmotorschiff SEMINOLE (15.454 t) kann endlich auch wieder ein großes Schiff für den Export abgeliefert werden.

30. Juni 1936 Die Rechtsform des Unternehmens wird geändert, so dass es wieder in den alleinigen Besitz der Familie Blohm gelangt.

6. September 1936 Nach nur neunmonatiger Bauzeit läuft das Walfang-Mutterschiff JAN WELLEM mit den Fangbooten TREFF I bis TREFF VI zu seiner ersten Fangreise aus. Dieses Spezialschiff ist aus dem ehemaligen Hapag-Frachter WÜRTTEMBERG (8.894 BRT) entstanden. Durch den Umbau, bei dem das Schiff mit einer technischen Meisterleistung u.a. verbreitert worden ist, ist die Vermessung auf 11.776 BRT gestiegen. In den Laderäumen ist Platz für 11.000 t Öl, 2.000 t Trockengut und 350 cbm Gefrierfleisch. Die Besatzung besteht aus 250 Mann.

13. Dezember 1936 Ablieferung des kombinierten Fracht- und Fahrgastschiffes PRETORIA an die Deutsche Ost-Afrika Linie, das Schwesterschiff WINDHUK kommt am 13. März 1934 in Fahrt. Die beiden mit 16.662 BRT vermessenen Neubauten haben jeweils zwei Satz von Blohm & Voss gebaute Getriebeturbinen mit einer Leistung von 14.000 PS für eine Geschwindigkeit von 16 Knoten erhalten. Die 176,76 Meter langen ganz in hellgrau gehaltenen Liner mit ihren an der ganzen afrikanischen Küste bekannten farbigen Schornsteinringen dürften ohne Zweifel die schönsten und von der Formgebung her ausgewogensten im Afrika-Verkehr sein.

1937 Bei der Hamburger Flugzeugbau GmbH beginnt die Erprobung weiterer Prototypen des Flugbootes, das später die Bezeichnung „BV 138" erhält. Außerdem beginnt die Entwicklung der „BV 222".

6. Februar 1937 Stapellauf des Schweren Kreuzers ADMIRAL HIPPER, mit dessen Fertigung die Werft wieder an den vor dem Ersten Weltkrieg erfolgreich betriebenen Großkampfschiffbau anknüpft.

13. Februar 1937 Mit F7 wird der erste von zwei in Auftrag befindlichen Flottenbegleitern (F-Boote) abgeliefert. F8 folgt am 6. April 1937. Die nach einem Amtsentwurf bei verschiedenen Werften gebauten voll ausgerüstet 1.028 t verdrängenden Fahrzeuge erweisen sich als eine völlig verunglückte Konstruktion.

Mitte 1937 Die Zahl der Beschäftigten ist wieder auf 14.049 angewachsen.

1. Dezember 1937 Ablieferung des Dreischrauben-Motorschiffes BOISSEVAIN (14.134 BRT) an die N.V. Koninklijke Paketvaart Maatschappij. Das Schiff wird im Verkehr zwischen Niederländisch Indien und Südafrika eingesetzt.

1. März 1938 Zur Erneuerung ihres Nordatlantikdienstes bestellt die Hamburg-Amerika Linie ein 36.000-BRT-Fahrgastschiff mit turboelektrischem Antrieb für eine Dienstgeschwindigkeit von 23,5 Knoten und Räumlichkeiten für 1.300 Passagiere. Es ist die spätere VATERLAND.

16. März 1938 Ablieferung der WILHELM GUSTLOFF, des ersten von der Deutschen Arbeitsfront, NS-Gemeinschaft „Kraft durch Freude" (KdF) in Auftrag gegebenen Passagierschiffes. Es ist mit 25.484 BRT vermessen und bietet rund 1.400 Fahrgästen Platz. Die WILHELM GUSTLOFF ist mehr noch als die Hamburg-Süd-Schiffe der MONTE-Klasse durchgängig als Einklassenschiff konzipiert.

April 1938 Nach langen Vorgesprächen erteilt die Kriegsmarine Blohm & Voss den Auftrag zum Bau eines Trockendocks mit bis dahin in Europa nicht ausgeführten Abmessungen, das spätere Trockendock ELBE 17.

9. April 1938 Mit Z 14 FRIEDRICH IHN wird der erste von drei von der Kriegsmarine in Auftrag gegebenen Zerstörer des Typs ZER-STÖRER 34 in Dienst gestellt. Es folgen am 8. Juni 1938 Z 15 ERICH STEINBRINCK und am 2. August Z 16 FRIEDRICH ECKOLD. Als Antrieb haben die 119,0 Meter langen, voll ausgerüstet 3.165 t verdrängenden Zerstörer bei Blohm & Voss gebaute Benson-Höchstdruckkessel mit Rädergetriebe erhalten – wie übrigens auch Z9 bis Z13 – die 70.000 PSw leisten für eine max. Geschwindigkeit von 38 Knoten.

8. Juli 1938 Der an die argentinische Petroliferos abgelieferte Tanker SAN JORGE (111.360 t) hat Einrichtungen für 60 Fahrgäste an Bord.

25. Januar 1939 Das Segelschulschiff MIRCEA, ein Nachbau der GORCH FOCK wird an die Königlich Rumänische Marine abgeliefert.

Februar 1939 Da es mit den ersten Maschinen des Seefernaufklärers „Ha 138" nicht geklappt hat, kommt es zu einem erneuten Erstflug des inzwischen in „BV 138" umbenannten, völlig neu durchkonstruierten Typs, mit dem nun gute Flugergebnisse erzielt werden. Mit der „BV.138" beginnt für Blohm & Voss der Serienbau eigener Flugzeugtypen.

14. Februar 1939 Der Stapellauf des Schlachtschiffes BISMARCK gestaltet sich zu einem Ereignis der besonderen Art, an dem über 20.000 Menschen teilnehmen, darunter die „Spitzen von Staat, Partei und Wehrmacht.

29. April 1939 Nach fünfjähriger Bauzeit wird der Schwere Kreuzer ADMIRAL HIPPER an die Kriegsmarine abgeliefert. Er verdrängt bei 205,0 Metern Länge, 22,0 Metern Breite und 7,2 Metern Tiefgang 18.200 t und hat als Hauptbewaffnung acht 20,3-cm- und zwölf 10,5-cm-Geschütze erhalten. Die ADMIRAL HIPPER erfüllt, wie ihre Schwesterschiffe, die in sie gesetzten Erwartungen vor allem wegen der anfälligen Turbinen-Antriebsanlage

Trockendock ELBE 17 im Bau.

Flugboot „BV 138".

Ein großes Ereignis ist der Stapellauf des Schlachtschiffs BISMARCK am 14. Februar 1939.

Montage auf dem Helgen, U-Boot-Typ VII C.

U-592 vom Typ VIII C – gebaut 1941.

nicht voll. Auch im Einsatz gibt es damit später immer wieder Schwierigkeiten.

31. August 1939 Als erstes von drei für den innertürkischen Küstenverkehr vorgesehenen kombinierten Fracht- und Passagierschiffe von jeweils 6.200 BRT geht die DOGU auf Probefahrt, kann aber wegen des Kriegsausbruches nicht mehr an den Eigner abgeliefert werden. Die beiden Folgebauten EGEMEN und SAVAS werden erst nach Kriegsausbruch fertig, zuletzt die SAVAS am 15. Juni 1940.

1. September 1939 Wieder bricht ein Krieg aus, der sich rasch erneut zu einem Weltkrieg entwickelt. Wieder wird das Unternehmen vor völlig neue Aufgaben gestellt und wieder müssen alle Helgen möglichst rasch von Handelsschiffsbauten geräumt werden. Auch der große Hapag-Passagierschiffsneubau wird vorzeitig am 24. August 1940 nach der Taufe auf den Namen VATERLAND vorzeitig zu Wasser gelassen.

1940 Wie schon im Ersten Weltkrieg wird Blohm & Voss wieder zur U-Bootwerft umfunktioniert. Schon wenige Wochen nach Kriegsausbruch erhält das Unternehmen den Auftrag, unter Einbeziehung aller Hellinganlagen jährlich 52 Boote des Typs VII C zu bauen und außerdem für 24 weitere, auf anderen Werften entstehende VII C Boote die Antriebsanlagen in MAN-Lizenz zu liefern. Blohm & Voss wird auch eingeschaltet in den Bau von Fährprähmen, also Landungsfahrzeugen, die zunächst für die geplante Landung in England vorgesehen waren, die sich dann aber, als diese dann ausfiel, an allen Seefronten bewährten. Blohm & Voss erhält dann den Auftrag, die Antriebsanlagen konstruktiv zu entwickeln und die Beschaffung bzw. Zulieferung der Antriebsanlagen zu organisieren.

Der Mangel nicht nur an Fachkräften, sondern auch an sonstigen Arbeitern, hat natürlich Auswirkungen auf die Produktion, worüber Blohm & Voss das Oberkommando der Kriegsmarine dringlich in Kenntnis setzt. Dies bleibt auch in den folgenden Jahren ein ständiger Kampf.

24. August 1940 Nach fast genau vierjähriger Bauzeit wird das Schlachtschiff BISMARCK von der Kriegsmarine übernommen und von Kapitän zur See Ernst Lindemann in Dienst gestellt. Das voll ausgerüstete 50.300 t verdrängende Schiff ist 251,0 Meter lang, 36,0 Meter breit und geht 9,90 Meter tief. Als Antrieb ist eine von Blohm & Voss gebaute Getriebe-Turbinenanlage zum Einbau gekommen, die eine Leistung von 150.170 PS für eine Spitzengeschwindigkeit von 30,1 Knoten erbringt. Die Bewaffnung besteht aus acht 38-cm-Geschützen in vier Doppeltürmen. Dazu zwölf 15-cm-Geschütze, ebenfalls in Doppeltürmen, 16 10,5-cm-Flak, 16 3,7-cm-Flak und zwölf 2-cm-Flak. Für die sechs Bordflugzeuge steht eine Doppelkatapultanlage zur Verfügung. Die Besatzung zählt 2.100 Mann.

7. September 1940 Erstflug des neuen großen Flugbootes vom Typ „BV 222", mit dessen Bau 1938 begonnen worden war. Weitere Probeflüge schließen sich an.

1941 Die Abteilung Flugzeugbau beginnt im Auftrag des Reichsluftfahrtministeriums mit der Entwicklung eines Flugboot-Giganten als Nachfolgetyp der „BV 138" bzw. „BV 222". Basis dafür bilden die Vorarbeiten für ein für den zivilen Luftverkehr über den Atlantik vorgesehenes Flugzeug und bisher gesammelte Erfahrungen mit den Vorgängertypen.

27. Mai 1941 Das Schlachtschiff BISMARCK, das sich auch durch die Versenkung des britischen Schlachtschiffes HOOD in einem sehr kurzen Gefecht mit nur wenigen Salven einen legendären Ruf erworben hatte, wird auf dem Rückmarsch nach Brest von weit überlegenen britischen Seestreitkräften gestellt und geht mit fast seiner gesamten Besatzung verloren. Die Nachricht über das Ende dieses auch für die Werft stolzen Schiffes löst unter der Belegschaft große Betroffenheit aus.

Oktober 1942 Die Kriegsmarine überträgt dem Unternehmen die Durchführung der Reparaturen an U-Booten in dem neuerrichteten U-Bootbunker in Bordeaux. Mitte 1943 beschäftigt Blohm & Voss dort 285 Arbeiter und 24 Angestellte. Das große Trockendock ELBE 17 wird fertiggestellt.

1. Dezember 1942 Baubeginn für zwei nach dem Konstrukteur der revolutionären Antriebsanlagen, Prof. Hellmut Walter, so genannten Walter-U-Booten des Typs WA 201.

April 1943 Die Werft hat 11.717 Belegschaftsmitglieder. Davon entfallen etwa 30 Prozent auf Lehrlinge, Frauen, angelernte Kräfte und Kriegsgefangene.

24./25. Juli 1943 Britische Bomberverbände, unterstützt von amerikanischen, fliegen mit der „Operation Gomorrah" mörderische Bombenangriffe gegen Hamburg, die vor allem dicht bebaute Wohnviertel treffen und sie in eine grauenvolle Gluthölle verwandeln. Die Zahl der Toten wird offiziell mit mindestens 41.450 Menschen angegeben, andere Schätzungen gehen weit darüber hinaus. Auch Blohm & Voss trifft es hart. Vieles auf der Werft ist zerstört. Der Betrieb kann nur langsam wieder angefahren werden, weil große Teile der Belegschaft, soweit sie nicht umgekommen oder in das Umland geflüchtet sind, erst nach und nach wieder eintreffen. Am 24. Juli 1943 waren es noch 10.190 Arbeiter und 3.100 Angestellte, am 10. August 1943 sind es erst wieder 4.043 Arbeiter und 1.007 Angestellte.

1944 Blohm & Voss erhält wegen des vorhandenen Erfahrungspotenzials den Auftrag, den Bau der U-Boote der neuen Klasse XXVI W zu übernehmen. Sie sollten ursprünglich in Danzig gebaut werden. Unter dem ständigen Bombenhagel der alliierten Bomberflotten gedeiht der Bau jedoch bis auf die Fertigung einiger Sektionen nicht sehr weit.

10. März 1944 Erstflug des neuen Großflugbootes „BV 238", mit dessen Konstruktion 1941 begonnen worden war. Dieser Prototyp ist der Höhepunkt der Entwicklungsarbeit der Blohm & Voss-Tochter. Mit seinen 95 t Fluggewicht ist die „BV 238" das zu

Die Operation „Gomorrah", durchgeführt von britischen Bomberverbänden hinterlässt Ruinenlandschaften mit Tausenden von Toten.

Erstflug des Flugbootes BV 238, des schwersten Luftfahrzeugs der Welt.

Als die Briten 1945 die Werft besetzten, staunten sie nicht schlecht,

was da trotz der Trümmer noch auf den Helgen lag.

dieser Zeit schwerste Luftfahrzeug der Welt. Sie erweist sich bei weiteren Flugerprobungen als sehr gut gelungene Konstruktion. Alliierte Kampfflugzeuge entdecken den zwar einsatzbereiten, aber noch unbewaffneten Flugriesen am 24. April 1945 auf dem Schaalsee südlich von Ratzeburg und zerstören ihn.

28. März 1944 Nachdem Blohm & Voss in das U-Boot-Bauprogramm für den neuen Typ XXI einbezogen worden ist, der den U-Bootkrieg revolutionieren und in Taktbauweise auf verschiedenen Werften gebaut werden soll, wird die erste Sektion zugeliefert. Das erste Boot dieses neuen Typs, U 2501, kann bereits am 27. Juni 1944 in Dienst gestellt werden.

Dezember 1944 Die Fertigung von U-Booten des neuen Typs XXI erreicht mit dem gleichzeitigen Bau von 21 Booten ihren Höhepunkt. Andauernde schwere Bombenangriffe führen dann jedoch zu großen Produktionseinbrüchen, bis der Neubau Anfang April 1945 praktisch zum Erliegen kommt.

1945 Trotz ständiger Luftangriffe werden in den ersten vier Monaten noch 17 U-Boote des Typs XXI abgeliefert, weitere befinden sich im Bau oder sind kurz vor der Fertigstellung.

3. Mai 1945 Hamburgs Kampfkommandant, Generalmajor Alwin Wolz, übergibt in Abstimmung mit Gauleiter Karl Kaufmann die Hansestadt kampflos dem anrückenden XII. Britischen Korps. Damit können zum Schutz der Bevölkerung noch schlimmere Zerstörungen vermieden werden. Blohm & Voss trifft es jedoch besonders hart. Gerade die Briten haben diesem Unternehmen, das ihnen in der Vergangenheit schiffbaulich und technologisch nicht nur Paroli geboten, sondern sich sogar oft an die Spitze gesetzt hat, besonders im Blick. Sofort wird das Gelände der Werft gesperrt, Sonderkommandos beschlagnahmen Unterlagen und vor allem Baupläne. Die Demontage aller Anlagen tut ein Übriges. Blohm & Voss soll es nicht mehr geben.

7. Dezember 1949 Auf dem Gebiet der drei Westzonen im geteilten Deutschland wird die Bundesrepublik Deutschland gegründet.

18. März 1950 Die vormalige britische Besatzungsmacht in der immerhin teilsouveränen Deutschen Bundesrepublik besteht auf der Beseitigung des Docks ELBE 17 und gibt einen absolut unsinnigen Sprengbefehl, der glücklicherweise nur überschaubaren Schaden anrichtet und angesichts erheblicher Proteste der Lokalpolitik, unterstützt von weiten Kreisen der Bevölkerung, nicht weiter verfolgt wird.

4. November 1950 Die Demontage der Anlagen von Blohm & Voss wird offiziell für beendet erklärt.

Mitte Februar 1951 Um endlich wieder einigermaßen geregelt mit der Arbeit beginnen zu können, wenn auch in eng begrenztem Rahmen, gründen Rudolf und Walther Blohm die Steinwerder Industrie AG, zu deren Vorstandsmitgliedern sie bestellt werden. Auch der aus der Kriegsgefangenschaft heimgekehrte Georg Blohm, Sohn von Walther Blohm, tritt in die Gesellschaft ein. Das neue Unternehmen will die Produktion auf dem Gelände der demontierten, nach wie vor unter der Aufsicht des alliierten Security Board stehenden und mit Produktionsverbot belegten Firma Blohm & Voss aufnehmen.

5. April 1952 Der Tag des 75-jährigen Bestehens von Blohm & Voss gibt kaum Anlass zum Feiern, denn eigentlich besteht das Unternehmen ja gar nicht mehr, sieht man einmal von der Trümmerwüste Steinwerder und der dort arbeitenden kleinen Steinwerder Industrie AG ab. Immerhin aber überbringt Wirtschaftssenator Karl Schiffer doch ein Glückwunschschreiben von Hamburgs Bürgermeister Brauer.

7. Mai 1952 In der Werkhalle der Steinwerder Industrie AG, auf dem Trümmergelände von Blohm & Voss, wird mit einer Kundgebung, zu der Studenten, Schüler und Lehrlinge eingeladen sind, der Überseetag 1952 eröffnet.

Die Hafenfähre STEINWERDER, der erste Nachkriegsneubau.

Das Seebäderschiff WAPPEN VON HAMBURG wurde als erstes ziviles Schiff seit 1940 wieder vom Stapel gelassen.

17. Januar 1953 Das Sicherheitsamt der Westalliierten (Military Security Board) erteilt der Steinwerder Industrie AG die Genehmigung, wieder Schiffsreparaturen ausführen zu dürfen. Viele werten dies als Anfang des Wiederaufbaus. Das Reparaturgeschäft lässt sich gut an. Es kann sogar die Verlängerung eines Küstentankers durchgeführt werden.

1. April 1953 Auf Steinwerder findet wieder Ausbildung von Facharbeiternachwuchs statt.

27. März 1954 Das Military Security Board genehmigt der Steinwerder Industrie AG den Bau von Küsten, - Binnen- und Hafenfahrzeugen. Mit der Hamburger Hafen Dampfschiffahrt AG (HADAG) ist man sich bereits über erste Aufträge einig – den Bau einer Hafenfähre und eines größeren Seebäderschiffes.

1954 Norwegische Reedereien (Hurtig-Ruten) bestellen „blind" drei Passagierschiffe für den innernorwegischen Verkehr.

23. Dezember 1954 Der erste Nachkriegsneubau, die 249 BRT „kleine" Hafenfähre STEINWERDER kann dank hoher Improvisationskunst bei den beteiligten Mitarbeitern an die HADAG übergeben werden.

1. Februar 1955 Ein bedeutender Tag für die Mannschaft auf Steinwerder. Nach der Taufe auf den Namen WAPPEN VON HAMBURG gleitet das Seebäderschiff in sein künftiges Element. Es ist der erste Stapellauf eines zivilen Schiffes seit dem Notstapellauf der VATERLAND am 24. August 1940. Das 2.486 BRT große Seebäderschiff für den Verkehr zwischen Hamburg und Helgoland wird rechtzeitig vor Beginn der Saison am 14. Mai 1955 abgeliefert.

12. Juni 1955 Die Steinwerder Industrie AG kann offiziell wieder in Blohm & Voss umbenannt werden.

Da für den Wiederaufbau die finanziellen Mittel der Familie nicht ausreichen, wird ein starker industrieller Partner gesucht und in dem zu dem Interessenbereich der Familie Thyssen

gehörenden Phoenix Hüttenwerken und den Rheinischen Röhrenwerken, die dann zur Phoenix-Rheinrohr AG fusionieren, gefunden.

1956 Alle drei, von den Reedereien der norwegischen Hurtigruten „blind" bestellten 2200-BRT-Passagierschiffe kommen bis Jahresmitte in Fahrt. Gleich im Anschluss an diese Hurtigrutenschiffe beginnt die Ablieferung von drei 10.000-BRT-Motorfrachtschiffen für den Export. Als erster Neubau wird am 15. November 1956 die MONTFERLAND übergeben.

August 1956 Ihr erstes Geschäftsjahr hat die neugegründete Blohm & Voss AG mit einem Verlust von 1,95 Mio. DM abgeschlossen.

4. Juni 1957 Als erstes einer Serie von Massengutschiffen wird die AMELIE THYSSEN abgeliefert.

2. Dezember 1957 Eine außerordentliche Hauptversammlung beschließt, das Aktienkapital von 10 Mio. DM auf 13 Mio. DM zu erhöhen. Mit einem Auftragsbestand mit dem Bau von Massengutschiffen von zusammen rund 113.000 tdw ist die Werft bis 1959 ausgelastet.

25. Januar 1958 Nach einem fast 8 Mio. DM teuren Umbau liefert Blohm & Voss das Turbinenschiff ARIADNE ex PATRICIA (7.764 BRT) an die Hamburg-Amerika Linie zurück, die damit wieder in die Passagierschifffahrt einsteigen will.

17. Dezember 1958 Nach einer extrem kurzen Bauzeit: Kiellegung 24. Februar, Stapellauf 23. August, wird das Segelschulschiff GORCH FOCK an die Bundesmarine abgeliefert. Das Schiff hat eine Segelfläche von 1.964 qm und eine Wasserverdrängung von 1.760 t.

1959 Für die Bedienung des Plattenlagers wird ein Magnetkran in Betrieb genommen. Er kann Platten mit Gewichten bis 8 t heben.

MS ALSTERBLICK kurz vor dem Stapellauf, links auf dem Helgen der Massengutfrachter FRANCESCA.

Hängedecks für den Autotransport auf MS CONSTANTIA.

T2-Tanker vor dem Umbau (oben) und nach dem Umbau (unten).

Mitte 1959 Es wird bekannt, dass Blohm & Voss erstmals seit Beginn des Wiederaufbaus eine Dividende zahlen will. Für das vorangegangene Geschäftsjahr sollen fünf Prozent und zuzüglich ein Bonus von drei Prozent zur Verteilung gelangen.

15. Juli 1959 Ablieferung des 26.000 tdw tragenden Massengutschiffes FIONA, am 13. Januar 1960 folgt das Schwesterschiff FRANCESCA.

4. September 1959 Das Kühlschiff ALSTERBLICK, ein mit 2.851 BRT vermessener Schutzdecker mit vier Ladekühlräumen von zusammen 240.000 cbf wird an die Reederei Sloman abgeliefert. Es ist das erste einer in den folgenden Jahren immer weiter entwickelten Reihe von Kühlschiffen.

5. April 1960 Der an die Compania Sudamericana de Vapores (CSAV), Valparaiso, abgelieferte Massengutfrachter EQUI (17.640 t) hat als erster Neubau nach dem Krieg eine Turbinenantriebsanlage erhalten. Am 11. Juli folgt das Schwesterschiff ILLAPEL.

17. März 1961 Ablieferung des durch Umbau eines T-2-Tankers entstandenen Massengutschiffes WORLD CONQUEROR (24.000 tdw), am 18. Januar 1962 folgt die APACHE.

4. Mai 1961 Der mit 11.405 BRT vermessene Massengutfrachter Neubau CONSTANTIA erhält erstmals eingebaute Hängedecks für den Autotransport, auf denen 1.180 Volkswagen Platz finden.

25. Mai 1961 Taufe der ersten beiden von vier umzubauenden T-2-Tankern auf die Namen BARBARA JANE CONWAY und EDNA N. CONWAY. Der Umbau umfasst die vollständige Erneuerung des Mittel- und Vorschiffes bei gleichzeitiger Vergrößerung der Länge, Breite und Seitenhöhe. Tragfähigkeit vor dem Umbau 18.890 t, danach 23.570 t.

7. Oktober 1961 Stapellauf eines Docks für den eigenen Betrieb. Es kann Schiffe bis zu 15.000 t aufnehmen. Dieses DOCK II erhält seinen Liegeplatz neben DOCK VIII und kann von dessen Kränen mitbedient werden, so dass auf ihm selbst nur ein Kran am landseitigen Oberdeck installiert wurde.

1962 Blohm & Voss entwickelt in Zusammenarbeit mit der Firma Siemens die Flossenstabilisierungsanlage „Elektrofin".

1962 Unter spektakulären Begleiterscheinungen bricht der gesamte Konzern Willy H. Schliekers zusammen, darunter die Blohm & Voss benachbarte Werft. Blohm & Voss bietet an, die bei Schlieker im Bau befindlichen Neubauten, zwei Containermittelschiffe, zwei Tender für die Bundesmarine und einen Tanker, fertigzustellen. Was die Marineseite betrifft, also den Weiterbau der Tender MOSEL und RUHR, so ist damit gleichzeitig die Übernahme der Funktion als Vorbauwerft für das gesamte Tenderprogramm der Bundesmarine verbunden.

5. August 1962 Ablieferung des 18.000-tdw-Massengutfrachters MS FERDER an die Reederei A/S Antarctic, Tönsberg. Das Schiff kann bis zu 1.266 Volkswagen, davon ein Drittel Transporter, an Bord nehmen.

2. Mai 1963 Als erste von drei für die Bundesmarine im Bau befindlichen Tendern verlässt die MOSEL die Werft und wird am 7. Juni für das 5. Minensuchgeschwader in Dienst gestellt.

12. Juni 1963 Walther Blohm verstirbt im Alter von fast 76 Jahren.

1. August 1963 Nach von Blohm & Voss ausgeführten Umbauten werden die beiden bei Kriegsende versenkten und 1956 wieder gehobenen U-Boote HAI (ex U 2365) und HECHT (ex U 2367) des Typs XXIII als Schulboote für die Bundesmarine in Dienst gestellt.

26. März 1964 Ablieferung des Autotransporters SCHIROKKO (499 BRT), der auf zwei Decks 325 bis 340 Wagen befördern kann.

22. September 1964 Nach mehr als zwanzigjähriger Unterbrechung liefert die Werft mit dem Kühlschiff POLARLICHT (4.851 BRT) wieder einen Neubau an ihren alten Kunden Hamburg-Süd ab. Es ist der 34.

17. Dezember 1964 Als erstes Schiff einer sieben Einheiten umfassenden Serie speziell ausgerüsteter Schnellfrachter für den Ostasienverkehr wird die WESTFALIA an die Hapag abgeliefert. Mit ihren 21 Knoten Geschwindigkeit verkürzen die 10.000-BRT-Frachter die Rundreisezeiten erheblich.

12. Januar 1965 Ablieferung von LCM 2 an die Bundesmarine. Am 12. Februar folgt LCM 1. Diese beiden kleinen Landungsboote mit einer Länge von 23,65 Metern und 132,7 t Verdrängung sind die kleinsten Einheiten, die von der Werft jemals für die Marine gebaut worden sind.

18. Dezember 1965 Mit dem Massengutschiff FRITZ THYSSEN (55.070 tdw) liefert die Werft ihr größtes bis dahin gebautes Frachtschiff ab.

2. Januar 1966 Übernahme der benachbarten Werft H. C. Stülcken Sohn, die durch die Abwicklung von Marineaufträge in Schwierigkeiten geraten war. Noch abzuarbeitende Neubau-Aufträge sind der Zerstörer HESSEN, zwei Minentransporter für die Bundesmarine sowie einer Schwimmdocksektion, ein Zementlagerschiff und der Stückgutfrachter MADRID.

1966 Nach der Übernahme der Stülcken-Werft betreibt Blohm & Voss-Consulting eine auch bei Stülcken aufgebaute Abteilung für den Entwurf und den Bau von Werften im Ausland intensiv weiter.

1966 An die Bundesmarine werden abgeliefert der Zerstörer HESSEN und die beiden Kleinen Versorger FREIBURG und

LCM1 und LCM2 sind die kleinsten jemals für die Marine gebauten Fahrzeuge.

Stapellauf des Massengutfrachters FRITZ THYSSEN, das bis dahin größte von der Werft gebaute Frachtschiff.

Der Kleine Versorger FREIBURG für die Bundesmarine.

Gemeinsam mit Grumman Aircraft entwickelt – das Tragflächenboot CORSARIO NEGRO.

Stapellauf der JAG DEV, des ersten Schiffes vom „Pioneer Multi-Carrier-Typ".

SAARBURG. Der Zerstörer ist der letzte einer Serie von vier Einheiten, die alle bei Stülcken in Auftrag gegeben worden waren.

1966 Das nach der Fusion mit der Stülcken-Werft entstandene neuerliche Großunternehmen Blohm & Voss will seine neue Position auch nach außen hin deutlich machen und tut dies mit einem neuen Firmensignet und einer neuen Hausfarbe, nicht zuletzt auch durch die Veränderung der veränderten Schreibweise des Namens: Blohm & Voss war gestern, jetzt heißt es Blohm + Voss.

1967 Die Siemens AG übernimmt ein Viertel der Blohm + Voss-Aktien.

17. Mai 1967 Die CORSARIO NEGRO, ein gemeinsam mit der amerikanischen Grumman Aircraft entwickeltes 22,80 m langes Tragflächenboot von 83 BRT wird der interessierten Öffentlichkeit vorgestellt.

31. Oktober 1967 Als erstes einer Reihe von insgesamt sechs anspruchsvollen Kühlschiffen wird die POLAR ECUADOR 5.617 BRT) an die Hamburg-Süd abgeliefert. Die Schiffe haben eine besonders elegante Linienführung, bringen in der Folgezeit jedoch durch die auf Wunsch des Bestellers installierte Antriebsanlage für die Bauwerft erhebliche Schwierigkeiten.

12. Dezember 1967 Der 190.150-tdw-Großtanker MYRINA wird als erstes Schiff in dem wieder instandgesetzten Trockendock ELBE 17 trockengestellt.

Winter 1967/68 Die Deutsche Dampfschifffahrts-Gesellschaft „Hansa" lässt ihren 1959 gebauten 12.690-tdw-Linienfrachter UHENFELS mit zwei 275-t-Stülcken-Schwergutmasten ausrüsten, die im Tandembetrieb 550 t heben können. Die UHENFELS ist damit der stärkste Schwergutfrachter der Welt.

24. Juni 1968 Als erstes Schiff des neu entwickelten Pioneer Multi-Carrier-Typs wird das MS JAG DEV (13.326 BRT) an die Great Eastern Shipping Co. Ltd., Bombay, übergeben. Für Aufsehen nicht nur in der Fachwelt sorgt, dass der Schiffskörper ausschließlich aus ebenen, viereckigen teilweise kongruenten Flächen besteht. Auf verformte Platten ist weitgehend verzichtet worden. Bucht, Sprung oder Kimmung sind nicht vorgesehen. Das Oberdeck ist absolut plan, ohne Unterbrechung durch Lukensülle. Ladegeschirr kann für jede Art Ladung installiert werden.

1968 Parallel zu diesem neuen Schiffstyp ist ein neues Einrichtungssystem – M 1000 – entwickelt worden. Mit metrischen Aufbauelementen erfolgt die Anfertigung aller Wand- und Deckenelemente sowie der gesamten Einrichtungsgegenstände unabhängig vom Bau des jeweiligen Schiffes.

12. Juli 1968 Für Blohm + Voss beginnt das Containerzeitalter. Am 12. Juli 1968 läuft als erstes Schiff dieses neuen Typs die von der Hamburg-Amerika Linie georderte ELBE EXPRESS vom Stapel. Am 22. August folgt die MORETON BAY für die britische OCL-Gruppe. Für die Entwicklung dieses neuen Schiffstyps, der in den kommenden Jahren einen großen Teil des Weltseeverkehrs revolutionieren wird, hatten die Konstrukteure der Werft nur ganz wenig Zeit zur Verfügung. Noch während des Baus der ELBE EXPRESS, die bei einer Vermessung von 14.069 BRT für den Transport von 728 Containern (TEU) ausgelegt ist, bestellt die Hamburg-Amerika Linie ein rund doppelt so großes Containerschiff für den Australdienst mit einer Kapazität von 1.300 TEU. Es ist die spätere SYDNEY EXPRESS. Nur wenig später werden zwei noch einmal doppelt so große Schiffe für den Ostasiendienst geordert. Sie bilden die so genannte 3. Generation. Die ELBE EXPRESS wird als Schiff der 1. Genaration am 24. Oktober 1968 abgeliefert.

Die Fregatte JOAO COUTINHO ist die erste von drei Einheiten für die Marine Portugals.

Werftpanorama 1971.

20. August 1969 Indienststellung der beiden Minentransporter SACHSENWALD und STEIGERWALD (je 3.379 t) am Ausrüstungskai der Werft.

27. August 1969 In Eleusis, ca. 40 Autominuten von Athen entfernt, wird die von Blohm + Voss geplante und im Konsortium mit der Fried. Krupp GmbH eingerichtete Eleusis Schiffswerft übergeben. Die Geländefläche dieser neuen Werft beträgt ca. 260.000 qm.

6. Januar 1970 Ablieferung des ersten von drei für die norwegische Reederei A/S Ugland Rederi im Bau befindlichen Autotransportern. Die LAURITA (5.353 BRT) kann auf zehn Decks bis zu 3.100 Fahrzeuge transportieren.

24. Februar 1970 Die Fregatte JOAO COUTINHO wird als erster Neubau einer Dreierserie an den NATO-Partner Portugal abgeliefert. Dieses war der erste Auftrag einer ausländischen Marine nach dem Zweiten Weltkrieg. Zur gleichen Zeit baut die spanische Bazan-Werft gleichfalls drei Schiffe nach den von Blohm + Voss gelieferten Zeichnungen und Materialpaketen.

17. November 1970 Bei der Verabschiedung des Jahresabschlusses 1969, der mit einem auf neue Rechnung vorzutragenden Verlust von 30,7 Mio. DM abschließt — wesentlich als Folge der vielfältigen technischen Pannen mit den POLAR-Kühlschiffen — wird das Kapital der Gesellschaft um 30,7 Mio. DM auf nunmehr 61,7 Mio. DM aufgestockt. Von diesem Kapital übernimmt die August Thyssen-Hütte 29,7 Mio. DM, die Verwaltungsgesellschaft „Elbe" (Gruppe Blohm) 1 Mio. DM.

1971 Nach intensiven Bemühungen gelingt es, von der Santa-Fè-Pomeroy Marine Service Companay mit Sitz in Orange/Kalifornien den Auftrag zum Bau einer Rohrlege- und Kranbarge zu erhalten. Dieses hochwertige Spezialfahrzeug soll 1974 angeliefert werden. Für Blohm + Voss beginnt damit der Einstieg in das boomende Offshore-Geschäft.

18. März 1971 In Gegenwart einer sowjetischen Delegation wird die Spiralrohranlage SP 4.300 einem Probelauf unterzogen. Diese von Blohm + Voss entwickelte und gebaute Anlage ist die bisher größte und modernste dieser Art in der Welt. Sie wiegt bei einer Länge von etwa 260 Metern und einer größte Höhe von 8,5 Metern ca. 1.500 t. Mit dieser Spiralrohranlage können Rohrlängen von acht bis 12 Metern im Durchmesserbereich von 1.500 bis 2.500 mm kontinuierlich hergestellt werden; max. Rohrgewicht ca. 19 t.

25. Mai 1971 Der an die Seereederei „Frigga" abgelieferte Massengutfrachter WIDAR ist mit seiner Vermessung von 78.954 BRT und 146.368 tdw nicht nur das größte in Hamburg gebaute Schiff, sondern auch das größte Schiff der deutschen Handelsflotte überhaupt. Wegen seiner Länge von 303,1 Metern und seinem extremen Gewicht ist es in zwei Teilen gebaut worden.

1972 Der Blohm + Voss-Bereich System-Management-Marine führt militärischen und zivilen Vertretern der Bundeswehr einen wesentlich von Blohm + Voss entwickelten Waffencontainer vor. Durch seinen Einsatz sollen beim Bau künftiger Marineschiffe deren Verfügbarkeit und Flexibilität erhöht sowie die Kosten für den Bau und die spätere Instandhaltung gesenkt werden.

1972 Um auch Schiffe bis zu 320.000 tdw docken zu können, soll das Dock ELBE 17 um 15 Meter auf 350 Meter verlängert werden. Dies wird erreicht, indem das bisherige Docktor durch ein entsprechend größeres U-förmiges Tor ersetzt wird.

Januar 1973 Übernahme der Firma Barthels & Lüders als 100-prozentige Tochtergesellschaft. Die Tätigkeit dieser Gesellschaft erstreckt sich auf die Reparatur von Schiffen und Maschinen, auf die Herstellung maschinenbaulicher Ersatzteile im Rahmen von Serviceverträgen für namhafte in- und ausländische Hersteller sowie auf die Reparatur und Wartung industrieller Anlagen.

1974 Vor allem in diesem Jahr macht Blohm + Voss Furore im Offshore-Geschäft mit der Ablieferung von drei besonders für die harten Bedingungen in der Nordsee ausgelegten Großgeräten: Die Kran- und Rohrlegebarge CHOCTAW II, das Kran- und Rohrlegeschiff E.T.P.M. 1601 und die halbtauchende Bohrinsel CHRIS CHENERY.

1975 Der Unternehmensbereich Werftanlagenplanung kann zwei große Erfolge buchen. Im Januar wird mit der Persian Gulf Shipbuilding Corp., Teheran, ein Vertrag für die Planung einer großen Reparaturwerft in Bandar Abbas geschlossen und im Monat darauf wird der Auftrag für die Planung einer Reparaturwerft in Kuwait unter Dach und Fach gebracht.

22. August 1975 Als erstes Schiff einer von der dänischen Reederei A. P. Möller in Auftrag gegebenen Sechserserie von Containerschiffen wird am 22. August 1975 die ADRIAN MAERSK (27.233 BRT/1.800 TEU) abgeliefert.

4. September 1975 Nach Umbau wird der 11.645-BRT-Frachter TRIFELS der Bremer Reederei DDG „Hansa" abgeliefert. Er hat zwei 320-t-Stülckenmasten erhalten, die im Tandembetrieb 640 t heben können, und ist damit der neue Schwergutmeister der Welthandelsflotte.

20. Dezember 1976 Der Neubau AUSTRALIAN PROSPECTOR, ein Massengutfrachter von 74.513 BRT/139.507 tdw, ist das größte Schiff unter der Flagge des fünften Kontinents.

1977 Mit dem Kranschiff ASERBAIDSHAN (28.261 BRT) liefert Blohm + Voss erstmals einen Neubau an die Sowjetunion ab. Es ist für den Einsatz im Kaspischen Meer bestimmt. Da das 127 Meter lange und 34,50 Meter breite Schiff aufgrund seiner Abmessungen so nicht überführt werden kann, wird es zunächst in Hamburg funktionserprobt und dann längsschiffs für den Transport in drei Teile zerlegt. Sie werden in Astrachan unter Anleitung von Blohm + Voss-Monteuren gedockt und wieder zusammengeschweißt.

4. April 1977 Ein für Abu Dhabi gebautes 1.300-t-Schwimmdock wird nach dort auf den Weg gebracht. Die Schleppreise dauert 45 Tage.

29. August 1977 Mit der Trockenstellung des 28.150-BRT-Massengutfrachters BABETTE JACOB wird das neue DOCK 11 in Betrieb genommen. Es kann bei einer Länge von 320 Metern Schiffe mit mehr als 200.000 tdw aufnehmen.

4. Oktober 1977 Als letzte der vier Einheiten der HAMBURG-Klasse verlässt der Zerstörer BAYERN nach Modernisierung bei gleichzeitiger Depotinstandsetzung die Werft.

3. November 1977 Nigeria erteilt den Auftrag zur Lieferung einer Mehrzweckfregatte. Es ist der erste Bau nach dem MEKO®-Konzept, wobei MEKO® für Mehrzweck-Kombination steht. Kernstück ist die Standardisierung innerhalb eines

Die ADRIAN MAERSK ist das erste Schiff einer Sechserserie für die dänische Reederei A. P. Møller.

Der Rumpf des Kranschiffes ASERBAIDSHAN läuft vom Stapel.

Funktions-Einheits-Systems (FES) für Waffen-, Feuerleit-, Ortungs- und Fernmeldeanlagen.

Anfang 1978 Um die Diversifizierung in schiffbaufremde Erzeugnisse zu verbreitern, werden die Kaeser Klimatechnik GmbH vollständig und die Anton Kaeser GmbH & Co. zu rund 94 % übernommen.

19. Januar 1978 Der von Blohm + Voss nachträglich mit zwei 320-t-Stülcken-Masten ausgerüstete Schwergutfrachter TRIFELS (neuer Schwergutweltmeister) übernimmt mit eigenem Geschirr die für die National Oil Corp. of Libya gebaute Kran- und Arbeitsbarge ALHARSHA (871 BRT).

4. Juli 1978 Nachdem sich im Handelsschiffbau so gut wie gar nichts tut, ist das Offshore-Geschäft der große Hoffnungsträger. An diesem Tag wird die Stapellaufbarge E.T.P.M. 102 abgeliefert. Am 12. August 1978 folgt das Rohrlege- und Kranschiff E.T.P.M. 601. Im Bau befinden sich Wohnmodule für die Nordsee-Ölplattform FULMAR A und die Kranbarge CRAWLER. Die dreibeinige Ölbohr-Hubplattform MAERSK EXPLORER wird einem Großumbau unterzogen, und als weiterer Auftrag kommt die Bestellung von zwei Kranschiffen für die ägyptische Suez-Kanalverwaltung dazu.

24. November 1978 Mit der Prefectura Naval Argentina wird ein Vertrag über den Bau von zwanzig 27,60 Meter langen Zollbooten abgeschlossen, die bis Ende nächsten Jahres abgeliefert sein müssen.

11. Dezember 1978 Die argentinische Marine (Armada Argentina) erteilt dem Konsortium Thyssen Rheinstahl Technik und Blohm + Voss den Auftrag zum Bau von zwei Fregatten des Typs MEKO® 360. Für vier weitere Schiffe, die in Argentinien selbst gebaut werden sollen, liefert die deutsche Gruppe das Material. Im August kommenden Jahres erfährt der Auftrag noch eine bedeutende Erweiterung. Danach sollen nun vier Fregatten in Hamburg gebaut werden und darüber hinaus sechs Korvetten des Typs MEKO® 140 mit Unterstützung und Materialzulieferungen durch Blohm + Voss auf der einheimischen Staatswerft entstehen.

2. Februar 1979 Ablieferung des 10.000-t-Schwimmdocks EL SALAM (offiziell „SCA Port Said Shipyard") wird an die Suez Canal Authority abgeliefert und tritt auf dem Haken eines Schleppers die Überreise nach Ägypten an.

26. Juli 1979 Die ersten beiden von Argentinien bestellten zwanzig Zollboote CG 64 und CG 65 werden übergeben. Das letzte folgt am 7. Dezember 1979.

7. Oktober 1979 Der Senior des Unternehmens, Rudolf Blohm, verstirbt im 95. Lebensjahr. Rudolf Blohm war ab 1914 persönlich haftender Gesellschafter der Blohm + Voss KG und nach der

Im Bau ein Schwimmdock für Port Said.

Schwergut Kranponton TOG MOR.

NNS ARADU auf Werftprobefahrt.

Neugründung der Werft von 1951 bis 1957 Mitglied des Vorstandes, von 1958 bis 1966 Vorsitzender des Aufsichtsrates und danach dessen Ehrenvorsitzender.

1980 Für das „Troika"-Minensuchsystem der Bundesmarine, das den Einsatz von jeweils drei ferngelenkten, bootsähnlichen Hohlstäben von einem Lenkboot (insgesamt werden sechs Boote der LINDAU-Klasse entsprechend umgerüstet) aus vorsieht, baut Blohm + Voss bis 1982 alle 18 Hohlstabgeräte.

1980 Als einzige deutsche Großwerft weist Blohm + Voss für dieses Jahr einen Gewinn aus. Nach zwölf entbehrungsreichen Jahren wird wieder eine Dividende ausgeschüttet, und zwar sechs Prozent auf das volle Aktienkapital in Höhe von 61,4 Mio. DM.

1981 Gegen harte Konkurrenz kann die Reparaturabteilung den Auftrag zum Umbau von vier Containerschiffen der Dart-Gruppe hereinnehmen. Die Schiffe sollen den Erfordernissen des Fahrtgebietes Kanada/Große Seen gemäß Eisklasse I angepasst werden. Blohm + Voss konnte den Auftrag gewinnen, weil die kurze Umbauzeit von 55 Tagen pro Schiff und der gleichzeitige Umbau von jeweils zwei Schiffen garantiert worden ist.

23. März 1981 Ablieferung des von Blohm + Voss entwickelten Stülckenmast-Schwimmkrans TOG MOR an die Howard Doris Ltd., London. Einen Monat später, am 23. April 1981, folgt die Ablieferung des Wohnmoduls FULMAR A.

26. Juni und 16. Juli 1981 Ablieferung der beiden Bergungskräne ENKAZ I und ENKAZ II an die Suez Canal Authority. Jedes der beiden Großgeräte hat eine max. Hebefähigkeit von 500 t an den Haupthaken, von 300 t an den Hilfshaken und von 1.400 t an den vier Deckstaljen.

4. September 1981 Die nach nur 44 Monaten Bauzeit für die nigerianische Marine fertiggestellte Fregatte ARADU ist die erste Einheit, die nach dem MEKO®-Konzept entstanden ist. Ihre Indienststellung bedeutet den Durchbruch für das wegweisende Konzept.

12. Dezember 1981 Die für die Bundesmarine gebaute Fregatte RHEINLAND-PFALZ wird dem Generalunternehmer des Programms, dem Bremer Vulkan, zum Endausbau übergeben. Ein Jahr später folgt die KÖLN.

4. Juli 1982 Ablieferung eines Rohölladeturms-SPM/Single Point Mooring an die Mobil Exploration Norway Inc.

1983 Die mit 24.380 BRT vermessene Rohrlegebarge E.T.P.M. wird einem Großumbau unterzogen und im Rahmen einer bedarfsorientierten Entwicklungsarbeit entsteht das Abbrenn-Stumpfschweißverfahren. Mit ihm können zwei Rohrenden mit einem Außendurchmesser von z.B. 762 mm und einer Wanddicke von 25 mm in nicht mehr als zwei Minuten miteinander verbunden werden.

26. Januar 1983 Ablieferung der ersten von vier MEKO® 360-Fregatten an die Armada Argentina. Sie hat den Namen ALMIRANTE BROWN erhalten. Zwei Schwesterschiffe folgen noch im gleichen Jahr, das weitere im April 1984.

September 1984 Das mit seiner Vermessung von 70.200 BRT größte Kreuzfahrtschiff der Welt, die NORWAY ex FRANCE, macht an der Werft fest und bringt die Reparatur-Umbauabteilung von Blohm + Voss wieder einmal international ins Gespräch.

29. Juni 1984 Ablieferung eines 3.200 t tragenden Schwimmdocks an Libyen. Es ist der einzige Neubau dieses Jahres.

1985 Mit der Fertigstellung der Marinewerft Lumut, Westmalaysia, ist es dem Bereich Consulting und System Technologie gelungen, ein Projekt abzuwickeln, das hohe Anforderungen an die Planung, das Projektmanagement und alle beteiligten Mitarbeiter gestellt hat.

Zwischen dem 29. Juni und 12. Dezember 1985 lässt Hapag-Lloyd seine vier baugleichen Containerschiffe NÜRNBERG EXPRESS, STUTTGART EXPRESS, KÖLN EXPRESS und DÜSSELDORF EXPRESS durch Einfügen einer von Blohm + Voss vorgefertigten Mittelschiffsektion auf 240,50 Meter verlängern.

Februar 1986 Übernahme aller Geschäftsanteile der HDW Hamburg Werft und Maschinenbau GmbH. Das Unternehmen wird unter dem Namen Ross Industrie GmbH als selbständige Tochtergesellschaft mit eigener Ergebnisverantwortung weitergeführt.

25. Juli 1986 In Lissabon wird der Vertrag über den Bau von drei Fregatten des Typs MEKO® 200 für die portugiesische Marine unterzeichnet.

Juni 1987 Nach zweijähriger Bauzeit wird die 65-Meter-Luxus-Yacht KATALINA abgeliefert. Es ist die erste Referenz von Blohm + Voss im wachsenden Markt für derartige Schiffe. Zwei weitere Großyachten sind bestellt. Gebaut werden die Yachten in dem 165 Meter langen überdachten DOCK 12, das 10.000 t tragen kann und eine Firsthöhe von 34 Metern hat.

17. Juli 1987 In Anwesenheit des Oberbefehlshabers der türkischen Marine, Admiral Emin Göksan, wird die MEKO®-T-Fregatte YAVUZ an die türkische Marine übergeben.

1. Oktober 1987 Zum Werkstattbeginn für das portugiesische MEKO®-200-Fregattenprogramm besteht die im Ostteil der Schiffbauhalle 4 installierte neue Plasma-Schneidschmelzanlage ihre „Feuertaufe".

Die NORWAY im Blohm + Voss-Schwimmdock.

Das für Libyen gebaute Schwimmdock ist der einzige Neubau des Jahres 1984.

Die NÜRNBERG EXPRESS und ihre drei Schwesterschiffe werden durch Einbau einer Mittelschiffssektion verlängert.

Die Passagier- und Autofähre PETER WESSEL wird um rund
22 Meter verlängert.

MEKAT – ein neuer Schiffstyp. Er wird eingehend getestet, kann sich
aber am Markt nicht durchsetzen.

1988 Um den gelungenen Einstieg in den Bau von Mega-Yachten weiter ausbauen zu können, wird als zweites Schwimmdock DOCK 5 überdacht.

1. September 1988 Zu einer spektakulären Umbauaktion trifft die norwegische Passagier- und Autofähre PETER WESSEL an der Werft ein. 56 Tage stehen zur Verlängerung des Schiffes von 146 Meter auf 168,5 Meter, zur Erhöhung der Passagierkapazität von 2.000 auf 2.225 sowie zur Vergrößerung der Stellplatzzahl für Pkw und Trailer im Wagendeck zur Verfügung.

1989 Anfang des Jahres nimmt ein neuer Fahrzeugtyp die Erprobungen auf. Die Typenbezeichnung MEKAT sagt aus, dass bei ihm das modulare Baukonzept für Marineschiffe MEKO® mit dem Konstruktionsprinzip eines Luftkissen-Katamarans verbunden worden ist. Getauft ist es auf den Namen CORSAIR.

August 1989 Die australische Regierung gibt bekannt, dass sie sich für ihr geplantes Fregatten-Neubauprogramm für die MEKO® 200 von Blohm + Voss entschieden hat. Vorgesehen ist der Bau von acht Einheiten für die australische Marine sowie zwei plus zwei Optionen für die neuseeländische. Für Blohm + Voss bedeutet das im Wesentlichen die Zulieferung von Bauunterlagen und den Know-how-Transfer zu dem australischen Generalunternehmer. Die am 1. Juli 1987 gegründete Tochtergesellschaft Blohm + Voss (Australia) Pty.Ltd. wird langfristig an der Auftragsabwicklung teilhaben.

September 1989 Die ersten beiden der insgesamt vier von Saudi Arabien bestellten fast 39 Meter langen Patrouillenboote werden nach dort verschifft.

25. Mai 1990 Ablieferung der Luxus-Motoryacht GOLDEN ODYSSEY. Sie ist 76 Meter lang und erreicht eine Geschwindigkeit von 18 Knoten.

31. Mai 1990 Ablieferung der Luxus-Motoryacht LADY MOURA. Sie ist mit ihren 105 Metern Länge die viertlängste Yacht der Welt.

15. August 1990 Als erstes von drei umzubauenden Spezialtransportern der schwedischen Gorthon Line geht MARGIT GORTHON an die Werft. Die bisher für den Transport von Rostoffen zur Papierherstellung eingesetzten Schiffe werden nun zur Aufnahme fertiger Papierrollen für die Druckindustrie hergerichtet.

3. Dezember 1990 Zur Durchführung von Modernisierungsarbeiten kommt die fast nur noch als Kreuzfahrtschiff eingesetzte QUEEN ELIZABETH 2 an die Werft und wird gleich anschließend in DOCK 11 trockengestellt.

18. Januar 1991 Als erste von drei neuen Fregatten des Typs MEKO® 200 wird die VASCO DA GAMA an die portugiesische Marine übergeben. Die beiden Schwesterschiffe ALVARES CABRAL und CORTE REAL werden im Mai bzw. November von der Howaldtswerke-Deutsche Werft abgeliefert.

20. August 1991 Die superschnelle Yacht ECO wird übergeben. Sie hat eine Probefahrtgeschwindigkeit von 37 Knoten erreicht und wird wegen ihres außergewöhnlichen Designs vielfältig bewundert.

1992 Entwicklung von schnellen Einrumpfschiffen – „Fast Monohull". Für unterschiedliche Einsatzzwecke wird eine ganze Produktfamilie vorgestellt.

1992 Für den weltweit zunehmenden Bedarf an Korvetten in den Größen 800 t bis über 2.000 t entwickelt Blohm + Voss eine neue MEKO®-Typenreihe, die MEKO® 100. Die noch kleinere MEKO® 50 hat eine Entwurfsverdrängung von 400 bis 800 t.

7. Mai 1992 Einweihung eines neuen Ausbildungszentrums auf Steinwerder.

Die BARBAROS ist die erste Fregatte Typ MEKO® 200 Track II A für die türkische Marine.

Die BRANDENBURG ist die erste Einheit der neuen Fregatten Klasse 123.

15. Oktober 1992 Die griechische Marine erhält mit der 3.350 t verdrängenden HYDRA ihre erste MEKO®-Fregatte.

1993 Die Deutsche Marine beauftragt ein unter der Führung von Blohm + Voss stehendes Werftenkonsortium (ARGE 124) mit der Definition der nächsten Fregattengeneration, der F124. Wie schon bei der Vorgängerklasse, der F123, soll auch hier die MEKO®-Technologie/Modularisierung zur Anwendung kommen.

20. September 1993 Für fast drei Wochen, bis zum 8. Oktober, liegt die Offshore-Arbeitsplattform IOLAIR im Trockendock ELBE 17 zur Durchführung allgemeiner Klassearbeiten. Mit ihren 12 Knoten Geschwindigkeit ist die 102 Meter lange und 32 Meter hohe Plattform die schnellste ihrer Art in der Welt.

1994 In nur 60 Tagen wird der norwegische Tanker SAVONITA zum Shuttle-Tanker umgebaut. Wesentliche Arbeiten finden dabei am Bug des Schiffes statt. Es werden ein „bow loading system" (Ölverladestation am Bug), ein Dynamisches Positionierungssystem, zwei neue Bugstrahl- und ein Heckstrahlruder sowie zwei zusätzliche Hilfsdiesel zur Stromerzeugung eingebaut.

18. März 1994 Unterzeichnung des Vertrages über den technisch anspruchsvollen Umbau von drei Containerschiffen der US-Reederei Sea-Land. Die Schiffe werden nicht, wie sonst üblich, verlängert, sondern um eine Mittelschiffssektion verkürzt und erhalten ein strömungstechnisch verbessertes Vorschiff. Dadurch werden sie um drei Knoten schneller.

16. September 1994 Unter dem Namen ANZAC läuft auf der Transfield-Werft in Melbourne/Williamstown die erste von zehn MEKO® 200-Fregatten des australisch-neuseeländischen ANZAC-Programms vom Stapel. Ein Ereignis von nationaler Bedeutung, das mehr als 10.000 Besucher anlockt. Der australische Premierminister Paul Keating weist in seiner Ansprache auch auf die Rolle von Blohm + Voss beim erfolgreichen Bau dieser Schiffe hin.

29. September 1994 Als erste Einheit der neuen Fregattenklasse 123 wird die BRANDENBURG (4.900 t) nach umfangreichen Seeerprobungen und Systemprüfungen in Dienst gestellt. Hauptaufgabe der F123 ist die U-Bootjagd. Es sind noch keine „reinen" MEKO®-Fregatten, aber die Modulbauweise ist nach einer grundsätzlichen Forderung des Auftraggebers dort angewandt worden, wo sich Vorteile hinsichtlich Baukosteneinsparung, Steigerung der Verfügbarkeit in der Nutzungsphase, der Erleichterung von späteren Umrüstungen und in der Verkürzung der Bauzeit verwirklichen ließen.

1995 Es kommt zu einem grundlegenden Umbau der Unternehmensstruktur und auch was die Anteilseigner betrifft, gibt es gravierende Veränderungen. Darauf ist bereits weiter vorn ausführlicher eingegangen worden.

16. März 1995 Als erste Einheit der Serie MEKO® 200 Track II A wird die Fregatte BARBAROS an die türkische Marine übergeben.

1996 Anfang des Jahres wird gemeinsam mit der Lürssen-Werft in Bremen-Vegesack der Neubauvertrag für die mit 148 Metern Länge größte jemals weltweit zu bauende Luxus-Yacht abgeschlossen. Um diesen Auftrag abwickeln zu können, soll das überdachte DOCK V um dreißig Meter verlängert werden.

13. Juni 1996 Der Deutsche Bundestag ratifiziert den Vertrag für den Bau von drei Fregatten der Klasse 124 und einer Option für ein viertes Schiff. Der Vertrag war bereits zwei Monate vorher von der Bundesregierung und dem Werftenkonsortium ARGE F124 unter der Führung von Blohm + Voss unterzeichnet worden.

Mitte des Jahres 1997 beteiligt sich die Thyssen Werften GmbH mit 20 Prozent am Kapital der in der Nähe Lissabons gelegenen Lisnave-Werft. Gefordert ist danach vor allem die Blohm + Voss Repair GmbH, die insbesondere ihr Know-how im Engineering- und Projektmanagement-Bereich für Offshore-Geräte und Schiffsumbauten einbringen soll.

Baubeginn des ersten Passagierschiffes für die griechische Royal Olympic Cruise Line.

Die griechische Fähre SUPERFAST III wird nach schweren Brandschäden in 74 Tagen wieder fit gemacht.

26. August 1997 Das Deutsche Fregattenkonsortium, Blohm + Voss, Howaldtswerke-Deutsche Werft und Thyssen Rheinstahl Technik, richtet unter der Schirmherrschaft des Bundesverteidigungsministeriums und der Deutschen Marine die erste MEKO®-Konferenz – MECON 97 – aus. Eingeladen sind zu der bis zum 29. August dauernden Konferenz neben den Marinen, die bereits MEKO®-Schiffe einsetzen bzw. Interesse daran haben, auch die an diesem Konzept beteiligten Zulieferfirmen. Während der sehr erfolgreich verlaufenden Konferenz präsentiert Blohm + Voss auch den Entwurf einer neuen MEKO® A-200-Fregatte.

27. März 1998 In Anwesenheit des Reeders Andreas Potamianos von der Royal Olympic Cruise Line Inc. (ROCL), Piräus, wird mit dem Bau des ersten von zwei fest bestellten Fast-Monohull-Kreuzfahrtschiffen begonnen. Für die Werft bedeutet dies der Wiedereinstieg in den Passagierschiffbau nach rund 35 Jahren Pause. Die Hansestadt Hamburg unterstützt den Auftrag mit einer Bürgschaft in Höhe von 136 Mio. DM. Die größte Einzelbürgschaft, die jemals von ihr geleistet worden ist.

7. Oktober 1998 Der 1974 in Schweden gebaute 69.222 BRZ/ 138.680 tdw-Tanker KNOCK TAGGERT trifft an der Werft ein und wird von einem Rohöllagerschiff (FSO/Floating Storage and Offloading Vessel) in ein Lager- und Produktionsschiff (FPSO/ Floating Production and Offloading Vessel) umgebaut. Der dafür gesetzte enge Zeitrahmen wurde nicht nur eingehalten, was vielfach vorher bezweifelt worden war, sondern sogar um drei Tage unterschritten.

3. Dezember 1999 Nach gut fünfjährigen Verhandlungen wird endlich der hart umkämpfte Südafrika-Auftrag abgeschlossen. In Pretoria setzt der südafrikanische Verteidigungsminister Mosiuoa Lekota seine Unterschrift unter den Vertrag, nach dem ein deutsches Konsortium unter der Führung von Blohm + Voss vier Korvetten vom Typ MEKO® A-200-SAN und ein anderes unter der Führung von HDW drei U-Boote des Typs 209 für die südafrikanische Marine bauen wird. Von den vier Korvetten werden je zwei bei Blohm + Voss und HDW in Kiel gebaut. Mit der Auftragsübernahme sind umfangreiche Maßnahmen zur Unterstützung der südafrikanischen Wirtschaft verbunden.

2000 Mit dem traditionell Deutschland sehr verbundenen südamerikanischen Land Chile ist es zum Abschluss eines Basis-Engineering-Vertrages mit einer Laufzeit von 13 Monaten für den Bau von vier Fregatten des Typs MEKO® 200 ACH gekommen. Auch der neue NATO-Partner Polen interessiert sich für den Bau von MEKO®-Korvetten. Diskutiert wird über eine spezielle Version der MEKO® 100.

24. Februar 2000 Die griechische Fähre SUPERFAST III, die im vergangenen Jahr durch einen Brand schwer in Mitleidenschaft gezogen war, verlässt nach Erledigung umfangreicher Reparatur- und Erneuerungsarbeiten die Werft wieder. 74 Tage waren täglich rund 350 Mitarbeiter rund um die Uhr auf dem Schiff eingesetzt. Es kann sogar vorfristig zurückgeliefert werden.

15. Juni 2000 Abgesehen von den Seebäder- und Hurtigrutenschiffen in der zweiten Hälfte der fünfziger Jahre liefert Blohm + Voss erstmalig nach dem Krieg eine Passagierschiff ab. Es ist die OLYMPIC VOYAGER, die nach erfolgreich verlaufenen Tests in der Nordsee an die Reederei Royal Olympic Cruises übergeben wird. Der mit 24.500 BRZ vermessene Neubau kann in 416 Kabinen max. 920 Passagiere unterbringen. Bei den Probefahrten ist eine Geschwindigkeit von 29 Knoten erreicht worden, zwei Knoten mehr als die geforderten 27 Knoten.

17. Juni 2000 Das Bundesverteidigungsministerium gibt die Entscheidung bekannt, dass die ersten fünf der geplanten Korvetten von einer von Blohm + Voss geführten Arbeitsgruppe (ARGE K130) gebaut werden sollen. Die Beschaffung wird am 12. Dezember 2001 vom Deutschen Bundestag gebilligt.

2001 Herausragend ist der Großumbau der RAMFORM BANFF eines Produktions- und Lagerschiffes (FPSO) für die Offshore-Ölindustrie. Der Werftaufenthalt dauert vier Monate.

2001 Blohm + Voss Repair beschafft einen 2.800-bar-Dockmaster sowie zwei 2.800-bar-Unterboden-Waschgeräte und baut damit ihre Kapazitäten zur umweltfreundlichen Entfernung der Außenhautbeschichtungen der Docklieger weiter aus.

28. März 2001 Nach zehnjähriger Entwicklungsarbeit und Investitionen in Höhe von 20 Mio. DM wird die neue Laserschweiß- und Schneidanlage in Betrieb genommen, und zwar mit dem Fertigungsbeginn für die erste von insgesamt vier MEKO®-Korvetten für die Republik Südafrika. Zwei von ihnen werden nach Blohm + Voss-Design bei HDW in Kiel gebaut.

27. April 2001 Nach erfolgreich abgeschlossener Probefahrt wird das Schwesterschiff der inzwischen mehrfach international ausgezeichneten OLYMPIC VOYAGER, die OLYMPIA EXPLORER, termingerecht und einsatzbereit der Reederei angeboten. Diese meldet jedoch überraschend Vorbehalte an, verweigert die Übernahme und fordert technische Nachbesserungen. Aus der Sicht von Blohm + Voss ist das Schiff technisch einwandfrei und vertragskonform zur Ablieferung bereitgestellt worden. Wie im Bauvertrag festgelegt wird zur Klärung ein Arbitrageverfahren eingeleitet.

7. Juni 2001 Fertigungsbeginn für die erste von zwei Korvetten vom Typ MEKO® 100 RMN für die Königlich Malaysische Marine. Dieser von Blohm + Voss entwickelte Korvettentyp bringt es bei 91,1 Metern Länge und 12,85 Metern Breite auf eine Verdrängung von 1.650 t.

26. Juni 2001 Da der Weiterbau nach dem Ausbleiben der laufenden Zahlungen bereits seit längerem eingestellt worden war, verlässt die 148 Meter lange Superyacht GOLDEN STAR,

Links der Passagierschiffsneubau OLYMPIC VOYAGER, rechts verlässt das Schwesterschiff das Baudock.

Die RAMFORM BANFF wird einem viermonatigen Großumbau unterzogen.

Strahlarbeiten erfolgen in geschlossenen Hallen.

F65 SACHSEN für die Deutsche Marine.

AIDABLU im Trockendock ELBE 17.

nachdem der Besitzer gewechselt hat, an Bord des absenkbaren Schwergutschiffes BLUE MARLIN die Werft, um in Dubai für den neuen Eigner fertiggestellt zu werden. Ein finanzieller Schaden ist Blohm + Voss durch die unfertig gebliebene Yacht nicht entstanden, da der ursprüngliche Auftraggeber die Zahlungen für alle Bauabschnitte stets im voraus entrichtet und auch alle Folgekosten, wie Dockbelegung, Konservierung, Bewachung usw. übernommen hat.

5. April 2002 Zünftig mit drei Böllerschüssen vor dem Museumssegler RICKMER RICKMERS an den Hamburger Landungsbrücken beginnt der Tag des 125-jährigen Jubiläums des Unternehmens, das für Hamburg und darüber hinaus eine Institution geworden ist – Blohm + Voss. Zunächst gibt es ein Frühstück an Bord, aber der Höhepunkt dieses Tages ist dann der Festakt in den entsprechend geschmückten Schiffbauhallen 9/10, zu dem sich alle Mitarbeiter der drei Gesellschaften Blohm + Voss GmbH, Blohm + Voss Repair GmbH und B+V Industrietechnik einfinden.

15. April 2002 Abnahme des Kreuzfahrtschiffes OLYMPIA EXPLORER durch die Reederei Royal Olympic Cruises. Zehn Tage später verlässt das Schiff die Werft mit Kurs auf Piräus.

7. Juni 2002 Im Rahmen einer feierlichen Zeremonie tauft Mrs. Zanele Mbeki, Gattin des südafrikanischen Staatspräsidenten, die erste der in Auftrag befindlichen Korvetten vom Typ MEKO® A-200 SAN auf den Namen AMATOLA.

21. Juni 2002 Die Hansestadt Hamburg ehrt die Werft zu ihrem 125-jährigen Jubiläum mit einem Senatsempfang mit 400 Gästen aus dem In- und Ausland. Am gleichen Abend wurde mit Kunden und Freunden aus Wirtschaft, Politik und Marine ein Gala-Abend in der Schiffbauhalle auf dem Gelände von Blohm + Voss gefeiert. Ein unvergesslicher Abend für alle, die dabei waren.

2. – 6. September 2002 In Hamburg findet die zweite internationale MECON statt.

31. Oktober 2002 Vier Wochen früher als im Vertrag vorgesehen wird die Fregatte SACHSEN, das Typschiff der Klasse 124, vom Bundesamt für Wehrtechnik und Beschaffung (BWB) übernommen.

1. April 2003 An Bord des Dockschiffes CONDOCK IV wird die KEDAH, das erste Schiff einer Serie von Patrouillenschiffen vom Typ MEKO® 100 für die Royal Malaysian Navy nach Lumut in Malaysia auf den Weg gebracht. Dort findet die Endausrüstung statt.

25. September 2003 Offizielle Übergabe der Korvette SAS AMATOLA an die Südafrikanische Marine.

Februar 2004 Die Werft macht durch innovative Werbung auf sich aufmerksam. Eines der größten Werbeplakate Deutschlands (180 x 11 m) wird an der Stadtseite des DOCKS 11 angebracht und weist auf den Yachtbau der Werft hin.

13. – 27. April 2004 Umbau des Passagierschiffes A'ROSA BLU zum Clubschiff AIDABLU.

19. Juli 2004 Werkstattbeginn für die erste Korvette der Klasse 130.

7. Oktober 2004 ThyssenKrupp und One Equity Partners (OEP) unterzeichnen den Vertrag über die Zusammenführung der ThyssenKrupp Werften und der Howaldtswerke-Deutsche Werft (HDW). Hierzu bringt OEP ihre sämtlichen Anteile an HDW in die ThyssenKrupp Marine Systems AG ein. Der neue Werftenverbund unter der Führung von ThyssenKrupp Marine Systems mit Sitz in Hamburg umfasst als wesentliche Beteiligungen die Howaldtswerke-Deutsche Werft AG in Kiel, Nobiskrug GmbH in Rendsburg, Blohm + Voss GmbH und Blohm + Voss Repair GmbH in Hamburg, Nordseewerke GmbH in Emden sowie Kockums AB in Schweden und Hellenic Shipyards S.A. in Griechenland.

Die PLANET wurde vom Hansa International Maritime Journal zum „Schiff des Jahres" gekürt.

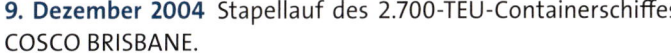

QUEEN MARY 2 dockt in ELBE 17 an.

9. Dezember 2004 Stapellauf des 2.700-TEU-Containerschiffes COSCO BRISBANE.

5. Januar 2005 Die Fusion der ThyssenKrupp Werften und HDW ist vollendet. Dieses Datum steht für die offizielle Gründung der ThyssenKrupp Marine Systems mit Sitz in Hamburg.

22. April 2005 Das norwegische Passagierschiff BLACK WATCH dockt für die Ausführung aufwendiger Umbauarbeiten bei Blohm + Voss Repair ein.

24. Mai 2005 Ablieferung des weltweit modernsten wehrtechnischen Forschungsschiffes PLANET an das Bundesamt für Wehrtechnik und Beschaffung. Das Schiff vereinigt ein außergewöhnliches Seeverhalten mit einer besonderen Eignung für akustische Untersuchungen im maritimen Umfeld.

27. September 2005 Das 1973 gebaute Passagierschiff ALBATROS trifft zur umfangreichen Neumotorisierung bei Blohm + Voss Repair ein.

2. Oktober 2005 Die Megayachten GOLDEN ODYSSEE und GOLDEN SHADOW treffen für umfangreichen Wartungs- und Reparaturarbeiten bei Blohm + Voss Repair ein.

9. November 2005 Das 2003 gebaute Kreuzfahrtschiff QUEEN MARY 2 kommt erstmals für Wartungs- und Instandsetzungsarbeiten in das Trockendock ELBE 17 von Blohm + Voss Repair.

10. Januar 2006 Mit der MS FINNWOOD der schwedischen Rederi Transatlantic AB trifft der erste von drei Papierfrachtern zur Verlängerung um 20 m bei Blohm + Voss Repair ein.

20. April 2006 Die erste Korvette der Klasse 130 wird auf den Namen BRAUNSCHWEIG getauft.

7. Juni 2006 Auftragserhalt für eine Megayacht, Projektname ORCA.

29. August 2006 Beginn der dritten internationalen MECON in Hamburg. Über 800 Teilnehmer aus 35 Ländern sind anwesend.

1. Oktober 2006 Blohm + Voss Industries GmbH wird Teil der Marine Services Division.

20. November – 20. Dezember 2006 Die Passagierschiffe MAXIM GORKI und SAGA ROSE werden in den Docks von Blohm + Voss Repair modernisiert.

1. April 2007 mit Vertrag vom 14. Dezember des Vorjahres hat Blohm + Voss Industries GmbH den Bereich Wehrtechnik an die KMW Schweißtechnik GmbH verkauft. Mit dem am 13. April durchgeführten Closing wird der Erwerb rückwirkend zum 1. April 2007 wirksam. Damit konzentriert sich die Gesellschaft auf ihre maritime Kernkompetenz.

26. Juni 2007 Unterzeichnung des Bauvertrages für den Bau von vier Fregatten der Klasse F125 durch das Bundesamt für Wehrtechnik und Beschaffung (BWB) und die ARGE F 125. Die Federführung liegt bei ThyssenKrupp Marine Systems, beteiligt ist die Fr. Lürssen Werft. Die Ablieferung ist für 2016–2018 vorgesehen.

10. Juli 2007 Eröffnung der Blohm + Voss (Shanghai) in der neuerbauten Xinzhuang Development Zone im Südosten Shanghais als 100-prozentige Tochtergesellschaft von Blohm + Voss Industries.

10. August 2007 Blohm + Voss Industries liefert die 50. 000 Wellenanlage mit drei Stevenrohrabdichtungen aus.

1. Oktober 2007 Mit der Reorganisation des Werftenverbundes besitzt ThyssenKrupp Marine Systems nun vier Divisionen: Die Divisionen Submarine und Marine Services bleiben bestehen, die

FINNPINE und zwei Schwesterschiffe werden durch Einsetzen einer neuen Mittelsektion um je 20 Meter verlängert.

bisherige Surface Vessel Division teilt sich künftig in Customized Ships und die Surface Ships Division.

16. November 2007 Das Kreuzfahrtschiff BALMORAL (ex NORWEGIAN CROWN) dockt bei Blohm + Voss Repair ein und wird durch Einfügen einer neuen Mittelschiffsdivision um 30,20 m verlängert.

29. Januar 2008 Übergabe der ersten Korvette K130 BRAUNSCHWEIG an das Bundesamt für Wehrtechnik und Beschaffung (BWB).

1. April 2008 Unter der Leitung von ThyssenKrupp Marine Systems AG als Holding betreiben nun drei Führungsgesellschaften das operative Geschäft:
■ Die Howaldtswerke Deutsche Werft GmbH (HDW), Kiel, mit dem Schwerpunkt U-Boote,
■ die TKMS Blohm + Voss Nordseewerke GmbH, Hamburg und Emden, mit dem Schwerpunkt Marine-Überwasserschiffe,
■ die Blohm + Voss Shipyards & Services GmbH, Hamburg/Kiel, mit den Schwerpunkten ziviler Neubau, Reparatur, Offshore und Komponenten.

27. April 2008 Das Passagierschiff BRILLIANCE OF THE SEAS dockt in ELBE 17 ein. Das Schiff wird mit neuen Stromerzeugungsaggregaten ausgestattet, um den Treibstoffverbrauch zu senken.

21. Mai 2008 Die Megayacht mit der Baunummer 969 (Projektname SAFARI, später MAYAN QUEEN IV) wird ausgedockt. Das etwa 93 m lange Schiff wird bei Blohm + Voss Shipyards gebaut.

23. Oktober – 11. November 2008 Die QUEEN MARY 2 dockt erneut in das Trockendock ELBE 17 von Blohm + Voss Repair ein. Die vier Antriebs- und Steuerungseinheiten werden einer Generalinspektion unterzogen, die vier Stabilisatorebn und ein Bugstrahlruder gewartet.

17. Dezember 2008 Die Arbeitsgemeinschaft Einsatzgruppenversorger, zu der auch die TKMS Blohm + Voss Nordseewerke gehören, und das Bundesamt für Wehrtechnik und Beschaffung unterzeichnen einen Vertrag über die Leistungen für die Konstruktion, den Bau und die Lieferung einen weiteren Einsatzgruppenversorgers der BERLIN-Klasse.

12. Juni 2009 Die Megayacht mit der Baunummer 978 (Projekt ECLIPSE) wird ausgedockt.

9. September 2009 ThyssenKrupp Marine Systems und SIAG vereinbaren ein gemeinsames Zukunftskonzept für den Standort Emden.

15. Oktober 2009 ThyssenKrupp und Abu Dhabi MAR planen eine langfristige Partnerschaft.

8. März 2010 Die SIAG Schaaf Industrie AG übernimmt von ThyssenKrupp Marine Systems den Standort Emden und wird dort unter dem Namen SIAG Nordseewerke GmbH Komponenten für Offshore-Windkraftanlagen bauen. ThyssenKrupp Marine Systems bleibt unter dem Namen „Emder Werft und Dockbetriebe" mit Schiffbauaktivitäten in Emden weiter präsent. Die Umstrukturierung gelingt, ohne dass ein Mitarbeiter seinen Arbeitsplatz verliert.

26. März 2010 Abu Dhabi MAR (ADM) und Thyssen Krupp Marine Systems gründen eine strategische Partnerschaft. Mit der Unterzeichnung des Kaufvertrages soll ADM neuer Eigentümer der Blohm + Voss Shipyards werden und nicht nur mit der ehemaligen HDW-Gaarden auch den zivilen Schiffbau in Kiel übernehmen, sondern zudem einen Anteil von 80 Prozent an Blohm + Voss Repair sowie Blohm + Voss Industries erwerben. Weiterhin wird eine Beteiligung von ADM am Marine-Überwasserschiffbau angestrebt. Dies soll im Rahmen der Gründung einen 50:50 Joint Ventures für den Bereich Design und Projekt-Management stattfinden. Die Änderungen treten aber erst in Kraft mit dem sog. „Closing".

1. Juli 2010 Blohm + Voss Naval wird als Systemhaus für den Marine-Überwasserschiffbau gegründet und bildet die Grundlage für das geplante Joint Venture mit ADM.

1. Juli 2010 Die historische Yacht NAHLIN wird nach umfangreichen Restaurierungsarbeiten an die Eignervertretung übergeben.

30. September 2010 Zum ersten Mal überhaupt befindet sich ein so genannter Halbtaucher bei Blohm + Voss Repair und im Hamburger Hafen. Er trägt den Namen FJORD und wird am 4. Oktober an seinen Liegeplatz geschleppt und am 19. Oktober in Dock ELBE 17 für den Austausch der Getriebe eingedockt.

3. Dezember 2010 Der Cunard-Liner QUEEN VICTORIA kommt zur ersten planmäßigen Generalüberholung für zehn Tage zu Blohm + Voss Repair in das Trockendock ELBE 17. Es werden Klassearbeiten sowie turnusmäßige Wartungen von Motoren

EGV BONN – Aufsetzen des Deckshauses auf den Rumpf.

und Antriebseinheiten an den drei Bugstrahlrudern sowie den Stabilisatoren vorgenommen.

9. Dezember 2010 Die Megayacht ECLIPSE (Baunummer 978) wird abgeliefert. Mit 162,50 m gilt sie als längste Motoryacht der Welt.

9. Mai 2011 In der Schiffbauhalle 3 von Blohm + Voss beginnt der Bau der ersten Fregatte der Klasse 125.

31. Mai 2011 Die Endausrüstung des 3. Einsatzgruppenversorgers für die Deutsche Marine beginnt mit dem Aufsatz des Deckshauses (Flensburger Schiffbaugesellschaft) auf den von P+S Werften gebauten Rumpf. Die Emder Werft und Dockbetriebe übernehmen die Fertigstellung, Inbetriebnahme und Erprobung des größten Schiffes der Deutschen Marine.

1. Juli 2011 Nach rund zwei Jahren Verhandlungen kommen ThyssenKrupp Marine Systems und Abu Dhabi MAR überein, ihre Bemühungen zur Schaffung der beabsichtigten Partnerschaft im Naval-Bereich sowie im nicht-militärischen Schiffbau einzustellen. Für die zivilen Bereiche bei Blohm + Voss wird an Lösungen gearbeitet mit dem Ziel, diese Gesellschaften mittelfristig auf neue Eigentümer zu überführen. Der Marineschiffbau verbleibt bei ThyssenKrupp.

8. Juli 2011 TKMS unterzeichnet eine Absichtserklärung mit dem britischen Finanzinvestor Star Capital Partners, die den Verkauf der zivilen Bereich von Blohm + Voss zum Ziel hat. Es betrifft die Gesellschaften Blohm + Voss Shipyards, Blohm + Voss Repair und Blohm + Voss Industries einschließlich deren Tochtergesellschaften.

4. August 2011 Aufgrund immer wiederkehrender Spekulationen über die Gründung eines Gemeinschaftsunternehmens von ThyssenKrupp Marine Systems und der französischen Werftengruppe DCNS oder der Fusion der beiden Unternehmen stellt die ThyssenKrupp AG klar: „ThyssenKrupp Marine Systems plant weder eine Gemeinschaftsunternehmen mit der französischen Werftengruppe DCNS, noch ist eine Fusion oder anderweitige Partnerschaft beziehungsweise Zusammenarbeit mit den französischen Werften beabsichtigt. Es gibt zum jetzigen Zeitpunkt keinerlei Gespräche hierüber, und es sind auch keine Gespräche vorgesehen."

2. November 2011 In Anwesenheit von zahlreichen Gästen aus Politik, Wirtschaft und Verteidigung sowie der Belegschaft wird die erste Fregatte der Klasse 125 auf Kiel gelegt.

11. Dezember 2011 Für die zivilen Schiffbauaktivitäten von ThyssenKrupp Marine Systems hat ThyssenKrupp mit dem britischen Investor Star Capital Partners einen Kaufvertrag unterzeichnet. Der Verkauf betrifft die Gesellschaften Blohm + Voss Shipyards, Blohm + Voss Repair (inklusive Blohm + Voss Oil Tools) und Blohm + Voss Industries sowie deren Tochtergesellschaften. Star Capital will die Aktivitäten an allen Standorten weiterführen. Die Transaktion steht unter dem Vorbehalt der Zustimmung durch die Aufsichtsgremien, der Fusionskontrolle sowie der Zustimmung gemäß Außenwirtschaftsgesetz (AWG).

27. Januar 2012 ThyssenKrupp Marine Systems und die kanadische Beschaffungsbehörde PWGSC haben in Hamburg eine mehrphasige Designstudie für die nächste Generation von Joint Support Shis (JSS) für die Royal Canadian Navy (RCN) unterzeichnet. Das Design soll von TKMS in enger Zusammenarbeit mit Blohm + Voss Naval als modifiziertes Design der deutschen Einsatzgruppenversorger (EGV) erstellt werden.

31. Januar 2012 Nach Zustimmung durch die Aufsichtsgremien, der Fusionskontrolle sowie der Zustimmung gemäß Außenwirtschaftsgesetz ist das Closing der Transaktion abgeschlossen. Damit gehen die Gesellschaften Blohm + Voss Shipyards, Blohm + Voss Repair (inklusive Blohm + Voss Oil Tools) und Blohm + Voss Industries sowie deren Tochtergesellschaften und insgesamt 1.500 Mitarbeiter an den britischen Finanzinvestor Star Capital Partners über. ThyssenKrupp Marine Systems wird sich künftig mit ca. 3.600 Mitarbeitern auf den Marine Überwasser- und Unterwasserschiffbau konzentrieren.

Anhang

„

Technische Höchstleistungen waren und sind das Geschäft von Blohm + Voss.
Doch das fällt nicht vom Himmel.

Das muss täglich neu erarbeitet und umgesetzt werden und dazu braucht es den Menschen.
Ein Jeder an seinem Platz ist wertvoll, ist ein Spezialist.

Dieses Zusammenspiel als Gemeinschaftsaufgabe zu erkennen und umzusetzen ist ein Teil des
Erfolges und hat Blohm + Voss stark gemacht.

Mit mutigen Entscheidungen, den vorhandenen qualifizierten sowie motivierten MitarbeiternInnen
das Machbare der Kundenwünsche umsetzen, damit ist Blohm + Voss auch in Zukunft weiter
erfolgreich. Davon bin ich überzeugt.

Mit Selbstbewusstsein den Fortschritt gestalten und umsetzen, das muss das Motto für die
Zukunft sein.

Otto Tetau, Blohmer 1962–2005, Betriebsratsvorsitzender von 1995–2005

Für mich persönlich verbindet Blohm + Voss und das Fairmont Hotel Vier Jahreszeiten eine unver-
wechselbare und einzigartige Historie, so dass man sie heute als echte „Hamburgensier" Traditions-
unternehmen wahrnimmt. Diese unnachahmliche Mischung aus Tradition und Moderne die beide
Unternehmen gemeinsam haben, führte nicht nur in der Vergangenheit zu Beständigkeit, sondern
ist auch ein Grund dafür, warum beide nach wie vor erfolgreich sind.
„

Ingo C. Peters, General Manager des Fairmont Hotel Vier Jahreszeiten in Hamburg

Neubauten und Neubauaufträge

der jüngsten Zeit, aufgezählt nach Baunummern

BAU-NR. **961** Passagierschiff OLYMPIC VOYAGER, 15.06.2000
an Royal Olympic Cruises, Piräus, 24.391 BRZ,
L: 180,40 m, B: 25,50 m, T: 7,75 m, 37.800 kW, 28 kn.

BAU-NR. **962** Passagierschiff OLYMPIA EXPLORER, 25.04.2002
an Royal Olympic Cruises, Piräus, 24.318 BRZ,
L: 180,40 m, B: 25,50 m, T: 7,25 m, 37 800 kW, 28 kn

BAU-NR. **963** Containerschiff COLUMBUS OLINDA, 30.04.1996 an
Martime, Elsfleth 15.859 BRZ, 1500 TEU, L: 166,62 m,
B: 27,40 m, T: 9,60 m, 19,6 kn

BAU-NR. **964** Containerschiff LARENTIA, 31.05.2005 an Martime,
Elsfleth, 27.900 BRZ, 2700 TEU, L: 215,45 m,
B: 29,80 m, T: 11,55 m, 22,3 kn

BAU-NR. **965** Yacht-Kasko (Panhandle), 26.06.2001 unfertig ab B+V,
11.600 BRZ, L: 160 m, B: 9,26 m, T: 5,00 m, 4 Diesel
je 6.323 kW, 26 kn. Seit 2006 in Fahrt als DUBAI.

BAU-NR. **966** Fregatte F 124 SACHSEN, 31.10 2002 an BWB,
Verdr.: 5.500 t, L: 143,00 m, B: 17,44 m, T: 4,60 m,
1 Gasturbine 23.500 kW, 2 Diesel je 7 400 kW, 28 kn

BAU-NR. **967** MEKO® 100 Patroler KEDAH, 12.12.2005 an
Royal Malaysian Navy, Verdr.: 1.650 t, L: 91,10 m,
B: 12,85 m, T: 3,40 m , 2 Diesel je 54.540 kW, 22 kn

BAU-NR. **968** MEKO® 100 Patroler PAHANG, 12.12.2005 an
Royal Malaysian Navy, Verdr.: 1.650 t, L: 91,10 m,
B: 12,85 m, T: 3,40 m, 2 Diesel je 5.440 kW, 22 kn

BAU-NR. **969** Motoryacht MAYAN QUEEN IV, abgeliefert
November 2008, 3.879 BRZt, L: 93,25 m, B: 16,00 m,
T: 4,45 m, 2 Diesel je 3.400 kW, 19,5 kn

BAU-NR. **970** Motoryacht A, abgeliefert Juni 2008, 5.500 BRZ,
L: 119,00 m, B: 18,87 m, T: 4,90 m, 2 Diesel je
9.000 kW, 23 kn

BAU-NR. **971** Motoryacht PALLADIUM, abgeliefert 16.09.2010,
4.447 BRZ , L: 94,00 m, B: 16,00 m, T: 4,35 m, 2 Diesel
je 3.925 kW, 19 kn

BAU-NR. **972** Nicht belegt

BAU-NR. **973** MEKO®-A-200 Korvette AMATOLA, 25.9.2003 an
South African Navy, Verdr.: 3.500 t, L: 121,00 m, B:
16,34 m, T: 4,40 m, 1 Turbine 20.000 kW, 2 Diesel je
5.920 kW, 27 kn

BAU-NR. **974** MEKO®-A-200 Korvette SPIOENKOP, 25.03.2004
an South African Navy, Verdr.: 3.500 t, L: 121,00 m,
B: 16,34 m, T: 4,40 m, 1 Turbine 20.000 kW, 2 Diesel
je 5.920 kW, 27 kn.

BAU-NR. **975** Korvette K 130 BRAUNSCHWEIG, 29.01.2008 an BWB,
Verdr.: 1.840 t, L: 89,12 m, B: 12,44m, T: 3,40 m,
2 Diesel je 7.400 kW, 26 kn

BAU-NR. **976** Korvette K 130 OLDENBURG, noch nicht abgeliefert
an BWB, Verdr.: 1.840 t, L: 89,12 m, B: 12,44 m,
T: 3,40 m, 2 Diesel je kW, 26 kn

BAU-NR. **977** Containerschiff MINERVA, 21.12.2005 an Martime,
Elsfleth, 27.900 BRZ, 2.700 TEU, L: 215,45 m,
B: 29,80 m, T: 11,55 m, Diesel mit 21.770 kW, 22 kn

BAU-NR. **978** Motoryacht ECLIPSE, abgeliefert Dezember 2010,
13.500 BRZ, L: 162,50 m, B: 22,00 m, T: 5,90 m,
Dieselantrieb für 21,5 kn

BAU-NR. **979** Fregatte F125, Deutsche Marine, Ablieferung 2016,
Verdr.: 7.000 t, L: 149,52, B: 18,80 m, T: 5,00 m,
Antrieb 1 Gasturbine 20.000 kW, 2 E-Motoren je
4.500 kW, 26 kn

BAU-NR. **980** Fregatte F125, Deutsche Marine, Ablieferung 2017,
Verdr.: 7.000 t, L: 149,52, B: 18,80 m, T: 5,00 m,
Antrieb 1. Gasturbine 20.000 kW, 2 E-Motoren je
4.500 kW, 26 kn

BAU-NR. **981** Fregatte F125, Deutsche Marine, Ablieferung 2018,
Verdr.: 7.000 t, L: 149,52 m , B: 18,80 m, T: 5,00 m,
Antrieb 1 Gasturbine 20.000 kW, 3 E-Motoren je
4.500 kw 26 kn

BAU-NR. **982** Fregatte F125, Deutsche Marine, Ablieferung 2018,
Verdr.: 700 t, L: 149,52, B: 18,80 m, T: 5,00 m, Antrieb
1 Gasturbine 20.000 kW, 2 E-Motoren je 4.500 kW,
26 kn

171

Text- und Quellenverzeichnis

Archiv Hans Jürgen Witthöft,
Blohm + Voss und ThyssenKrupp Marine Systems
Broschüren und sonstige Publikationen der
Blohm + Voss GmbH und der ThyssenKrupp
Marine Systems AG

Berichte aus Hamburger Abendblatt,
Täglicher Hafenbericht
und Bild-Zeitung

Bade, Heino; Ludwig, Thorsten (Europäischer
Metallgewerkschaftsbund), „The situation of
world shipbuilding and consequences for the IMF
working program, developments of employment,
industry structure and challenges for a level play-
ing field from the European point of view",
IMF Shipbuilding Action Group Meeting 13,
13–14 December 2010, Seoul, South Korea.

Braat, Jenny N. (Danish Maritime), „Demand and
Supply", „Sea your Future" Eröffnungskonferenz,
29.09.2011.

Carlsson, Gerhard (Verband für Schiffbau und
Meerestechnik e.V), „The German Maritime
Industry", Präsentation für die IFLOS Summer
Academy bei Blohm + Voss Naval, Hamburg,
16.08.2011.

Danilkovisch, Dmitry & Shvarev, Vladimir, „World
Naval Equipment Market in 2004–2012", Arms
Markets, Vol. 9, Nr. 1, S. 1–7.

Fock, Harlad, „Kriegsschiffantriebe",
Marinerundschau, 71. Jahrgang, Okt. 1974,
Heft 10, S. 612.

Giomi, Alessandro; Alenia Difesia, Strategies to
lenthen systems lives, Jornadas de Tecnologia
MEKO®, JORMEKO® 1998 A.R.A. Puerto Belgra-
no, Conference Proceedings – Sonderausgabe,
Juni 1998, S. 55.

Nugent, Bob (AMI International), „Changing
threats, changing markets: a consideration of
the naval future", prepared for MS & D 2011,
15.06.2011.

Nugent, Bob; McDonald, Amy, „International
Market Assessment: 15-60M Patrol/ Security
Vessels", Executive Summary, prepared for AMI
International, 04.03.2010.

N.N. „Combined Power Plants for Warships",
Naval Forces, Vol. XXXII, Nr. II 2011, S. 26.

Rohkamm, Dr.-Ing. E., „Das Funktionseinheiten-
System am Beispiel einer MEKO®-Fregatte", Deut-
scher Kriegsschiffbau heute, Bernard & Graefe
Verlag, 1982.

Sadler, Karl-Otto, MEKO® – Eine Erfolgsstory:
Ideen – Glück – Erfolge, Mittler & Sohn, 2007.

Schmalzer, Bill, „Gas Turbines and diesel Engines –
Cooperation with integrated electrical drives",
Naval Forces, Vol. XXXII, Nr. VI 2011, S. 37.

Smith, G. Ross, Cdr., Royal New Zealand Navy;
Gibbs, David A., Fleet Marine Engineer Office, The
RNZN ANZAC Ship (MEKO® 200 ANZ), „An adapta-
ble platform in a changing Ooperational environment", MECON 2002 Conference Proceedings, S. 28.

Taylor, Daniel P., 21st Century Warships, Sea
Power, Dezember , S. 16.

Tholen, Jochen; Ludwig, Thorsten; Kühn, Manuel;
Wolnik, Kevin: „Beschäftigung, Auftragslage und
Perspektiven im deutschen Schiffbau Ergebnis-
se der 20. Betriebsrätebefragung im September
2011", Institut Arbeit und Wirtschaft – IAW /
Universität Bremen, IGM Bezirk Küste.

Verband für Schiffbau und Meerestechnik, Schifbau
Industrie: Informationen aus der Deutschen Schiff-
bau- und Meerestechnik-Industrie, Weltschiffbau,
Ausgaben I+II 2009, I+II 2010 und I+II 2011.

Wagner, Breanne, „All Electric Ships Could Begin
to Take Shape By 2012", Naval Forces, Vol. XXVIII.
Wessel, Dr.-Ing. Jürgen, „Deutsche Marinetech-
nik zwischen gestern und morgen, Das MEKO®-
Konzept von Blohm + Voss", Motorbuchverlag,
Stuttgart, 2008, S. 73.

Bildquellen

Obwohl ein Großteil der verwendeten Bildquellen aus den eigenen Beständen des Multimedia und Videotechnikstudio der ThyssenKrupp Marine Systems AG und Blohm + Voss stammt, danken wir vor allem:

Diehl BGT Defence GmbH & Co. KG.,
Dykerhoff & Widmann,
dem Internationalen Maritimen Museum Hamburg,
Jens Meyer,
Hans Jürgen Witthöft,
Focus Yacht Design GmbH (Yachtentwürfe)
und YPS Peter Neumann

für die zur Verfügung gestellten Abbildungen/ Materialien.